吉林省普通本科高校省级重点教材

高等学校土建类学科专业"十四五"系列教材

高 等 学 校 系 列 教 材

工 程 测 量

主 编 张文春 刘永吉

副主编 刘 祥 刘德利 李伟东 刘忠信 王怀宝

中国建筑工业出版社

图书在版编目(CIP)数据

工程测量 / 张文春,刘永吉主编;刘祥等副主编
. — 北京 :中国建筑工业出版社,2023.5
吉林省普通本科高校省级重点教材　高等学校土建类
学科专业"十四五"系列教材　高等学校系列教材
ISBN 978-7-112-28740-6

Ⅰ.①工… Ⅱ.①张… ②刘… ③刘… Ⅲ.①工程测
量—高等学校—教材 Ⅳ.①TB22

中国国家版本馆 CIP 数据核字(2023)第 088247 号

为了更好地支持相应课程的教学,我们向采用本书作为教材的教师提供课件,可通过以下方式索
取:邮箱842413187@qq.com,电话 (010) 58337131。

责任编辑:朱晓瑜　吉万旺　刘　江
责任校对:赵　颖
校对整理:孙　莹

吉林省普通本科高校省级重点教材

高等学校土建类学科专业"十四五"系列教材

高等学校系列教材

工程测量

主　编　张文春　刘永吉

副主编　刘　祥　刘德利　李伟东　刘忠信　王怀宝

*

中国建筑工业出版社出版、发行 (北京海淀三里河路9号)

各地新华书店、建筑书店经销

北京红光制版公司制版

天津画中画印刷有限公司印刷

*

开本:787毫米×1092毫米　1/16　印张:15　字数:370千字
2023 年 12 月第一版　　2023 年 12 月第一次印刷
定价: **49.00**元 (赠教师课件)
ISBN 978-7-112-28740-6
(41192)

前　　言

为了适应 21 世纪教育事业飞速发展的要求，执行新的高等学校招生专业目录，满足新专业目录下土木工程等专业的测量课程教学需要，我们编写了此书。

新专业目录中的土木工程专业涵盖了原专业目录下的建筑工程、交通土建、城镇建设、矿井建设等专业。在编写过程中，我们对各专业相同的基础部分进行统一；而对于原属于不同专业的施工测量部分，根据其内容特点进行了重新归类与整合，求同存异，力求内容的系统与完整，并力求简洁。我们也充分考虑并兼顾了建筑学、城市规划、工程管理、建筑环境与设备工程、环境工程等各相关专业的教学需要。

我们在教材中充实了现代测绘新技术，如 GNSS、GIS、RS、数字测图等有关内容，以及新的测绘仪器和设备，突出当代测量新技术新方法的应用，并与专业测量相结合，利于学生学习和掌握新技术、新方法，培养学生的创新能力和终身学习能力，更好地应用测绘新技术为其专业服务。

在编写过程中，我们在充实新技术的同时，在满足现阶段工程技术需要的前提下，结合工程实际，对陈旧的传统内容进行了删除、压缩、修改，力求简洁实用。

本教材编写分工如下：吉林建筑大学张文春编写第 1 章，吉林水利电力职业学院刘德利编写第 2、3、4 章，吉林建筑大学李伟东编写第 5 章，吉林建筑大学刘忠信编写第 7 章，吉林建筑大学刘永吉编写第 6、8、10 章，吉林建筑大学刘祥编写第 9 章，吉林建筑大学王怀宝编写第 11 章，吉林建筑大学刘畅负责插图编绘工作。

由于编者水平所限，书中不妥之处，恳请读者批评指正。

编者
2022 年 5 月

目　　录

第1章 绪 论

1.1 测量学的任务与作用

1.1.1 测量学及其分类

测量学是研究地球的形状和大小,以及确定地面(包括空中、地下、海底)点位的科学。它的主要任务包括测定和测设两个部分。测定是指使用测量仪器和工具,通过观测和计算得到一系列测量数据,将地球表面的地物和地貌测绘成地形图,供经济建设、规划设计、科学研究和国防建设使用;测设是将图上规划设计好的建(构)筑物的位置在地面上标定出来,作为施工的依据,工程上又称放样。

随着测绘科学的发展,技术手段的不断更新,以全球导航卫星系统(GNSS)、地理信息系统(GIS)和遥感技术(RS)为代表的测绘新技术的迅猛发展与应用,测绘学的产品由传统的纸质地图转变为"4D产品"(DEM数字高程模型、DOM数字正射影像图、DRG数字栅格地图和DLG数字线划地图)。"4D产品"在网络技术的支持下,成为国家空间数据基础设施(NSDI)的基础,从而增强了数据的共享性,为相关领域的研究工作及国民经济建设的各行业、各部门应用地理信息带来了巨大的方便。

根据研究的具体对象及任务的不同,测量学可分为以下几个分支学科:

(1)普通测量学。普通测量学是研究和确定地球表面小范围测绘的基本理论、技术和方法,不顾及地球曲率的影响,把地球局部表面视为平面,是测量学的基础。

(2)大地测量学。大地测量学是研究和确定地球形状、大小,解决大地区控制测量和重力场的理论和技术的学科。其基本任务是建立国家大地控制网,测定地球的形状、大小和重力场,为地形测图和各种工程测量提供基础起算数据,为空间科学、军事科学及研究地壳变形、地震预报等提供重要资料;由于人造地球卫星的发射和科学技术的发展,大地测量学又分为常规大地测量学、卫星大地测量学及物理大地测量学等。

(3)摄影测量与遥感学。摄影测量与遥感学是研究利用摄影或遥感技术获取被测物体的信息(影像或数字形式),并进行分析处理,绘制地形图或获得数字化信息的理论和方法的学科。由于获取相片的方法不同,摄影测量学又分为地面摄影测量学、航空摄影测量学、水下摄影测量学和航天摄影测量学等。特别是随着遥感技术的发展,摄影方式和研究对象日趋多样,不仅固体的、静态的对象,而且液体、气体以及随时间而变化的动态对象,都属于摄影测量学的研究范畴。

(4)海洋测量学。海洋测量学是以海洋和陆地水域为研究对象所进行的测量和海图编绘工作,属于海洋测绘学的范畴。

(5)工程测量学。工程测量学是研究工程建设和资源开发中,在规划设计、施工和管理各阶段进行的控制测量、地形测绘和施工放样、变形监测的理论、技术和方法的学科。由于建设工程的不同，工程测量又可分为矿山测量学、水利工程测量学、公路测量学及铁路测量学等。工程测量是测绘科学与技术在国民经济和国防建设中的直接应用，是综合性地应用测绘科学与技术。

（6）地图制图学。地图制图学是利用测量所得的成果资料，研究如何投影编绘和制印各种地图的工作，属于制图学的范畴。它的基本任务是利用各种测量成果编制各类地图，其内容一般包括地图投影、地图编制、地图整饰和地图制印等分支。

本书主要介绍普通测量学和工程测量学的部分内容。

测量学应用很广，在国民经济和社会发展规划中，测绘信息是重要的基础信息之一。在各项经济建设中，从建设项目的勘测设计阶段到施工、竣工、运营阶段，都需要进行大量的测绘工作。在国防建设中，军事测量和军用地图是现代大规模诸兵种协同作战不可缺少的重要保障。至于远程导弹、空间武器、人造卫星和航天器的发射，要保证它精确入轨，随时校正轨道和命中目标，除了应计算出发射点和目标点的精确坐标、方位、距离外，还必须掌握地球的形状、大小的精确数据和有关地域的重力场资料。在科学试验方面，诸如空间科学技术的研究，地壳的变形、地震预报、灾情检测、空间技术研究、海底资源探测、大坝变形监测、加速器和核电站运营的监测等，以及地极周期性运动的研究，都需要测绘工作紧密配合和提供空间信息。即使在国家的各级管理中，测量和地图资料也是不可缺少的重要工具。

测量学在土木工程专业的工作中有着广泛的应用。例如，在勘察设计的各个阶段，需要测区的地形信息和地形图或电子地图，供工程规划、厂址选择和设计使用。在施工阶段，要进行施工测量，将设计好的建（构）筑物的平面位置和高程测设于实地，以便施工；伴随着施工的进展，不断地测设高程和轴线（中心线），以指导施工；根据需要还要进行设备的安装测量。在施工的同时，要根据建（构）筑物的要求，进行变形观测，直至建（构）筑物基本停止变形为止，以监测建（构）筑物变形的全过程，为保护建（构）筑物提供资料。施工结束后，及时进行竣工测量，绘制竣工图，为日后扩建、改建提供依据。在建（构）筑物使用和工程运营阶段，对某些大型及重要的建（构）筑物，还要继续进行变形观测和安全监测，为安全运营和生产提供资料。由此可见，测量工作在土木工程专业应用十分广泛，它贯穿着工程建设的全过程，特别是大型和重要的工程，测量工作是非常重要的。

测量学是土木工程专业的专业基础课。土木工程专业的学生，学习完本课程后，要求达到掌握普通测量学的基本知识和基本理论；了解先进测绘仪器原理，具备使用测量仪器的操作技能，基本掌握大比例尺地形图的测图原理和方法；对数字测图的过程有所了解；在工程规划、设计、施工中能正确应用地形图和测量信息；掌握处理测量数据的理论和评定精度的方法；在施工过程中，能正确使用测量仪器进行工程的施工放样工作。

测量学是一门综合性极强的实践性课程，要求学生在掌握测量学基本理论、技术和方法的基础上，应具备动手操作测量仪器的技能。因此，在教学过程中，除了课堂讲授之外，必须安排一定量的实习和实训，以便巩固和深化所学的知识，这对掌握测量学的基本理论及技能，建立控制测量和地形测绘的完整概念是十分有效的。通过实习可以培养学生分析问题和解决问题的能力，并为利用所学理论和技能解决相关问题打下坚实的基础。

1.1.2 测量学在国家经济建设和发展中的作用

随着科学技术的飞速发展，测量学在国家经济建设和发展的各个领域中发挥着越来越重要的作用。工程测量是直接为工程建设服务的，它的服务和应用范围包括城建、地质、铁路、交通、房地产管理、水利电力、能源、航天和国防等各工程建设部门。

（1）城乡规划和发展离不开测量学，我国城乡面貌正在发生日新月异的变化，城市和村镇的建设与发展，迫切需要加强规划与指导。而做好城乡建设规划，首先要有现势性好的地图，提供城市和村镇面貌的动态信息，以促进城乡建设的协调发展。

（2）资源勘察与开发离不开测量学，勘察人员在野外工作，离不开图，从确定勘探地域到最后绘制地质图、地貌图、矿藏分布图等，都需要使用测量技术手段。随着测量技术的发展，如重力测量可以直接用于资源勘探。工程师和科学家根据测量取得的重力场数据可以分析地下是否存在重要矿藏，如石油、天然气、各种金属等。

（3）交通运输、水利建设离不开测量学，公路、铁路的建设从规划、选线、勘测设计、施工建设、竣工验收、运营、养护管理等都离不开测量。大、中型水利工程也是先在地形图上选定河流渠道和水库的位置，划定流域面积、储流量，再测得更详细的地图（或平面图）作为河渠布设、水库及坝址选择、库容计算和工程设计的依据。如三峡工程从选址、移民，到设计大坝等，测量工作都发挥了重要作用。

（4）资源调查、土地利用和土壤改良离不开测量学，地籍图、房产图对土地资源开发综合利用、管理和权属确认具有法律效力。建设现代化的农业，首先要进行土地资源调查，摸清土地"家底"，而且还要充分认识各地区的具体条件，进而制定出切实可行的发展规划。测量为这些工作提供了一个有效的工具。地貌图反映了地表的各种形态特征、发育过程、发育程度等，对土地资源的开发利用具有重要的参考价值；土壤图表示了各类土壤及其在地表分布特征，为土地资源评价和估算、土壤改良、农业区划提供科学依据。

1.2 测量学的发展与现状

1.2.1 测量学的发展简史

科学的产生和发展是由生产决定的。测量学也不例外，它是一门历史悠久的学科，是人类长期以来，在生活和生产实践中逐渐发展起来的。由于生活和生产的需要，人类社会在远古时代就已将测量工作用于实际。早在公元前 21 世纪夏禹治水时，已经使用了"准、绳、规、矩"四种测量工具和方法；埃及尼罗河泛滥后，在农田的整治中也应用了原始的测量技术。在公元前 27 世纪建设的埃及金字塔，其形状与方向都很准确，这说明当时就已有了放样的工具和方法。我国早在夏商时代，为了治水而开始了水利工程测量工作。司马迁在《史记》中对夏禹治水有这样的描述："左准绳，右规矩，载四时，以开九州，通九道，陂九泽，度九山。"这记录的就是当时的工程勘测情景，准绳和规矩就是当时所用的测量工具，"准"是可揆平的水准器，"绳"是丈量距离的工具，"规"是画圆的器具，"矩"是一种可定平、测长度、测高度、测深度和画矩形的通用测量仪器。早期的水利工程多为河道的疏导，以利防洪和灌溉，其主要的测量工作是确定水位和堤坝的高度。秦代李冰父子主持修建的都江堰水利枢纽工程，曾用一个石头人来标定水位，当水位超过石头人的肩时，下游将受到洪水的威胁；当水位低于石头人的脚背时，下游将出现干旱。这种标定水位的办法与现代水位测量的原理完全一样。北宋时期沈括为了治理汴渠，测得"京师之地比泗州凡高十九丈四尺八寸六分"，是水准测量的结果。

在天文测量方面，我国远在颛顼高阳氏（公元前 2513～公元前 2434 年）便开始通过观测日、月、五星，来确定一年的长短，战国时制出了世界上最早的恒星表。秦代（公元前 246～前 206 年）用颛顼历确定一年的长短为 365.25d，与罗马人的儒略历相同，但比其早四五百年。宋代的《统天历》，确定一年为 365.2425d，与现代值相比，只有 26s 的误差。由此可见，天文测量在古代已有很大的发展。

在研究地球形状和大小方面，在公元前就已有人提出丈量子午线的弧长，以推断研究地球形状和大小。我国于唐代（公元 724 年）在一行僧主持下，实量河南白马到上蔡的距离和北极高度角，得出子午线 1°的弧长为 132.31km，为人类正确认识地球作出了贡献。1849 年，英国的斯托克斯提出利用重力观测资料确定地球形状的理论，之后又提出了用大地水准面代替地球形状，从此确定了大地水准面比椭球面更接近地球的真实形状的观念。

17 世纪以来，望远镜的应用，为测量科学的发展开拓了光明的前景，使测量方法、测量仪器有了重大的改变。三角测量方法的创立，大地测量的广泛开展，对进一步研究地球的形状和大小，以及测绘地形图都起了重要的作用。与此同时，在测量理论方面也有不少创新，如高斯的最小二乘法理论和横圆柱投影理论，就是其中重要的例证，至今仍在沿用。地形图是测绘工作的重要成果，是生产和军事活动的重要工具。公元前 20 世纪已被人们所重视，我国最早的记载是夏禹将地图铸于鼎上，以便百姓从这些图面中辨别各种事物，这是地图的雏形，说明中国在夏代已经有了原始的地图。可惜，原物在春秋战国时因战乱被毁而失传。此后历代都编制过多种地图，由此足以说明地图的测绘已有较大发展，但测绘工作仍使用手工业生产方式。1903 年飞机的发明，使摄影测量成为可能，不但使成图工作提高了速度、减轻了劳动强度，而且改变了测绘地形图的工作现状，由手工业生产方式向自动化方式转化，开创了光明的前景。

1.2.2 测量学的发展现状

1. 测量学的发展现状

20 世纪中叶，新的科学技术得到了快速发展，特别是电子学、信息学、计算机科学和空间科学等。在其自身发展的同时，给测量学的发展开拓了广阔的道路，推动着测量技术和仪器的变革和进步。测绘科学的发展很大部分是从测绘仪器发展开始的，然后使测量技术发生重大的变革和进步。1947 年，光电测距仪问世，20 世纪 60 年代，激光器作为光源用于电磁波测距，彻底改变了大地测量工作中以角度换算距离的境况，因此，除用三角测量外，还可用导线测量和三边测量。随着光源和微处理机的问世和应用，测距工作向着自动化方向发展。氦氖激光光源的应用使测程达到 60km 以上，精度达到±（5mm＋5×$10^{-6}D$）。20 世纪 80 年代开始，多波段（多色）载波测距的出现，抵偿、减弱了大气条件的影响，使测距精度大大提高。与此同时，砷化钾发光管和激光光源的使用，使测距仪的体积大大减小，质量减轻，向着小型化大大迈进了一步。

测角仪器的发展也十分迅速，随着科学技术的进步与全面发展，经纬仪从金属度盘发展为光学度盘、电子度盘和电子读数，且能自动显示、自动记录，完成了自动化测角的进程，自动测角的电子经纬仪问世，并得到应用。同时，电子经纬仪和测距仪结合，形成了电子速测仪（全站仪）。其体积小，质量轻，功能全，自动化程度高，为数字测图开拓了广阔的前景。最近又推出了智能全站仪，随准目标都能自动化。

20 世纪 40 年代，自动安平水准仪的问世，标志着水准测量自动化的开始。之后，激光水准、激光扫平仪的发展，为提高水准测量的精度和用图创造了条件。近年来，数字水准仪的应用，也使水准测量的自动记录、自动传输、存储和处理数据成为现实。

20 世纪 80 年代，全球定位系统（GPS）问世，采用卫星直接进行空间点的三维定位，引起了测绘工作的重大变革。由于卫星定位具有全球性、全天候、快速、高精度和无须建立高标等优点，被广泛应用在大地测量、工程测量、地形测量、军事导航定位上。世界上很多国家为了使用全球定位系统的信号，迅速进行了接收机的研制。现在生产出的新产品，体积小，功能全，质量轻，更具兼容性。

除了美国研制的 GPS 定位系统外，苏联研制的 GLONASS 定位系统、欧盟研制的 Galileo 定位系统及我国研制的 BDS 定位系统，都实现了全球导航、定位功能。

由于测量仪器的飞速发展和计算机技术的广泛应用，地面的测图系统，由过去的传统测绘方式发展为数字测绘。地形图是由数字表示的，用计算机进行绘制和管理既便捷又迅速，并且精度可靠。测量学的发展趋势和特点可概括为：测量内外业作业的一体化，数据获取及处理的自动化，测量过程控制和系统行为的智能化，测量成果和产品的数字化，测量信息管理的可视化，信息共享和传播的网络化。现代工程测量发展的特点可概括为：精确、可靠、快速、简便、连续、动态、遥测、实时。

2. 我国测量事业的发展

中华人民共和国成立后，测量科学的发展进入了一个崭新的阶段。1956 年成立了国家测绘总局，建立了测绘研究机构，组建了专门培养测绘人才的院校。各业务部门也纷纷成立测绘机构，党和国家对测绘工作给予了很大的关怀和重视。同时，我国测绘工作取得了辉煌的成就：

（1）在全国范围内（除我国台湾地区外）建立了高精度的天文大地控制网，建立了适合我国的统一坐标系统——1980 西安坐标系。20 世纪 90 年代，利用 GPS 测量技术建立了包括 AA 级、B 级等在内的国家 GPS 网，21 世纪初利用 BDS 定位技术对喜马拉雅山进行了重新测高，并测得其主峰海拔高程为 8848.86m。

（2）完成了国家基础地形图的测绘，测图比例尺也随着国民经济建设的发展而不断增大，测图方法也从常规的经纬仪、平板仪测图，发展到全数字摄影测量成图、GPS 测量技术及全站仪地面数字地图。编制出版了各种地图、专题图，制图过程实现了数字化和自动化。

（3）制定了各种测绘技术规范（规程）和法规，统一了技术规格和精度指标。

（4）建立了完整的测绘教育体系，测绘技术步入世界先进行列，开发研制了一批具有世界先进水平的测绘软件，如全数字摄影测量系统 VirtuoZo，面向对象的地理信息系统 GeoStar，地理信息系统软件平台 MapGIS，数字测图系统——清华三维的 EPS、南方的

CASS 等，使测绘数字化、自动化的程度越来越高。

（5）测绘仪器生产发展迅速，不仅生产出各个等级的经纬仪、水准仪、平板仪，而且还能批量生产电子经纬仪、电磁波测距仪、自动安平水准仪、全站仪、GNSS 接收机等。

（6）测绘技术和手段不断发展，传统的测绘技术已基本被现代测绘技术"3S"（GPS、GIS、RS）所替代；测绘产品应用范围不断拓宽，并向用户提供"4D"数字产品；近几年，无人机测绘技术也在测绘领域得到广泛应用，为基础测绘工作带来极大便利。

测绘工作十分精细严密，其测绘成果和成图质量的优劣将对国民经济建设发展产生重大影响。为了使测绘成果更好地服务于国民经济建设发展的各行各业，必须努力学习，勇于实践，在学好传统测绘理论的基础上，掌握现代测绘理论与技术，发扬测绘技术人员的真实、准确、细致和按时完成任务的优良传统，只有这样，才能使我国的测绘事业不断发展，测绘水平不断提高，测绘成果应用领域不断扩展。

1.3 地面上点位的确定

1.3.1 地球的形状和大小

地球的自然表面有高山、丘陵、平原、盆地及海洋等起伏状态，在地表进行测量工作，我们必须知道地球的形状和大小。2020 年，我国测量登山队队员再次登顶，测得珠峰的最新高程为 8848.86m，最深的马里亚纳海沟深达 11022m，高低起伏最大近 20km，但这种起伏变化仍不足地球半径 6371km 的 1/300，故对地球总体形状的影响可忽略不计。由于地球表面 71% 被海水所覆盖，所以可以把海水所覆盖的地球形体看作地球的形状。

由于地球的自转运动，地球上任一点都要受到离心力和地球引力的双重作用，这两个力的合力称为重力，重力的方向线称为铅垂线。铅垂线是测量工作外业的基准线。静止的水面称为水准面，水准面是重力影响而形成的，是一个处处与重力方向垂直的连续曲面，并且是一个重力场的等位面。与水准面相切的平面称为水平面。水准面可高可低，因此符合上述特点的水准面有无数个，其中与平均海水面吻合并向大陆、岛屿延伸所形成的封闭曲面，称为大地水准面，如图 1-1（a）所示。大地水准面是测量工作外业的基准面。由大地水准面所包围的地球形体称为大地体。

用大地水准面代替地球表面的形状和大小是恰当的，但由于地球内部质量分布不均匀，引起铅垂线的方向产生不规则变化，致使大地水准面成为一个复杂的曲面，如图 1-1（b）所示。测绘地形图需要由地球曲面变换为平面的地图投影，若用这个曲面则很不规则，将对测量计算和绘图带来很多困难，为此选用一个非常接近地球形体，并可用数学式表达的几何形体来代表地球的形状，作为地球的理论形体，这个形体以地球自转轴 PP_1 为短轴、以赤道直径 EQ 为长轴的椭圆绕 PP_1 旋转而成的椭球体，称为地球椭球体，如图 1-1（c）所示。

决定地球椭球形状大小的参数为椭圆长半径 a 和椭圆短半径 b（图 1-2），由此可以计算出另一个参数扁率 f。即

$$f = \frac{a-b}{a} \tag{1-1}$$

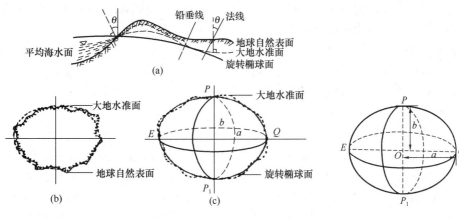

图 1-1　大地水准面和旋转椭球体（地球椭球面）　　　图 1-2　地球椭球

许多国内外学者曾分别测算出了不同地球椭球的参数值，见表 1-1。

地球椭球体的几何参数　　　　　　　　　　　　　表 1-1

椭球名称	长半轴 a（m）	扁率 f	备注
海福特	6378388	1/297.0	1942 年国际第一个推荐值
克拉索夫斯基	6378245	1/298.3	中国 1954 年北京坐标系采用
国际椭球	6378140	1/298.257	IUGG 第 17 届大会推荐，中国 1980 年国家大地坐标系采用
WGS-84	6378137	1/298.2572236	美国 GPS 系统采用
CGCS2000	6378137	1/298.2572221	2008 年 7 月 1 日起全面使用 2000 年国家大地坐标系

在局部区域，具有确定的椭球参数，经过局部定位和定向，同某一地区的国家大地水准面最佳拟合的地球椭球体，称为参考椭球体。

新中国成立初期，我国采用了苏联的克拉索夫斯基椭球参数，并与苏联 1942 年坐标系进行联测，通过计算建立了我国大地坐标系，定名为 1954 年北京坐标系。1978 年，我国根据自己实测的天文大地资料，采用 1975 年国际椭球参数，重新定位，确定我国新的坐标系——1980 年国家大地坐标系。

在一个国家范围内适当地点选一点 P，将 P 点沿铅垂线投影到大地水准面上得到 P'，使旋转椭球面与大地水准面在该点相切，这样椭球面上的 P' 点的法线与过该点的大地水准面的铅垂线重合，并使旋转椭球体的短半轴与地球的自转轴平行或重合，完成参考椭球体的定位，这里 P 点称为大地原点。我国大地原点位于陕西省泾阳县永乐镇，它是国家地理坐标——经纬度的起算点和基准点，以此为原点，我国建立全国统一的独立的坐标系，这就是著名的"1980 年国家大地坐标系"。

参考椭球面是严格意义上的测量计算基准面。由于参考椭球体的扁率很小，在小区域的普通测量中可将地（椭）球看作圆球，其半径 $R=(2a+b)/3=6371\mathrm{km}$。

1.3.2　测量坐标系统

测量工作的基本任务是确定地面点的空间位置。确定地面点的空间位置需要三个量，通常是确定地面点在球面或平面上的投影位置（即地面点的坐标），以及地面点到大地水准面的铅垂距离（即地面点的高程）。

1. 地理坐标

在大区域内确定地面点的位置，以球面坐标系统来表示，用经度、纬度表示地面点在球面上的位置，称为地理坐标。地理坐标因采用的基准面、基准线的不同而分为天文坐标和大地坐标两种。

（1）天文坐标

天文坐标系是以铅垂线为基准线、以大地水准面为基准面建立的坐标系，它以天文经纬度（λ，φ）表示地面点在大地水准面上的位置。如图 1-3 所示，将大地体看作地球，NS 即为地球的自转轴，N 为北极，S 为南极，O 为地球体中心。包含地面点 P 的铅垂线且与平行于地球自转轴的平面称为 P 点的天文子午面。天文经度 λ 是过 P 点的天文子午面与本初子午面间的二面角；天文纬度 φ 定义为过地面点 P 的铅垂线与赤道平面间的线面角。

天文坐标（λ，φ）是用天文测量的方法实测得到的。

（2）大地坐标

大地坐标系是以参考椭球面法线为基准线，以参考椭球面为基准面建立的坐标系，使用大地坐标（L，B）表示地面点在参考椭球面上的位置。如图 1-4 所示，包含地面点 P 的参考椭球面法线且与平行于椭球旋转轴的平面称为 P 点的大地子午面。其中大地经度 L 为过地面点 P 的大地子午面与本初子午面间的二面角，大地纬度 B 为过 P 点的法线与椭球赤道面的线面角。北纬为正，南纬为负。

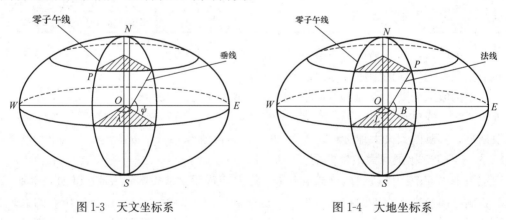

图 1-3　天文坐标系　　　　　　　　　图 1-4　大地坐标系

我国 1954 年北京坐标系和 1980 年国家大地坐标系就是分别依据两个不同椭球建立的大地坐标系。

2. 独立平面直角坐标

地理坐标是球面坐标，在球面上（尤其是椭球面上）求解点间的相对位置是比较复杂的问题，测量上的计算和绘图最好在平面上进行。当测量区域较小时，可以用水平面代替作为投影的球面，用平面直角坐标来确定点位（图 1-5）。测量上采用的平面直角坐标系与数学上的基本相同，但坐标轴互换，象限顺序相反。测量上取南北为标准方向，向北为 x 轴正向，顺时针方向度量，这样便于将数学的三角公式直接应用到测量计算上，原点 O

一般假定在测区西南角以外，使测区内各点坐标均为正值，便于计算。

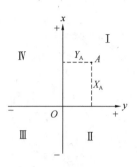

图 1-5 平面直角坐标

3. 高斯平面直角坐标

当测区范围较大时，由于存在较大的差异，不能用水平面代替球面。而作为大地地理坐标投影面的椭球面又是一个"不可展"曲面，不能简单地展成平面。测量上将椭球面上的点位换算到平面上，称为地图投影。在投影中可能存在角度、距离、面积三种变形，我国采用保证角度不变形的高斯投影方法。如图 1-6 (a) 所示，设想将一个椭圆柱套在旋转椭球体外面，并与旋转椭球面上某一条子午线 NOS 相切，同时使椭圆柱的轴位于赤道面内，且通过椭球中心，相切的子午线称为高斯投影面上的中央子午线。将旋转椭球面上的 M 点，投影到椭圆柱面上的 m 点，将椭圆柱沿其母线剪开，展成平面 [图 1-6 (b)]，这个平面为高斯投影平面。该投影是 19 世纪 20 年代由德国数学家、天文学家、物理学家高斯最先设计，后经德国大地测量学家克吕格补充完善，故名高斯-克吕格投影，简称高斯投影。

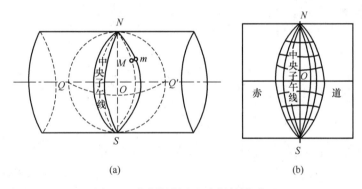

(a)　　　　　　　　(b)

图 1-6 高斯投影法和高斯投影平面

高斯投影的特点为：①投影后中央子午线为直线，长度不变形，其余经线投影对称并且凹向中央子午线，离中央子午线越远，变形越大。②赤道的投影为一直线，并与中央子午线正交，其余的经纬投影为凸向赤道的对称曲线。③经纬投影后仍然保持相互垂直的关系。

为使长度变形不大于测量的经度范围，高斯投影的方法从首子午线起每隔经度 6° 为一带，自西向东将整个地球分为 60 个带，各带的带号 N 为 1，2，…，60，如图 1-7 所示。第一个 6° 带中央子午线的经度为 3°，任意一带中央子午线经度 L_0 可按下式计算

$$L_0 = 6°N - 3°$$

$$N = INT\left(\frac{L}{6} + 1\right) \tag{1-2}$$

式中，N 为投影带号；L 当地经度；L_0 为中央子午线经度。

【例 1-1】 北京市中心的经度为 116°24′，求其所在高斯投影 6° 带的带号 N 及该带的中央子午线经度 L_0。

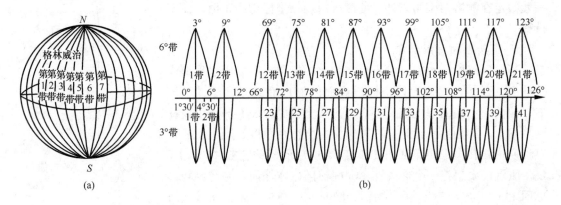

图 1-7 投影分带与 6°（3°）带

$$N = INT\left(\frac{116°24'}{6°} + 1\right) = 20$$

$$L_0 = 6° \times 20 - 3° = 117°$$

在大比例尺测图中，要求投影变形更小，则可用 3°带 ［图 1-7 （b）］ 或 1.5°带投影。3°带中央子午线在奇数带时与 6°带中央子午线重合，各 3°带中央子午线经度及带号计算公式如下

$$N = INT\left(\frac{L + 1.5°}{3}\right)$$

$$L_0 = 3°N$$

(1-3)

式中，N 为投影带号；L 为当地经度；L_0 为中央子午线经度。

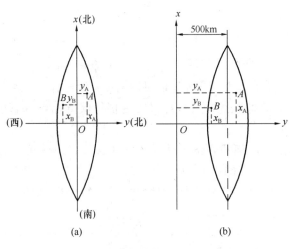

图 1-8 高斯平面直角坐标系

在高斯平面直角坐标系中，以每一带的中央子午线的投影为直角坐标系的纵轴 x，向北为正，向南为负；以赤道的投影为直角坐标系的横轴 y，向东为正，向西为负；两轴交点 O 为坐标原点。由于我国领土位于北半球，因此 x 坐标值均为正值，y 坐标可能有正有负，如图 1-8 （a） 所示，A、B 两点的横坐标值为：$y_A = +148680.540m$，$y_B = -134240.690m$。为了避免出现负值，将每一带的坐标原点向西移动 500km，即将横坐标值加 500km，如图 1-8(b) 所示，则 A、B 两点的横坐标值为：$y_A = 500000 + 148680.540 = 648680.540m$，$y_B = 500000 - 134240.690 = 365759.310m$。为了根据横坐标值能确定某一点位于哪一个 6°（或 3°）投影带内，再在横坐标前加注带号，例如 A 点位于第 21 带，则其横坐标值为 $y_A = 21648680.540m$。

4. 地面点的高程

地面点到大地水准面的铅垂距离，称为绝对高程，又称海拔。如图 1-9 中的 A、B 两点的绝对高程为 H_A、H_B。由于受海潮、风浪等影响，海水面的高低时刻在变化，我国在青岛设立验潮站，进行长期观测，取黄海平均海水面作为高程基准面，建立"1956 年黄海高程系"，其青岛国家水准原点高程为 72.289m，该高程系统自 1987 年废止并启用"1985 年国家高程基准"，即原点高程为 72.260m。在使用测量资料时，一定要注意新旧高程系统以及系统间的正确换算。

在局部地区，可以假定一个高程基准面作为高程的起算面，地面点到假定高程基准面的铅垂距离，称为假定高程或相对高程。如图 1-9 中 A、B 两点的相对高程分别为 H'_A、H'_B。

地面上两点高程之差称为高差，以 h 表示。A、B 两点的高差为 h_{AB}。

$$h_{AB} = H_B - H_A = H'_B - H'_A \tag{1-4}$$

1.3.3　测量的基本要素

在一般的测量工作中，地面点的三维坐标（X，Y，H）通常情况下是间接测出的。如前所述：求 B 点的高程 H_B，可通过观测 A、B 两点的高差 h_{AB}，根据 A 点的高程 H_A 求得。如图 1-10 所示，A、B 两点为已知点，即其平面直角坐标值已知，欲求待定点 C 的坐标。可观测 BC 两点间在投影面上的水平距离 D 及 BC 与 BA 方向在投影面上的水平角 β，试想由于 BA 两点坐标已知，其方向就是已知的，从已知方向 BA 转过确定的 β，BC 的方向就是确定的；从一个已知点 B 沿着确定的方向出发，走过一段确定的距离 D，则必然到达确定的 C 点，即 C 点的坐标是可解的。由此可以看出，高差、水平角、水平距离是求解地面点三维坐标的基本要素，而观测这三个要素的工作，就是测量的基本工作。

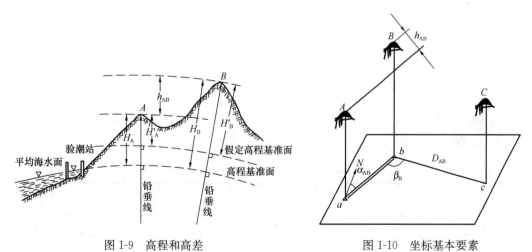

图 1-9　高程和高差　　　　　　　　　图 1-10　坐标基本要素

1.3.4　用水平面代替水准面的限度

水准面是一个近似于球面的曲面，球面上的图形展开成平面一定会破裂或起皱。因此，严格地讲，即使在极小的范围内用水平面代替水准面也要产生变形。由于测量和制图过程中不可避免地产生误差，若在小范围内以水平面代替水准面而产生的变形误差小于测量和制图过程产生的误差，则在这个小范围内用水平面代替水准面是合理的。对于测量的三个基本要素：水平角、水平距离和高差，由于球面坐标到平面坐标，我们采用的高斯投影是一种保角投影，即投影前后不变形的（严格来说还存在球面角超的问题），因此以下讨论以水平面代替水准面对水平距离和高差的影响，以确定用水平面可以代替水准面的范围。

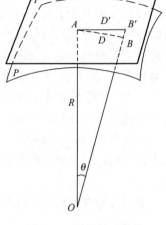

图 1-11　距离相对误差

1. 对水平距离的影响

如图 1-11 所示，设球面 P 与水平面 P' 相切于 A 点，A、B 两点在球面上的弧长 D，在水平面上的长度为 D'，地球的半径为 R，AB 所对的球心角为 θ，则

$$D = R\theta$$

$$D' = R\tan\theta$$

以水平长度代替球面上弧长所产生的误差为

$$\Delta D = D' - D = R\tan\theta - R\theta = R(\tan\theta - \theta)$$

将 $\tan\theta$ 按级数展开，并略去高次项，得

$$\tan\theta = \theta + \frac{1}{3}\theta^3 + \cdots$$

因而近似得

$$\Delta D = R\left[\left(\theta + \frac{1}{3}\theta^3 + \cdots\right) - \theta\right] = R\frac{\theta^3}{3}$$

以 $\theta = \dfrac{D}{R}$ 代入上式得

$$\Delta D = \frac{D^3}{3R^2}$$

$$\frac{\Delta D}{D} = \frac{D^2}{3R^2} \tag{1-5}$$

以地球半径 $R = 6371\text{km}$ 代入上式，并取不同的 D 值计算，可求得距离的相对误差 $\Delta D/D$，如表 1-2 所示。

用水平面代替水准面的距离误差和相对误差　　　　　　　　　　表 1-2

距离 D（km）	距离误差 ΔD（cm）	相对误差 $\Delta D/D$	距离 D（km）	距离误差 ΔD（cm）	相对误差 $\Delta D/D$
10	0.8	1∶1220000	50	102.7	1∶49000
25	12.8	1∶200000	100	821.2	1∶12000

当距离为 10km 时，以水平面代替水准面所产生的距离误差为 1∶1220000，这样小的误差，就是在地面上进行最精密的距离测量也是容许的。因此，在 10km 为半径，即面积约 320km² 范围内，以水平面代替水准面所产生的距离误差可以忽略不计。对于精度要求较低的测量，还可以扩大到以 25km 为半径的范围。

2. 对高差的影响

在图 1-11 中，A、B 两点在同一水准面上，其高差应为零。B 点投影在水平面上得 B' 点，则 BB' 即为水平面代替水准面所产生的高差误差，或称为地球曲率的影响。

设 $BB' = \Delta h$ 则

$$(R + \Delta h)^2 = R^2 + D'^2$$

化简得

$$\Delta h = \frac{D'^2}{2R + \Delta h}$$

上式中，用 D 代替 D'，同时 Δh 与 $2R$ 相比可略去不计，则

$$\Delta h = \frac{D^2}{2R} \qquad (1\text{-}6)$$

以不同距离 D 代入上式，得相应的高差误差值见表 1-3。

用水平面代替水准面的高差误差				表 1-3
D（m）	100	200	500	1000
Δh（mm）	0.8	3.1	29.6	78.5

由表 1-3 可知，以水平面代替水准面，在 200m 的距离内高差误差就有 3mm。因此，当进行高程测量时，即使距离很短也必须顾及水准面曲率（地球曲率）的影响。

1.4 测量工作概述

测量工作的主要任务之一是测绘地形图和施工放样，本节简要介绍测图和放样的大概过程，为学习后面各章建立起初步概念。

1.4.1 测量工作的基本原则

测量工作中将地球表面复杂多样的地形分为地物和地貌两类。地面上的河流、道路、房屋等固定性物体称为地物；地面上的山岭、沟谷等高低起伏的形态称为地貌。如图 1-12 所示，要在 A 点上测绘该测区所有的地物和地貌是不可能的，只能测量其附近的范围，

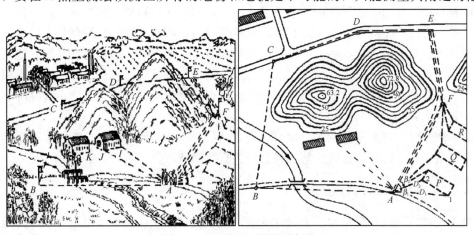

图 1-12 地形和地形图示意图

因此，只能在若干点上分区观测，最后才能拼成一幅完整的地形图，施工放样也是如此。但不论采用何种方法、使用何种仪器进行测量或放样，都会对其成果带来误差。为了防止测量误差的逐渐传递，累积增大到不能容许的程度，要求测量工作遵循在布局上"由整体到局部"、在精度上"由高级到低级"、在次序上"先控制后碎部"的原则。同时，测量工作必须进行严格地检核，故"前一步工作未作检核不进行下一步测量工作"是组织测量工作应遵循的又一个原则。

1.4.2 控制测量的概念

遵循"先控制后碎部"的测量原则，就是先进行控制测量，测定测区内若干个具有控制意义的控制点的平面位置（坐标）和高程，作为测绘地形图或施工放样的依据。控制测量分为平面控制测量和高程控制测量。平面控制测量的方法有导线测量、三角测量及交会定点等，其目的是确定测区中一系列控制点的坐标（x, y）；高程控制测量的方法有水准测量、光电测距三角高程测量等，其目的是测定各控制点间的高差，从而求出各控制点的高程 H。如图 1-12 所示，在测区范围内选择 A、B、C、D、E、F 为平面控制点，由一系列控制点连结而成的几何图形，称为平面控制网。图中采用导线网，通过观测角度（β_A、β_B、β_C、β_D、β_E、β_F）、测量距离（D_{AB}、D_{BC}、D_{CD}、D_{DE}、D_{EF}、D_{FA}）并依据其中一个点（A）的平面直角坐标及一条直线（AB）的方向，通过计算求得各点坐标 x、y 值。同时，由测区内某一已知高程的水准点开始，经过 A、B、C、D、E、F 等控制点构成闭合水准路线，进行水准测量和计算，从而求得这些控制点的高程 H。

1.4.3 碎部测量的概念

在控制测量的基础上进行碎部测量。在普通测量工作中，碎部测量以前常用平板仪测绘法或经纬仪测绘法，如图 1-12 所示采用经纬仪测绘法进行碎部测量。在控制点 A 上安置经纬仪，利用另外一个已知点 B 定向。测绘道路、桥梁、房屋等地物时，用经纬仪观测 A 点至房屋角点 I、J、K 各点的方向与 AB 方向的夹角，及 A 点至 I、J、K 各点的距离，根据角度和距离在图板的图纸上，用量角器和直尺依比例尺绘出房屋角点 I、J、K 等点的平面位置，同时还可以求得这些点的高程，辅以其他观测数据，依据地形图图式中规定的符号即可绘出各种地物的图上位置。至于地貌，其地势变化虽然复杂，但仍可看成由许多不同方向、不同坡度的平面相交而成的几何面。相邻平面的交线就是方向变化线和坡度变化线，只要确定出这些方向变化线和坡度变化线交点的平面位置和高程，地貌的形状和大小的基本情况也就反映出来了。因此，不论地物或地貌，它们的形状和大小都是由一些特征点的位置所决定。这些特征点也称碎部点。测图时，主要就是测定这些碎部点的平面位置和高程。

碎部测量除上述图解法测图外也可使用全站仪、GNSS 系统等仪器通过地面数字测图方法进行采集；亦可通过航空摄影测量方法进行数据获取。

1.4.4 施工放样的概念

施工放样（测设）是指把图上设计的建（构）筑物位置在实地标定出来，作为施工的依据。为了使地面上标定出的建（构）筑物位置成为一个有机联系的整体，施工放样同样需要遵循"先控制后碎部"的基本原则。

如图 1-12 所示,在控制点 A、F 附近设计的建筑物 P,施工前需在实地测设出其位置,根据控制点 A、F 及建筑物的设计坐标,可求出水平角 β_1 和 β_2 水平距离 D_1、D_2,然后分别在控制点 A、F 上用仪器定出水平角 β_1 和 β_2 所指的方向,并沿着这些方向量出水平距离 D_1、D_2,在实地定出 1、2 等点,据此可进行建筑物 P 的详细测设。同样,根据施工控制点的已知高程和建(构)筑物的图上设计高程,可用水准测量方法测设出建(构)筑物的设计高程。

复 习 思 考 题

1. 测量学的基本任务是什么?对你学的专业起到什么作用?

2. 什么叫水平面?什么叫水准面?什么叫大地水准面?它们有何区别?

3. 什么叫绝对高程(海拔)?什么叫相对高程?什么叫高差?

4. 表示地面点位有哪几种坐标系统?各有什么用途?

5. 测量学中的平面直角坐标系和数学上的平面直角坐标系有何不同?为何这样规定?

6. 长春市的大地经度为 $125°19'$,试计算它所在的 $6°$ 带的带号,以及中央子午线的经度。

7. 测量的基本要素有哪些?

8. 对于水平距离和高差而言,在多大的范围内可用水平面代替水准面?

9. 测量工作的基本原则是什么?

10. 高斯投影具有哪些变形特征?

11. 我国某点的高斯通用坐标为 $X=3234567.8\mathrm{m}$,$Y=38432109.87\mathrm{m}$,问:

该点坐标是按几度带投影?该点位于第几带?该带中央经线的经度是多少?该点与赤道的距离是多少?该点与中央经线的距离是多少?

第2章 水 准 测 量

测量地面点高程的工作称为高程测量。按使用仪器和施测方法的不同，高程测量分为水准测量、三角高程测量、气压高程测量、GNSS方法等。水准测量是高程测量中精度最高和最常用的一种方法，被广泛应用于高程控制测量和土木工程测量。

2.1 水 准 测 量 原 理

水准测量是利用水准仪提供一条水平视线，借助水准尺测定地面两点间的高差，从而由已知点高程及测得的高差求得待测点的高程。

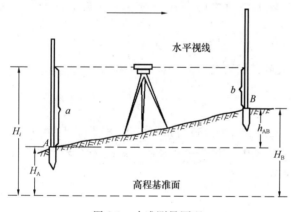

图 2-1 水准测量原理

如图 2-1 所示，欲测定 A、B 两点的高差 h_{AB}，可在两点间安置水准仪，在两点上分别竖立水准尺，利用水准仪提供的水平视线，分别读取 A 点水准尺上的读数为 a 和 B 点水准尺上的读数为 b，则 A、B 两点的高差为

$$h_{AB} = a - b \qquad (2-1)$$

水准测量方向是由已知点开始向待测点方向进行。在图 2-1 中，称已知点 A 为后视点，A 尺上的读数 a 为后视读数；称 B 点为前视点，B 尺上的读数 b 为前视读数。高差等于后视读数减去前视读数。$a > b$，高差为正，表明前视点高于后视点；$a < b$，高差为负，表明前视点低于后视点。在计算高程时，高差应连同其符号一并运算。高程计算的方法有如下两种：

1. 高差法

直接由高差计算高程，即

$$H_B = H_A + h_{AB} = H_A + (a - b) \qquad (2-2)$$

2. 视线高法

由仪器的视线高程计算待测点高程。从图 2-1 中可看出，A 点的高程加后视读数即得仪器的水平视线高程，即

$$H_i = H_A + a \qquad (2-3)$$

由此可得 B 点的高程为

$$H_B = H_i - b \qquad (2-4)$$

在工程测量中，当安置一次仪器要求出若干个点高程时，可采用此法。

2.2 水准仪与水准尺

水准测量所使用的仪器称为水准仪，分为光学水准仪和电子水准仪。

2.2.1 光学水准仪

光学水准仪的主要型号有：DS05、DS1、DS3、DS10 等几个等级。D、S 分别为"大地测量""水准仪"的汉语拼音第一个字母；05、1、3、10 表示仪器的精度。如 DS3，表示该级水准仪进行水准测量每公里往、返测高差精度可达±3mm。

通常称 DS05、DS1 为精密水准仪，主要用于国家一、二等水准测量和精密工程测量；称 DS3、DS10 为普通水准仪，主要用于国家三、四等水准测量和常规工程建设测量。工程建设中，使用最多的是 DS3 普通水准仪。在水准仪系列中，通过调整水准仪使管水准器气泡居中获得水平视线的水准仪称为微倾式水准仪；通过补偿器获得水平视线的水准仪称为自动安平水准仪。

1. 微倾式水准仪

微倾式水准仪主要由望远镜、水准器和基座组成。图 2-2 是我国生产的 DS3 级水准仪。

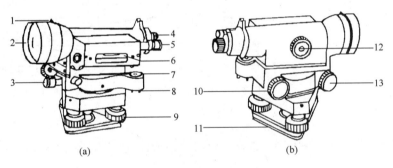

(a)　　　　　　　　　　(b)

图 2-2 DS3 微倾式水准仪

1—准星；2—物镜；3—制动螺旋；4—目镜；5—符合水准器放大镜；6—水准管；
7—圆水准器；8—圆水准器校正螺旋；9—脚螺旋；10—微倾螺旋；11—三角形底板；
12—对光螺旋；13—微动螺旋

（1）望远镜

望远镜的作用是使观测者看清不同距离的目标，并提供一条照准目标的视线。根据在目镜端观察到的物体成像情况，望远镜可分为正像望远镜和倒像望远镜。图 2-3 是 DS3 级水准仪倒像望远镜的构造图，主要由物镜、镜筒、调焦透镜、十字丝分划板、目镜等部件构成。物镜、调焦透镜和目镜采用复合透镜组。物镜固定在物镜筒的前端，调焦透镜通过调焦螺旋可沿光轴在镜筒内前后移动。十字丝分划板是安装在物镜和目镜之间的一块平板玻璃，上面刻有相互垂直的细线，称为十字丝。中间横的一条称为中丝（或横丝），与中丝平行的上、下两根短丝称为视距丝，用来测量距离。十字丝分划板通过压环安装在分划板座上，套入物镜筒后再通过校正螺钉与镜筒固连。

物镜光心与十字丝中心交点的连线称为视准轴。视准轴是水准测量中用来读数的

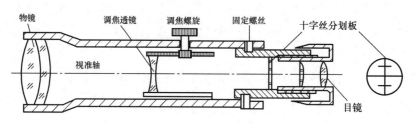

图 2-3　望远镜构造

视线。

　　望远镜成像原理如图 2-4 所示，目标 AB 经过物镜和调焦透镜的作用后，在十字丝平面上形成一个倒立缩小的实像 ab。人眼通过目镜的作用，可看清同时放大了的十字丝和目标影像 $a'b'$。

　　通过目镜所看到的目标影像的视角 β 与未通过望远镜直接观察该目标的视角 α 之比，称为望远镜的放大率，即放大率 $V = \beta/\alpha$。DS3 型水准仪望远镜的放大率一般为 28 倍。

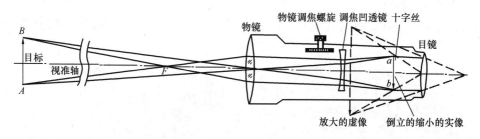

图 2-4　望远镜成像原理

　　（2）水准器

　　水准器是用来标志仪器竖轴是否铅直或视准轴是否水平的装置。水准器有圆水准器和管水准器两种。

　　1）圆水准器

　　如图 2-5 所示，圆水准器是一个圆柱形玻璃盒，其顶面内壁为球面，球面中央有一个圆圈。其圆心称为圆水准器的零点。通过零点所作球面的法线，称为圆水准器轴。当气泡居中时，圆水准器轴就处于铅直位置。圆水准器的分划值是指通过零点及圆水准器轴的任一纵断面上 2mm 弧长所对的圆心角。DS3 水准仪圆水准器分划值一般为 $8'/2\text{mm}$。

　　2）管水准器

　　也称水准管，是纵向内壁琢磨成圆弧形的玻璃管，管内装满乙醇和乙醚的混合液，加热融闭冷却后，在管内形成一个气泡，如图 2-6 所示。水准管圆弧中点 O 称为水准管的零点。通过零点与圆弧相切的直线 LL，称为水准管轴。当气泡中心与零点重合时，称气泡居中，这时水准管轴处于水平位置；若气泡不居中，则水准管轴处于倾斜位置。水准管圆弧形表面上 2mm 弧长所对圆心角 τ 称为水准管分划值，即气泡每移动一格时，水准管轴所倾斜的角值，如图 2-6 所示。该值为

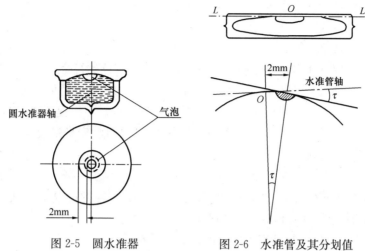

图 2-5　圆水准器　　　　图 2-6　水准管及其分划值

$$\tau = \frac{2}{R}\rho \qquad (2\text{-}5)$$

式中，R 为水准管的圆弧半径（mm）；$\rho = 206265''$。

　　水准管分划值的大小反映了仪器整平精度的高低。水准管半径越大，分划值越小，其灵敏度（整平仪器的精度）越高。DS3 型水准仪的水准管分划值为 $20''/2mm$。

　　为了提高人眼观察水准管气泡居中的精度，微倾式水准仪在水准管的上方安装一组符合棱镜系统，如图 2-7（a）所示，借助于棱镜的反射作用，把气泡两端的影像折射到望远镜旁的观察窗内，当气泡两端影像合成一个圆弧时，表示气泡居中，如图 2-7（c）所示。若两端影像错开，则表示气泡不居中，可转动微倾螺旋使气泡影像吻合。这种水准器称为符合水准器。

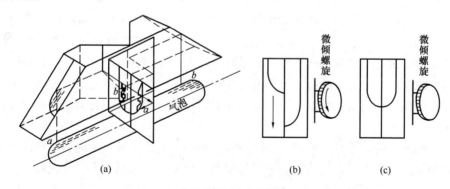

图 2-7　符合水准器

　　（3）基座

　　基座主要由轴座、脚螺旋和连接板组成。仪器上部通过竖轴插入轴座内，由基座承托。整个仪器用连接螺旋与三脚架连接。

　　此外，为了控制望远镜在水平方向的转动，仪器还装有制动螺旋和微动螺旋。当旋紧制动螺旋时，仪器就被固定。此时转动微动螺旋，可使望远镜在水平方向做微小转动，用以精确照准目标。为使水准管气泡严格居中，仪器装有微倾螺旋。当圆水准器气泡居中后，即可转动微倾螺旋使符合水准管气泡居中。由于望远镜的视准轴与水准管轴平行，此时的视线即为水平视线。

2. 自动安平水准仪

自动安平水准仪是用自动安平补偿器代替微倾式水准仪的符合水准器，观测时只要圆水准器气泡居中，即可自动获得水平视线进行读数。使用该仪器简化了操作，加快了观测速度，从而降低仪器下沉、温度、风力等诸多因素的影响，不但提高了测量工作的效率，而且有利于提高观测精度。图 2-8 是我国生产的 DSZ3 级自动安平水准仪。

（1）自动安平的原理

如图 2-9 所示，望远镜视准轴（视线）水平时在水准尺上读数为 a_0。当视准轴倾斜一小角 α，此时视准轴读数为 a。为使读数仍保持视准轴水平时的读数 a_0 不变，则在光路上加一补偿器 K，使通过物镜中心的水平视线经过补偿器的光学元件后偏转 β 角，仍成像于十字丝横丝上。由于 α、β 都是很小的角值，如能满足式（2-6），即能达到补偿的目的。

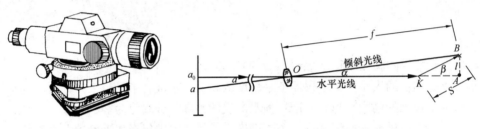

图 2-8　自动安平水准仪　　　　　图 2-9　自动安平原理

$$f \cdot \alpha = S \cdot \beta \tag{2-6}$$

式中，f 为物镜到十字丝的距离；S 为补偿器与十字丝之间的距离。

（2）补偿器

补偿器的结构形式较多，图 2-8 中的 DSZ3 级自动安平水准仪采用悬吊棱镜组，借助重力作用达到补偿的目的。图 2-10 为该仪器的补偿结构及工作原理。补偿器装在调焦透镜和十字丝分划板之间，其结构是将一个屋脊棱镜固定在望远镜筒上，在屋脊棱镜下方用交叉金属丝悬吊着两块直角棱镜。当望远镜有微小倾斜时，直角棱镜在重力作用下，与望远镜作相反的偏转。空气阻尼器的作用是使与其固定在一起并悬吊着的两块直角棱镜迅速稳定下来。

当视准轴水平时，水平光线进入物镜后经过第一个直角棱镜，反射到屋脊棱镜上，在屋脊棱镜内作三次反射后，到达另一个直角棱镜，再反射一次到达十字丝交点。

图 2-10（a）所示是视线倾斜 α 角，这时补偿器未发挥作用，水平光线进入第一个棱镜后，沿虚线前进，最后反射出的水平视线并不通过十字丝交点 A，而是通过 B。如图 2-10（b）所示，当直角棱镜在重力作用下，相对望远镜反向倾斜 α 角（仍保持铅直悬挂状态）。这时，水平光线经过第一个直角棱镜后产生 2α 偏转，再经过屋脊棱镜并作三次反射，到达另一个直角棱镜后又产生 2α 偏转，水平光线通过补偿器产生两次偏转的和为 $\beta = 4\alpha$，代入式（2-6）得

$$S = \frac{f}{4} \tag{2-7}$$

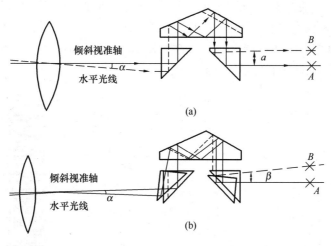

图 2-10　补偿器结构及工作原理

即将补偿器安置在距十字丝 $f/4$ 处，可使水平视线的读数 a_0 正好落在十字丝交点上，从而达到自动安平的目的。

一般国产自动安平水准仪在望远镜内设有警告指示窗。当警告指示窗全部呈绿色，表明仪器竖轴倾斜在补偿器补偿范围内，即可进行读数；否则会出现红色，表明已超出补偿器补偿范围，应重新调整圆水准器。为检查补偿器是否失灵，可转动脚螺旋，如果警告指示窗出现红色，然后反转脚螺旋，红色又转为绿色，说明补偿器功能正常，可以用来测量。

有些自动安平水准仪，并没有设置自动安平警告指示窗。对于此类仪器，在使用中如要检查补偿器功能是否正常，可将圆水准器气泡居中，读取水准尺读数，然后用手轻拍仪器，但不得使仪器变动，此时在望远镜中可以看到读数有跳动，当静止后再进行读数。如果两次读数相同，说明补偿器正常工作。

2.2.2　电子水准仪

1. 电子水准仪概述

电子水准仪又称为数字水准仪，是以自动安平水准仪为基础，在望远镜光路中增加了分光镜和读数器（CCD Line），并采用条码标尺和图像处理电子系统所构成的光机电测一体化的高科技产品。它具有测量速度快、精度高、读数客观、自动记录、自动计算高差等特点。电子水准仪减轻了作业劳动强度，实现了水准测量内外业一体化。

电子水准仪的研制经历了漫长的过程。早在 20 世纪 60 年代，电子测角和电磁波测距仪器就已经开始使用，而真正的电子水准仪的出现却是在 20 世纪 90 年代初期。为了实现水准仪读数的数字化，专家们进行了近 30 年的尝试。直到 1990 年，瑞士徕卡公司研制出世界上第一台电子水准仪 NA2000，才真正使大地测量仪器完成了从精密光机仪器向光机电测一体化的高技术产品的过渡，攻克了大地测量仪器中水准仪电子化读数这一难关。

2. 电子水准仪的基本组成

电子水准仪的主机光学部分和机械部分与自动安平水准仪基本相同，仪器主机由望远镜系统、补偿器、分光棱镜、目镜系统、CCD 传感器、数据处理器、键盘、数据处理软件组成，如图 2-11 所示为瑞士徕卡公司的 DNA03 电子水准仪。电子水准仪的标尺是条码标尺，条码标尺是由宽度相等或不等的黑白条码按一定的编码规则有序排列而成的。这些黑白条码的排列规则就是各仪器生产厂家的技术核心，各厂家的条码图案完全不同，更不能互换使用。图 2-12 是徕卡公司的条码标尺。

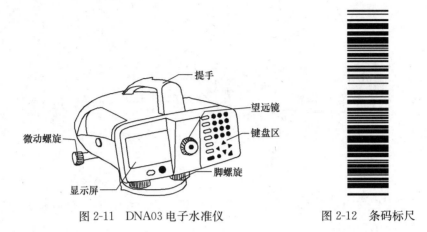

图 2-11　DNA03 电子水准仪　　　图 2-12　条码标尺

3. 电子水准仪的测量原理

电子水准仪测量的基本原理，是人工完成照准和调焦之后，标尺的条码影像光线到达望远镜中的分光镜，分光镜将这个光线分离成红外光和可见光两部分，红外光传送到线阵探测器上进行标尺图像探测，可见光传到十字丝分划板上成像，供测量员目视观测。仪器的数据处理器通过对探测到的光源进行处理，就可以确定仪器的视线高度和仪器至标尺的距离，并在显示窗显示。

电子水准仪的关键技术是自动电子读数及数据处理，由于生产电子水准仪的各厂家采用不同的技术，测量标尺不同，采用的自动读数方法也不同。目前主要有瑞士徕卡公司使用的相关法、德国蔡司公司使用的双相位码几何计算法、日本拓普康公司使用的相位法和日本索佳公司使用的双随机码的几何计算法等 4 种（算法的原理可参阅相关书籍）。

如果使用传统的水准标尺，电子水准仪只可当作普通的自动安平水准仪使用。

4. 电子水准仪的特点

与传统的光学水准仪相比，电子水准仪有以下特点：

（1）测量效率高。因为仪器能自动读数、自动记录、检核并计算处理测量数据，并能将各种数据输入计算机进行后处理，实现了内外业一体化。

（2）电子水准仪自动记录，因此不会出现读错、记错和计算错误，而且没有人为的读数误差。

（3）测量精度高。视线高和视距读数都是采用大量条码的分划图像经过处理后取平均值得出来的，因此削弱了标尺分划误差的影响。多数仪器都有进行多次读数取平均值的功能，还可以削弱外界条件的影响，如振动、大气扰动等。

（4）测量速度快。由于省去了读数、复述记录和现场计算的过程，所有这些都由仪器自动完成，人工只需照准、调焦和按键即可，不仅提高了观测速度，也降低了劳动强度。

（5）操作简单。由于仪器实现了读数和记录的自动化，并预存了大量测量和检核程序，在操作时还有实时提示，因此，测量人员可以很快掌握使用方法，即使不熟练的作业人员也能进行高精度测量。

（6）自动改正测量误差。仪器可以对条码尺的分划误差、CCD传感器的畸变、大气折光等系统误差进行改正。

2.2.3　水准尺和尺垫

1. 水准尺

如图 2-13 所示，常用的水准尺有塔尺和双面尺两种，用优质木材、玻璃钢或铝合金制成。

塔尺由几节套接而成，如图 2-13（a）所示，不用时把上面各节都套在最下一节之内，其长度有 2m、3m 和 5m 几种。尺的底部为零刻划，尺面以黑白相间的分划刻划，每格高 1cm，也有的为 0.5cm，分米处有数字，大于 1m 的数字注记加注红点或黑点，点的个数表示米数。塔尺携带方便，但在连接处常会产生误差，一般用于精度较低的水准测量。

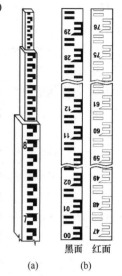

图 2-13　水准尺

双面尺也称直尺或板尺，如图 2-13（b）所示，尺长 2m 或 3m。尺的双面均有刻划，一面为黑白相间，称为黑面尺（也称基本分划），尺底端起点为零；另一面为红白相间，称为红面尺（也称辅助分划），尺底端起点是一个常数。双面尺一般成对使用，一根尺常数为 4687mm，另一根尺常数为 4787mm。利用黑、红面尺零点相差的常数可对水准测量读数进行检核。双面尺一般用于三、四等精度水准测量中。

近年来出现的电子水准仪所配套使用的水准尺，通常是由铝合金制成的板尺，长度一般有 2m 和 3m 两种。与双面尺的差别主要体现在该种水准尺属于单面条码刻划，且没有注记，不能实现人工目视读数。

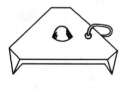

图 2-14　尺垫

2. 尺垫

尺垫一般用生铁铸成，呈三角形，中央有一凸起的半球状圆顶，下部有 3 个尖脚，如图 2-14 所示。使用时将尺垫放在地面上踩实。水准尺立于半球顶上，以防止点位移动和水准尺在观测过程中下沉。

水准测量时，在设置转点的地方应放置尺垫。但在已知水准点和待定的水准点上，观测时切记不能放置尺垫，以免造成返工。

2.2.4　水准仪的使用

1. 水准仪的操作步骤

首先在测站上安置三脚架，调节架腿长短使架头高度适中，目估使架头大致水平，拧紧架腿伸缩螺旋。然后将水准仪用连接螺旋安装在三脚架上，安装时，应用手扶住仪器，以防仪器从架头上滑落。

进行水准测量时的操作程序为：粗平、瞄准、精平、读数。

（1）粗平

粗平是调节仪器脚螺旋使圆水准气泡居中，以达到水准仪的竖轴铅直，实现大致水平的目的。具体的操作方法是：先将三脚架两只架腿的铁脚踩入土中，观测者操纵第三条架腿前、后、左、右移动，直到圆水准气泡基本居中时，固定这条架腿，然后调节三个脚螺旋使气泡完全居中。如图 2-15 所示，中间为圆水准器，实心圆代表气泡所在位置。首先用双手按箭头所指的方向［图 2-15（a）］转动脚螺旋 1、2，使气泡移动到这两个脚螺旋方向的中间，再按图 2-15（b）中箭头所指的方向，用左手转动脚螺旋 3，使气泡居中。水准气泡移动的方向始终与左手大拇指转动脚螺旋的方向一致。按上述方法反复调整脚螺旋，能使圆水准器气泡完全居中。

（2）瞄准

瞄准就是通过望远镜镜筒外的缺口和准星瞄准水准尺，使镜筒内能清晰地看到水准尺和十字丝。具体的操作方法是：先转动目镜对光螺旋，使十字丝的成像清晰，然后放松制动螺旋，用望远镜镜筒外的缺口和准星瞄准水准尺，粗略地瞄准目标。当在望远镜内看到水准尺的影像时，固定制动螺旋；进行物镜调焦，看清水准尺的影像，转动微动螺旋，使十字丝纵丝对准水准尺的中间稍偏一点，以便读数。

在物镜调焦后，眼睛在目镜后上下作少量移动，有时出现十字丝与目标影像有相对运动，这种现象称为视差。产生视差的原因是目标影像与十字丝平面不重合，如图 2-16 所示。视差的存在将影响观测结果的准确性，应予以消除。消除视差的方法是仔细地反复进行目镜和物镜调焦。

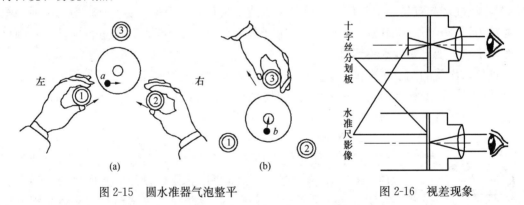

图 2-15　圆水准器气泡整平　　　　图 2-16　视差现象

（3）精平

精平就是调节微倾螺旋，使符合水准器气泡居中，即让目镜左边观察窗内的符合水准器气泡两个半边影像完全吻合，这时视准轴处于精确水平位置。由于气泡移动有惯性，所以转动微倾螺旋的速度不能太快。只有符合气泡两端影像完全吻合而又稳定不动后，气泡才居中。每次在水准尺上读数之前都应进行精平。

以上精平操作针对的是微倾式水准仪，若使用的是自动安平水准仪，只要补偿器正常工作就不需进行此步操作。

（4）读数

水准仪精平后，即可读取十字丝横丝在水准尺上的读数。读数时要按由小到大的方向，先用十字丝横丝估读出毫米数，再读米、分米、厘米数，如图 2-17 所示。

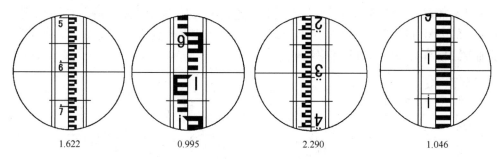

1.622　　　　　0.995　　　　　2.290　　　　　1.046

图 2-17　水准尺读数

2. 使用水准仪注意事项

（1）搬运仪器时，应检查仪器箱是否扣好或锁好，提手或背带是否牢固。

（2）仪器开箱和装箱时要轻拿轻放；从箱中取出仪器时，应先记住仪器和其他附件在箱内安放的位置，以便用完后照原样装箱。

（3）安置仪器时，注意拧紧脚螺旋和架头连接螺旋；仪器安置后应有人守护，以免外人扳弄损坏；仪器在使用过程中不得离人，以免发生意外。

（4）操作时用力要均匀轻巧；制动螺旋不要拧得过紧，微动螺旋不能拧到极限。当目标偏在一边，用微动螺旋不能调至正中时，应将微动螺旋反松几圈（目标偏移更远），再松开制动螺旋重新照准。

（5）迁移测站时，如果距离较近，可将仪器侧立，右臂夹住脚架，左手托着仪器基座进行搬迁；如果距离较远，应将仪器装箱搬运。

（6）在烈日下或雨天进行观测时，应撑伞遮住仪器，以防暴晒或淋雨。

（7）仪器用完后，应清去外表的灰尘和水珠，但切忌用手帕擦拭镜头；需要擦拭镜头时，应用专门的擦镜纸或脱脂棉。

（8）仪器应存放在阴凉、干燥、通风和安全的地方，注意防潮、防霉，防止碰撞或摔跌损伤。

2.3　水　准　测　量　实　施

2.3.1　水准点和水准路线

1. 水准点

为了统一全国的高程系统和满足各种测量的需要，测绘部门在全国各地埋设并用水准测量的方法测定了很多高程点，这些点称为水准点。水准点的标志有永久性和临时性两种。国家等级永久水准点如图 2-18 所示，一般用石料或钢筋混凝土制成，深埋在地面冻土线以下。在标石的顶面设有不锈钢或其他不易腐蚀材料制成的半球形标志。有些水准点也可设置在稳定建筑物的墙脚上，称为墙脚水准点，如图 2-18（b）所示。

土木工程施工中的永久性水准点一般用混凝土或钢筋混凝土制成，其式样如图 2-19（a）所示。临时性的水准点可用地面上突出的坚硬岩石、房屋墙脚或用大木桩、道钉打入地下，木桩顶面以半球形铁钉钉入，如图 2-19（b）所示。

埋设水准点后,应绘出水准点与附近固定建筑物或其他地物的关系图,在图上还要写明水准点的编号和高程,称为点之记,以便于日后寻找水准点位置时使用。水准点编号前通常加 BM 字样,作为水准点的代号。

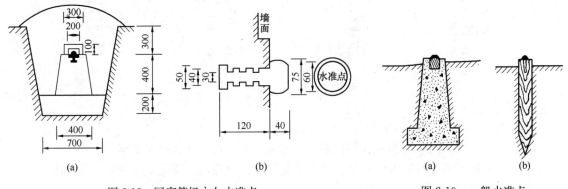

图 2-18 国家等级永久水准点   图 2-19 一般水准点

2. 水准路线

水准路线是水准测量施测时所经过的路线。水准测量应尽量沿公路、大路等平坦地面布设。坚实的地面,可保障仪器和水准尺的稳定性,平坦地面可减少测站数,以保证测量精度。水准路线上两个相邻水准点之间称为一个测段。

水准路线的布设分为单一水准路线和水准网,单一水准路线的布设形式有三种:

(1)闭合水准路线。由已知点 BM_1 至已知点 BM_1,如图 2-20(a)所示。

(2)附合水准路线。由已知点 BM_2 至已知点 BM_3,如图 2-20(b)所示。

(3)支水准路线。由已知点 BM_4 至某一待定水准点 2,如图 2-20(c)所示。

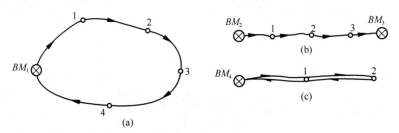

图 2-20 水准路线

2.3.2 水准测量的实施

当已知水准点与待测高程点的距离较远或两点间高差很大,安置一次仪器无法测到两点间高差时,就需要把两点间分成若干段,连续安置仪器测出每段高差,然后依次推算高差和高程。如图 2-21 所示,水准点 BM_A 的高程为 227.245m,现拟测定 BM_B 点的高程,施测过程如下:

在离 BM_A 点适当距离处选定 TP_1,在 BM_A、TP_1 两点上分别竖立水准尺。在距 BM_A 和 TP_1 点大致等距离处安置水准仪,瞄准后视点 BM_A,精平后读得后视读数 a_1 为 1.364m,记入水准测量手簿(表 2-1)。旋转望远镜瞄准前视点 TP_1,精平后读得前视读

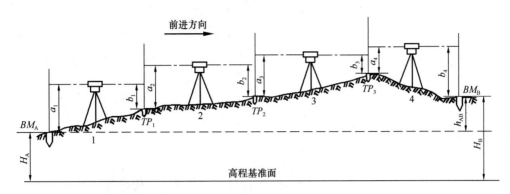

图 2-21 连续水准测量

数 b_1 为 0.979m，记入手簿。计算出 BM_A、TP_1 两点高差为 +0.385m。此为一个测站的工作。

点 TP_1 的水准尺不动，将 BM_A 点水准尺立于选定的 TP_2 点处，水准仪安置在 TP_1、TP_2 点之间，与上述相同的方法测出 TP_1、TP_2 点的高差，依次测至终点 BM_B。

水准测量手簿　　　　　　　　　　　　表 2-1

日期：　　　天气：　　　小组：
仪器：　　　观测：　　　记录：

测站	测点	水准尺读数		高差		高程	备注
		后视读数 a	前视读数 b	+	−		
1	BM_A | TP_1	1.364	0.979	+0.385		227.245	
2	TP_1 | TP_2	1.259	0.712	+0.547			
3	TP_2 | TP_3	1.278	0.566	+0.712			
4	TP_3 | BM_B	0.653	1.864		−1.211	227.678	
Σ		4.554	4.121	+1.644	−1.211		
		+0.433		+0.433			

每一测站可测得前、后两点间的高差，即

$$h_1 = a_1 - b_1$$
$$h_2 = a_2 - b_2$$
$$\cdots \cdots$$
$$h_4 = a_4 - b_4$$

将各式相加，得

$$h_{AB} = \sum h = \sum a - \sum b$$

BM_B 点高程为

$$H_B = H_A + \Sigma h \tag{2-8}$$

在施测过程中的临时立尺点 TP_1 、TP_2 、TP_3 ，是传递高程的过渡点，称为转点（简记为 TP ）。

2.3.3 水准测量检核

1. 计算检核

从表 2-1 可以看出，通过计算求和项，以式 $\Sigma a - \Sigma b = \Sigma h$ 可以检核高差计算的正确性；通过计算两点间高程之差，以式 $\Sigma h = H_B - H_A$ 可以检核高程计算的正确性。通过上述两步计算检核，表中各项计算的正确性得以保证。

2. 测站检核

计算检核可以检查出每站高差计算中的错误，但在每一测站的水准测量中，任何一个观测数据出现错误，都将导致所测高差不正确。为保证观测数据的正确性，通常采用变动仪高法和双面尺法进行测站检核。

（1）变动仪高法

在每一个测站上测出两点间高差后，改变仪器高度（变动 10cm 以上）再测一次高差，两次高差之差不超过容许值（如图根水准测量容许值为 ±6mm），则取平均值作为最后结果；若超过容许值，则必须重测。

（2）双面尺法

在每一测站上，仪器高度不变，分别用水准尺黑面刻度和红面刻度测出两点间高差。若同一水准尺红面中丝读数与黑面中丝读数（加常数后）之差，以及红面高差与黑面高差之差均在容许误差范围内（如图根级水准测量黑、红面读数差容许值为 ±4mm，高差之差容许值为 ±6mm），取平均值作为最后结果，否则应重测。

3. 路线成果检核

测站检核能检查每一测站的观测数据是否存在错误，但有些误差，例如在转站时转点的位置被移动，测站检核是查不出来的。此外，如果每一测站的高差误差的符号出现一致性，随着测站数的增多，误差积累起来，就有可能使高差总和的误差积累过大。因此，还必须对水准测量进行成果检核，其方法是按不同水准路线形式进行检核。

（1）闭合水准路线

在闭合水准路线上可对测量成果进行检核。对于闭合水准路线，因为它起止于同一个点，所以理论上全线各站高差之和应等于零，即

$$\Sigma h = 0$$

如果高差之和不等于零，则其差值即 Σh 就是闭合水准路线的高差闭合差，即

$$f_h = \Sigma h \tag{2-9}$$

高差闭合差的大小在一定程度上反映了测量成果的质量。

（2）附合水准路线

对于附合水准路线，理论上在两已知高程水准点间所测得各站高差之和应等于起止两水准点间的高差之差，即

$$\Sigma h = (H_终 - H_始)$$

如果它们不能相等，其差值称为附合水准路线的高差闭合差，即

$$f_h = \sum h - (H_{终} - H_{始}) \tag{2-10}$$

（3）支水准路线

支水准路线必须在起点、终点间用往返测进行校核。理论上往返测所得高差的绝对值应相等，但符号相反，或者是往返测高差的代数和应等于零，即

$$\sum h_{往} = -\sum h_{返}$$

或

$$\sum h_{往} + \sum h_{返} = 0$$

如果往返测高差的代数和不等于零，其值即为支水准路线的高差闭合差，即

$$f_h = \sum h_{往} + \sum h_{返} \tag{2-11}$$

有时也可以用两组并测来代替一组的往返测以加快工作进度。两组所得高差应相等，若不等，其差值即为支水准路线的高差闭合差。即

$$f_h = \sum h_1 - \sum h_2 \tag{2-12}$$

高差闭合差是由各种因素产生的测量误差，故闭合差的数值应该在容许的范围内，否则应检查原因，返工重测。

在各种不同性质的水准测量中，都规定了高差闭合差的限值，即容许高差闭合差，用 $f_{h容}$ 表示。

《城市测量规范》CJJ/T 8—2011 规定：图根水准测量各路线高差闭合差的容许值，在平坦地区为

$$f_{h容} = \pm 40\sqrt{L} \tag{2-13}$$

式中，L 为附合水准路线或闭合水准路线的总长，对支水准路线，L 为测段的长，均以"km"为单位。

在山地，每 1km 水准测量的站数超过 16 站时为

$$f_{h容} = \pm 12\sqrt{n} \tag{2-14}$$

式中，n 为整个线路的总测站数。

2.3.4 三、四等水准测量

三、四等水准测量，除用于国家高程控制网的加密外，还常用作小地区的高程控制测量，以及工程建设地区内工程测量和变形观测的基本控制。三、四等水准网应从附近的国家高一级水准点引测高程。

工程建设地区的三、四等水准点的间距可根据实际需要决定，一般为 1～2km，应埋设普通水准石或临时水准点标志，亦可利用埋石的平面控制点作为水准点。在厂区内则注意不要选在地下管线的上方，距离厂房或高大建筑物不小于 25m，距振动影响区 5m 以外，距回填土边界不小于 5m。

1. 技术要求

三、四等水准路线的布设，在加密国家控制点时，多布设成附合水准路线、结点网的形式；在独立测区作为首级控制时，应布设成闭合水准路线形式；而在山区、带状工程测区，可布设成附合水准路线、支水准路线形式。《工程测量标准》GB 50026—2020 中对三、四等水准测量的主要技术要求详见表 2-2、表 2-3。

三、四等水准路线主要技术规定及容许误差 表 2-2

等级	路线长度 (km)	水准仪	水准尺	观测次数		往返较差、闭合差	
				与已知点联测	附合或环线	平地（mm）	山地（mm）
三	≤50	DS1	因瓦	往返各一次	往一次	$\pm12\sqrt{L}$	$\pm4\sqrt{n}$
		DS3	双面		往返各一次		
四	≤16	DS1	因瓦	往返各一次	往一次	$\pm20\sqrt{L}$	$\pm6\sqrt{n}$
		DS3	双面				

注：1. 三等水准测量观测顺序为后前前后，四等水准测量观测顺序为后后前前；

2. 计算附合或环线闭合差时，L 为附合或环线的路线长度（km）；

3. 表中 n 为相应的测站数。

三、四等水准测量在测站上观测的主要容许误差 表 2-3

等级	水准仪级别	视线长度 (m)	视线高度 (m)	前后视距差 (m)	前后视距累积差 (m)	红黑面读数差 (mm)	红黑面高差之差 (mm)
三	DS1	100	0.3	3.0	6.0	1.0	1.5
	DS3	75	0.3			2.0	3.0
四		100	0.2	5.0	10.0	3.0	5.0

三、四等水准采用变动仪器高度观测单面水准尺时，所测两次高差校差，应与黑面、红面所测高差之差的要求相同。

2. 施测方法

三、四等水准测量的观测应在通视良好、成像清晰稳定的情况下进行。下面介绍使用正像自动安平水准仪，采用双面尺法的四等水准测量观测程序。

（1）每一测站的观测顺序

照准后视尺黑面，读取上、下丝读数（1）和（2），读取中丝读数（3）；

照准前视尺黑面，读取上、下丝读数（4）和（5），读取中丝读数（6）；

照准前视尺红面，读取中丝读数（7）；

照准后视尺红面，读取中丝读数（8）。

以上（1）、（2）、…、（8）表示观测与记录的顺序，见表 2-4。

这样的观测顺序简称为"后—前—前—后"，其作用是减弱仪器下沉误差的影响。四等水准测量，每站观测顺序也可为"后—后—前—前"。

（2）测站计算与校核

首先将观测数据（1）、（2）、…、（8）按表 2-4 的形式记录。

1）视距计算

后视距离(9)＝100×[(1)－(2)]

前视距离(10)＝100×[(4)－(5)]

前、后视距离差值(11)＝(9)－(10)，三等水准测量不得超过3m，四等水准测量不超过5m。

前、后视距累积差(12)＝前站(12)＋本站(11)，三等水准测量不得超过6m，四等水准测量不得超过10m。

2）同一水准尺红、黑读数的检核

同一水准尺红、黑面中丝读数之差，应等于该尺红、黑面的常数 K（4687 或 4787），红、黑面中丝读数差按下式计算

$$(13) = (6) + K - (7)$$
$$(14) = (3) + K - (8)$$

（13）、（14）的大小，三等不得超过 2mm，四等不得超过 3mm。

3）计算黑面、红面高差

$$(15) = (3) - (6)$$
$$(16) = (8) - (7)$$

（17）＝（15）－（16）±0.100＝（14）－（13）（计算检核）。三等水准测量，（17）不得超过 3mm，四等水准测量，不得超过 5mm。式内 0.100 为单、双号两根水准尺红面起点注记之差，以"m"为单位。

4）计算平均高差

$$(18) = \frac{1}{2}\{(15) + [(16) \pm 0.100]\}$$

三（四）等水准测量观测手簿 表 2-4

测段：A～B　　日期：2018 年 6 月 20 日　　仪器：北光 648547

开始：8 时 05 分　　天气：晴、微风　　观测者：王××

结束：8 时 45 分　　成像：清晰稳定　　记录者：李××

测站编号	点号	后尺 上丝 下丝 / 后视距离 / 前后视距差	前尺 上丝 上丝 / 前视距离 / 视距累积差	方向及尺号	中丝水准尺读数 黑面	中丝水准尺读数 红面	$K+$黑一红	平均高差（m）	备注
		(1)	(4)	后	(3)	(8)	(14)	(18)	
		(2)	(5)	前	(6)	(7)	(13)		
		(9)	(10)	后-前	(15)	(16)	(17)		
		(11)	(12)						
1	A ｜ TP_1	1587	0755	后	1400	6187	0	+0.8325	
		1213	0379	前	0567	5255	−1		
		37.4	37.6	后-前	+0.833	+0.932	+1		
		−0.2	−0.2						
2	TP_1 ｜ TP_2	2111	2186	后	1924	6611	0	−0.0745	
		1737	1811	前	1998	6786	−1		
		37.4	37.5	后-前	−0.074	−0.175	+1		
		−0.1	−0.3						
3	TP_2 ｜ TP_3	0675	2902	后	0466	5254	−1	−2.2175	
		0237	2466	前	2684	7371	0		
		43.8	43.6	后-前	−2.218	−2.117	−1		
		+0.2	−0.1						

续表

测站编号	点号	后尺 上丝 下丝	前尺 上丝 上丝	方向及尺号	中丝水准尺读数		$K+$ 黑 $-$ 红	平均高差 (m)	备注
		后视距离	前视距离		黑面	红面			
		前后视距差	视距累积差						
4	TP_3 — B	1945	2121	后	1812	6499	0	-0.1745	
		1680	1854	前	1987	6773	$+1$		
		26.5	26.7	后-前	-0.175	-0.274	-1		
		-0.2	-0.3						

（3）每页计算的检核

1）高差部分

红、黑面后视总和减红、黑面前视总和应等于红、黑面高差总和，还应等于平均高差总和的两倍。即

$$\Sigma[(3)+(8)]-\Sigma[(6)+(7)]=\Sigma[(15)+(16)]=2\Sigma(18)$$

上式适用于测站数为偶数的情况。

$$\Sigma[(3)+(8)]-\Sigma[(6)+(7)]=\Sigma[(15)+(16)]=2\Sigma(18)\pm0.100$$

上式适用于测站数为奇数的情况。

2）视距部分

后视距总和与前视距总和之差应等于末站视距累积差。即

$$\Sigma(9)-\Sigma(10)=末站(12)$$

校核无误后，算出总视距

$$水准路线的总长度=\Sigma(9)+\Sigma(10)$$

（4）成果计算

在完成水准路线观测后，计算高差闭合差，经检核合格后，调整闭合差并计算各点高程。

2.4 水准测量成果计算

水准测量外业工作结束后，要检查记录手簿，再计算各点间的高差。经检核无误后，才能进行水准测量的成果计算。首先要算出高差闭合差，它是衡量水准测量精度的重要指标。当高差闭合差在容许值范围内时，再对闭合差进行调整，求出改正后的高差，最后求出待测点的高程。以上工作，称为水准测量的内业。

2.4.1 附合水准路线的成果计算

图 2-22 是根据水准测量记录手簿整理得到的观测数据，各测段高差和测站数如图所示。A、B 为已知高程水准点，1、2、3 为待测点。列表 2-5 进行高差闭合差的调整和高程计算。

1. 高差闭合差计算

由式（2-10）计算得

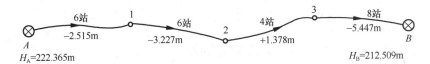

图 2-22　附合水准路线示意图

$$f_{\mathrm{h}} = \sum h_{测} - (H_{\mathrm{B}} - H_{\mathrm{A}}) = -9.811 - (212.509 - 222.365) = +0.045\mathrm{m}$$

按山地及图根水准精度要求计算闭合差容许值为

$$f_{\mathrm{h容}} = \pm 12\sqrt{n} = \pm 12\sqrt{24} = \pm 58\mathrm{mm}$$

$|f_{\mathrm{h}}| < |f_{\mathrm{h容}}|$，符合图根水准测量要求。

2. 高差闭合差调整

高差闭合差的调整是按与距离或与测站数成正比反符号分配到各测段高差中。

第 i 测段高差改正数 v_i 按下式计算

$$v_i = -\frac{f_{\mathrm{h}}}{n}n_i \quad \text{或} \quad v_i = -\frac{f_{\mathrm{h}}}{L}L_i \qquad (2\text{-}15)$$

式中，n 为路线总测站数；n_i 为第 i 段测站数；L 为路线总长；L_i 为第 i 段路线长。

本例中按测站数计算各测段高差改正数，并填入表 2-5 相应项目中。

附合水准路线成果计算表　　　　　　　　　　　　　表 2-5

测点	测站数	实测高差（m）	高差改正数（m）	改正后高差（m）	高程（m）	备注
A					222.365	
1	6	−2.515	−0.011	−2.526	219.839	
2	6	−3.227	−0.011	−3.238	216.601	
3	4	+1.378	−0.008	+1.370	217.971	
B	8	−5.447	−0.015	−5.462	212.509	
$\sum$	24	−9.811	−0.045	−9.856		
辅助计算	$f_{\mathrm{h}} = +45\mathrm{mm}$ $f_{\mathrm{h容}} = \pm 12\sqrt{24} = \pm 58\mathrm{mm}$					

高差改正数的总和应与高差闭合差的大小相等、符号相反，作为计算检核。即

$$\sum v_i = -f_{\mathrm{h}}$$

各测段改正后高差为

$$h_i' = h_i + v_i$$

各测段改正后高差之和应与两已知点间高差相等，作为计算检核。即

$$\sum h_i' = H_{\mathrm{B}} - H_{\mathrm{A}}$$

3. 计算各点高程

用每段改正后的高差，由已知点 A 开始，逐点算出各点高程，列入表 2-5 中。由计算得到的 B 点高程 H_{B}' 应与 B 点的已知高程 H_{B} 相等，作为计算检核，即

$$H_{\mathrm{B}}' = H_{\mathrm{B}}$$

2.4.2 闭合水准路线的成果计算

图 2-23 是根据水准测量记录手簿整理得到的观测数据，各测段高差和测站数如图所示。BM_1 为已知高程水准点，1、2、3、4 为待测点。列表 2-6 进行高差闭合差的调整和高程计算。

闭合水准路线高差闭合差按式（2-9）计算，若闭合差在容许范围内，按上述附合水准路线相同的方法调整闭合差，并计算高程如表 2-6 所示。

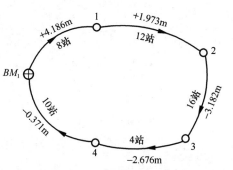

图 2-23　闭合水准路线示意图

闭合水准路线成果计算表　　　　　　表 2-6

测点	测站数	实测高差 （m）	高差改正数 （m）	改正后高差 （m）	高程 （m）	备注
BM_1					286.235	
1	8	+4.186	+0.011	+4.197	290.432	
2	12	+1.973	+0.017	+1.990	292.422	
3	16	−3.182	+0.022	−3.160	289.262	
4	4	−2.676	+0.006	−2.670	286.592	
BM_1	10	−0.371	+0.014	−0.357	286.235	
Σ	50	−0.070	+0.070	0		
辅助计算	$f_h=-70\text{mm}$ $f_{h容}=\pm 12\sqrt{24}=\pm 84\text{mm}$					

2.4.3 支水准路线的成果计算

对于支水准路线，取其往返测高差的平均值作为成果，高差的符号应以往测为准，最后推算出往测点的高程。

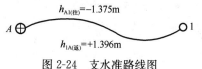

图 2-24　支水准路线图

以图 2-24 为例，某支水准路线，已知 A 点高程为 156.742m，往返测测站数共 16 站。

高差闭合差为：

$$f_h=h_{往}+h_{返}=-1.375+1.396=+0.021\text{m}$$

闭合差容许值为：

$$f_{h容}=\pm 12\sqrt{n}=\pm 12\sqrt{16}=\pm 48\text{mm}$$

$|f_h|<|f_{h容}|$，说明符合普通水准测量的要求。检验符合精度要求后，可取往测和返测高差的绝对值的平均值作为 A、1 两点间的高差，其符号与往测高差符号相同，即：

$$h_{A1}=(-1.375-1.396)/2=-1.386\text{m}$$

待测点 1 点的高程为：

$$H_1=156.742-1.386=155.356\text{m}$$

2.5　水准仪的检验与校正

根据水准测量的基本原理，要求水准仪具有一条水平视线，这个要求是水准仪构造上的一个极为重要的问题。此外，还要创造一些条件使仪器便于操作。例如，增设了一个圆水准器，利用它使水准仪初步安平。在正式作业之前，必须对水准仪加以检验，判断是否满足所设想的要求。对某些不合要求的条件，应对仪器加以校正，使之符合要求。水准仪主要轴系关系有：视准轴、水准管轴、仪器竖轴和圆水准器轴，以及十字丝横丝，如图 2-25 所示。

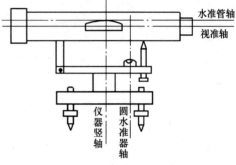

图 2-25　水准仪的主要轴线

2.5.1　水准仪应满足的几何条件

为保证水准仪能提供一条水平视线，各轴线间应满足的几何条件是：

（1）圆水准器轴平行于仪器竖轴；

（2）十字丝横丝垂直于仪器竖轴；

（3）水准管轴平行于视准轴。

2.5.2　水准仪的检验与校正

水准测量作业前，应对水准仪进行检验，如不满足要求，应对仪器加以校正。

1. 圆水准器轴平行于仪器竖轴的检验与校正

检验：安置仪器后，调节脚螺旋使圆水准器气泡居中，然后将望远镜绕竖轴旋转180°，此时若气泡仍居中，表示此项条件满足要求；若气泡不再居中，则应校正。

如图 2-26 所示，当圆水准器气泡居中时，圆水准器轴处于铅直位置，若圆水准器轴与竖轴不平行，使竖轴与铅垂线之间出现倾角 δ［图 2-26（a）］。当望远镜绕倾斜的竖轴旋转180°后，仪器的竖轴位置并没有改变，而圆水准器轴却转到了竖轴的另一侧。这时，圆水准器轴与铅垂线夹角为 2δ［图 2-26（b）］。

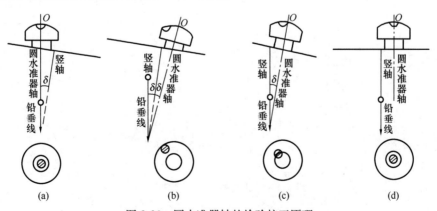

图 2-26　圆水准器轴的检验校正原理

校正：根据上述检验原理，校正时，用脚螺旋使气泡向零点方向移动偏离量的一半，这时竖轴处于铅直位置 [图 2-26（c）]。然后用校正针调整圆水准器下面的三个校正螺钉，使气泡居中。这时，圆水准器轴便平行于仪器竖轴 [图 2-26（d）]。

圆水准器下面的校正螺钉构造如图 2-27 所示，在拨动三个校正螺钉前，应先稍松一下固定螺钉，这样拨动校正螺钉时气泡才能移动。校正完毕后必须把固定螺钉紧固。检验校正必须反复数次，直到仪器转动到任何方向气泡都居中为止。

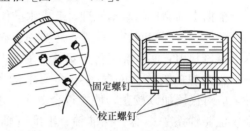

图 2-27　圆水准器校正螺钉

2. 十字丝横丝垂直于仪器竖轴的检验与校正

检验：水准仪粗略整平后，用十字丝横丝的一端瞄准一个点状目标，如图 2-28（a）中的 P 点，固定制动螺旋，然后用微动螺旋缓缓地转动望远镜。如图 2-28（b）所示，若 P 点始终在十字丝横丝上移动，说明此条件满足；若 P 点偏离横丝，表示条件不满足，需要校正。

校正：旋下靠目镜处的十字丝环外罩，用螺丝刀松开十字丝环的四个固定螺钉，如图 2-29 所示。直到满足要求为止，最后旋紧十字丝环固定螺钉。

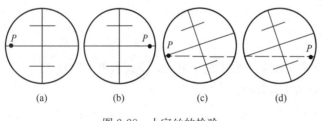

图 2-28　十字丝的检验

图 2-29　十字丝的校正

3. 水准管轴平行于视准轴的检验与校正

检验：如图 2-30 所示，在高差不大的地面上选择相距 80m 左右的 A、B 两点，打入木桩或安放尺垫。将水准仪安置在 A、B 两点的中心 C 处，用变仪器高法（或双面尺法）测出 A、B 两点水准尺读数 a_1、b_1，并计算高差，两次高差之差小于 3mm 时，取其平均值 h_{AB} 作为最后结果。

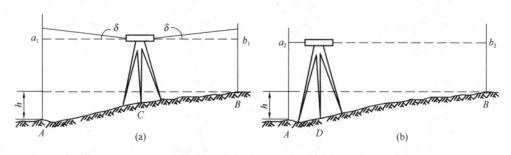

图 2-30　水准管轴平行视准轴的检验

由于仪器距 A、B 两点等距离，从图 2-30 可看出，不论水准管轴是否平行视准轴，在 C 处测出的高差 h_{AB} 都是正确的高差。

然后将水准仪搬到距 A 点（或 B 点）2~3m 的 D 处，精平后分别读取 A 尺和 B 尺的中丝读数 a_2 和 b_2。因仪器距 A 很近，水准管轴不平行视准轴引起的读数误差可忽略不计，则可计算出仪器在 D 处时，B 点尺上水平视线的正确读数为

$$b_2' = a_2 - h_{AB} \qquad (2\text{-}16)$$

实际测出的 b_2 与计算得到的 b_2' 应相等，则表明水准管轴平行视准轴；否则，两轴不平行，其夹角为 i 角。由图可知

$$i = \frac{b_2 - b_2'}{D_{AB}} \rho \qquad (2\text{-}17)$$

DS3 级自动安平水准仪的 i 角不得大于 $20''$，否则应对水准仪进行校正。

校正：水准管轴平行于视准轴的校正方法有两种：校正水准管及校正十字丝。

（1）校正水准管

如图 2-30（b）所示，仪器仍在 D 处，瞄准 B 点标尺，调节微倾螺旋，使中丝指向公式 (2-16) 计算的中丝读数 b_2'，这时视准轴处于水平位置，但水准管的气泡不居中。用校正针拨动水准管一端的上、下两个校正螺钉，先松一个，再紧另一个，将水准管一端升高或降低，使符合气泡吻合，如图 2-31 所示。此项校正要

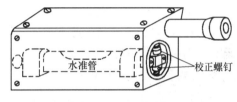

图 2-31 水准管的校正

反复进行，直到 i 角小于 $20''$ 为止，再拧紧上、下两个校正螺钉。

（2）校正十字丝

旋下十字丝环外罩，使水准管气泡保持居中，先松开左、右两个校正螺钉，再拨动上、下两个十字丝校正螺钉，先松一个，再紧一个，使十字丝横丝上、下移动，对准 B 尺上的正确读数 b_2'，这样就满足了视准轴平行于水准管轴的条件。

2.5.3 自动安平水准仪补偿器性能的检验

检验原理：自动安平水准仪补偿器的作用，是当望远镜视准轴倾斜（应在补偿器补偿的容许范围内，即圆水准气泡不超出水准器刻划圈的范围）时，仍可用十字丝横丝读得水平视线时的读数。因此，在检验补偿器性能时，可使仪器竖轴作少许倾斜，测定两点间高差与其正确高差相比较。如图 2-32 所示，将仪器安置在 A、B 两点连线的中间。由于仪器竖轴倾斜，若后视读数时视准轴向下（或上）倾斜，那么将望远镜转向前视时，视准轴将向上

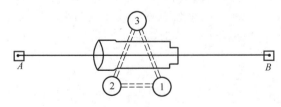

图 2-32 补偿器性能的检验

（或下）倾斜。如果补偿器的补偿性能正常，无论视线向下或向上倾斜，都可读得水平视线所对应的读数，测得的高差也是 A、B 两点间的正确高差；当补偿器性能不正常，由于前、后视的倾斜方向不一致，视线倾斜产生的读数误差不能在高差计算中抵消，因此测得

的高差将与正确高差有明显差异。

检验方法：在较为平坦的地面上选择相距 100m 左右的 A、B 两点，并打下木桩或放置尺垫。将水准仪置于 A、B 连线的中点，并使两个脚螺旋（图 2-32 中第①、②脚螺旋）连线与 A、B 连线方向平行。检验步骤如下：

（1）用圆水准器整平仪器，测出 A、B 两点间的高差 h_{AB}。因仪器置于 A、B 连线的中点，所测高差 h_{AB} 为正确高差。

（2）升高第③个脚螺旋，使仪器向左倾斜，测出 A、B 两点间的高差 $h_{AB左}$。

（3）降低第③个脚螺旋，使仪器向右倾斜，测出 A、B 两点间的高差 $h_{AB右}$。

（4）升高第③个脚螺旋，使圆水准器气泡居中。

（5）升高第①个脚螺旋，使仪器向后视方向倾斜，测出 A、B 两点间的高差 $h_{AB后}$。

（6）降低第①个脚螺旋，使仪器向前视方向倾斜，测出 A、B 两点间的高差 $h_{AB前}$。

仪器在向前、后、左、右倾斜时，其倾斜角度均应由圆水准气泡位置确定，四次倾斜的角度相同，其值应略小于补偿器的补偿范围。

将 $h_{AB前}$、$h_{AB后}$、$h_{AB左}$、$h_{AB右}$ 与 h_{AB} 相比较，视其差值确定补偿器的性能是否正常。对于 DS3 级自动安平水准仪，此差值应不大于 5mm。否则，补偿器应进行校正。

水准仪补偿器的校正，包括角误差的校正、补偿范围的校正、补偿器零位的校正和补偿器交叉误差的校正。校正一般需要在室内专用校正台上按仪器说明书指明的方法进行。

2.5.4 数字水准仪视准轴及其相关检验

数字水准仪具有光视准轴和电视准轴两个视准轴。光视准轴同常规光学水准仪的视准轴相同，是由光学分划十字丝中心和望远镜的光心构成；电视准轴是由光电探测器（CCD）中点附近的一个参考像素和望远镜光心构成。因此，数字水准仪有光学 i 角和电子 i 角之分。光学视准轴用于水准尺的照准、调焦和分划水准尺光学读数；电子视准轴用于条码尺的电子读数。

1. 视准轴安平误差的检验

选择一段长为 3～35m 的平坦地段，在视线的两端分别安置被检数字水准仪和配套条码水准尺，精确整平仪器，瞄准标尺进行标准模式测量，读 5 次并取其平均值 h_0。然后在不改变水准仪高度的前提下，调整脚螺旋使仪器倾斜至超出补偿范围，并迅速复位瞄准标尺进行观测读数 5 次并取其平均值 h。以相同的方法使水准仪分别向前、后、左、右倾斜，并迅速复位进行观测，每个方向进行 3 组观测，以每组观测读数 5 次的平均值与 h_0 之差值 Δ_i（共有 12 个差值，单位：mm）的标准偏差作为检定结果。

$$\tau'' = \frac{1}{D \cdot 10^3} \sqrt{\frac{\sum_1^{12} \Delta_i}{12}} \cdot \rho'' \tag{2-18}$$

式中，D 为视线长，单位为 m。τ'' 对 DS05 级数字水准仪应≤0.30″，对 DS1 级数字水准仪应≤0.35″。

2. 电视准轴和视准轴一致性的检验

在 20～30m 的平坦距离两端分别安置被检数字水准仪和配套条码水准尺，精确整平仪器，瞄准标尺因瓦尺带中心，观测读数 5 次取其平均值 h_0。然后向左水平微动望远镜，

瞄准尺带中心至尺带边缘的 $1/2$ 处，观测读数 5 次取其平均值 h_1；向右水平微动望远镜，瞄准尺带中心至尺带右边缘的 $1/2$ 处，观测读数 5 次取其平均值 h_2。取 $|h_1-h_0|$ 和 $|h_2-h_0|$ 中较大值作为检定结果。

3. 电子 i 角的检验

按被检数字水准仪操作手册中所规定的方法进行电子 i 角的检定和设置。

2.6 水准测量误差分析

产生水准测量误差的原因主要有三方面，即仪器误差、观测误差和外界条件的影响。研究这些误差是为了找出消除和减少这些误差的方法。

2.6.1 仪器误差

1. 仪器校正后的残余误差

水准仪经校正后，仍存在视准轴不平行水准管轴的残余误差，此项误差与仪器至立尺点的距离成正比。在测量中，使前、后视距离相等，在高差计算中就可以消除该项误差的影响。

2. 水准尺误差

该项误差包括水准尺长度刻划误差、长度变化和零点误差等。不同精度等级的水准测量对水准尺有不同的要求，精密水准测量应对水准尺进行检定，并对读数进行尺长误差改正。零点误差在成对使用水准尺时，可采取设置偶数站的方法来消除。

2.6.2 观测误差

1. 水准气泡居中误差

是指由于水准管内液体与管壁的黏滞作用和观测者眼睛分辨能力的限制，致使气泡没有严格居中引起的误差。水准管气泡居中误差一般为 $\pm 0.15\tau$（τ 为水准管分划值）。采用符合水准器时，气泡居中精度可提高一倍。故由气泡居中误差引起的读数误差为

$$m_\tau = \frac{0.15\tau}{2\rho}D \tag{2-19}$$

式中，D 为视线长。

2. 读数误差

是观测者在水准尺上估读毫米数的误差，与人眼分辨能力、望远镜放大率以及视线长度有关。通常按下式计算

$$m_V = \frac{60''}{V} \cdot \frac{D}{\rho} \tag{2-20}$$

式中，V 为望远镜放大率；$60''$ 为人眼分辨的最小角度。

3. 视差影响

视差对水准尺读数会产生较大误差。操作中应仔细进行目镜、物镜调焦，避免出现视差。

4. 水准尺倾斜

水准尺倾斜会使读数增大，其误差大小与尺倾斜的角度和在尺上的读数大小有关。例

如，尺子倾斜 3°，视线在尺上读数为 2m 时，会产生约 3mm 的读数误差。因此，测量过程中要认真扶尺，尽可能保持尺上水准气泡居中，将尺立直。

2.6.3 外界条件的影响

1. 地球曲率的影响

如图 2-33 所示，水准测量时，水平视线在尺上的读数为 b，理论上应改算为相应水准面截于水准尺的读数 b'，两者的差值 c 称为地球曲率差。

$$c = \frac{D^2}{2R} \tag{2-21}$$

式中，D 为视线长；R 为地球曲率半径，取 6371km。

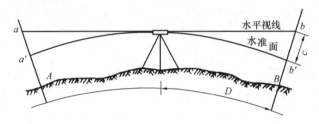

图 2-33 地球曲率的影响

水准测量中，当前、后视距离相等时，通过高差计算可消除该误差对高差的影响。

2. 大气折光的影响

由于地面上空气密度不均匀，使光线发生折射。因而水准测量中，实际的尺读数不是水平视线的读数，而是一向下弯曲视线的读数。两者之差称为大气折光差，用 γ 表示。大气折光差约为地球曲率差的 1/7，即

$$\gamma = \frac{1}{7}c = 0.07\frac{D^2}{R} \tag{2-22}$$

这项误差也可以用前、后视距相等的方法抵消和限制。精密水准测量应选择良好的观测时间（一般认为日出后或日落前两小时为好），并控制视线高出地面一定距离，以避免视线发生不规则折射引起的误差。

地球曲率差和大气折光差是同时存在的，两者对读数的共同影响可用下式计算

$$f = c - \gamma = 0.43\frac{D^2}{R} \tag{2-23}$$

3. 阳光和风力的影响

当强烈的日光照射水准仪时，仪器各部分受热不均匀而引起变形，特别是水准气泡因烈日照射而缩短，使观测产生误差，所以应撑伞保护仪器。由于大风可使水准尺竖不直，使水准仪的水准气泡不稳定，故应避免在大风天气进行水准测量。

4. 仪器下沉

仪器安置在土质松软的地方，在观测过程中会发生下沉。若观测程序是先读后视再读前视，显然前视读数比应读数减小了。用双面尺法进行测站检核时，采用"后、前、前、后"的观测程序，可降低其影响。此外，应选择坚实的地面作测站，并将脚架踏实。

5. 尺垫下沉

仪器搬站时，尺垫下沉会使后视读数比应该读数增大。所以转点也应选在坚实地面并

将尺垫踏实。

水准测量成果不符合精度要求，多数是由于测量人员疏忽大意造成的，为避免、消除、减弱各种误差的影响，水准测量时测量人员应认真执行水准测量规范，并应注意以下事项：

（1）读数时符合水准气泡必须居中（微倾式水准仪）。

（2）读尺时注意不要误读整米数，或误把 6 读成 9。

（3）未完成本站观测，立尺员不能将后视点上的尺垫碰动或拔起；前视点上的尺垫须在下一站观测完成前保持不动。

（4）用塔尺作水准测量时，应注意接头处连接是否正确，避免自动下滑未被发现。

（5）记录员应大声复诵观测者报出的数据，避免听错、记错，或错记前、后视读数位置。

（6）避免误把十字丝的上、下视距丝当作十字丝横丝在水准尺上读数。

复 习 思 考 题

1. 什么是视准轴？什么是水准管轴？

2. 什么是视差？如何消除视差？

3. 水准仪的圆水准器和管水准器的作用有何不同？水准测量时，读完后视读数后转动望远镜瞄准前视尺时，圆水准气泡和符合气泡都有少许偏移（不居中），这时应如何调整仪器，才能读前视读数？

4. 水准测量测站检核的作用是什么？有哪种方法？

5. 图 2-34 为图根级附合水准路线观测成果，按路线长度调整闭合差，并计算各点高程。

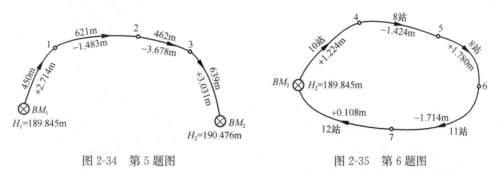

图 2-34　第 5 题图　　　　　图 2-35　第 6 题图

6. 如图 2-35 所示，为图根级闭合水准路线的观测成果，按测站数调整闭合差，并计算出各点的高程。

7. 水准仪应满足哪些几何条件？主要条件是什么？为什么？

8. 在检验校正水准管轴与视准轴是否平行时，将仪器安置在相距 60m 的 A、B 两点的中间，读得 A 尺读数 $a_1=1.573$m，B 尺读数 $b_1=1.215$m。将仪器搬到靠近 A 尺处，得 A 尺读数 $a_2=1.432$m，B 尺读数 $b_2=1.066$m，问：

（1）A、B 两点间正确高差为多少？

（2）视准轴与水准管轴的夹角 i 为多少？

（3）如何将视线调水平？

（4）如何使仪器满足水准管轴平行于视准轴？

9. 如何判断自动安平水准仪的补偿器是否处于正常状态？

10. 水准测量中产生误差的原因有哪些？

11. 水准测量中，采用前、后视距离相等可以消除哪些误差？

12. 什么是转点？转点的作用是什么？

第3章 角度测量

3.1 角度测量原理

确定地面点位一般要进行角度测量。角度测量包括水平角测量和竖直角测量。

3.1.1 水平角测量原理

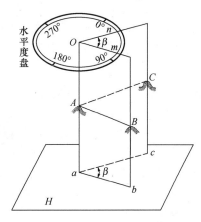

图 3-1 水平角测量原理

一点到两个目标的方向线垂直投影在水平面上所成的角称为水平角。如图 3-1 所示，A、B、C 为地面上任意三点。将此三点沿铅垂线方向投影到同一水平面 H 上，得到 a、b、c 三点。水平面上 ac 与 ab 之间的夹角 β 即是地面上 AB 和 AC 两方向之间的水平角。换言之，地面上任意两方向之间的水平角就是通过这两个方向的竖直面的二面角。

为了测出水平角的大小，设在 O 点水平放置一个度盘，度盘的刻度中心 O 通过二竖直面的交线，也就是使 O 位于 A 点的铅垂线上。过 AB 和 AC 的两竖直面与度盘的交线在度盘上的读数分别为 m 和 n，如果度盘是顺时针注记的，则水平角

$$\beta = m - n \tag{3-1}$$

3.1.2 竖直角测量原理

在同一竖直面内，目标方向线与水平线的夹角称为竖直角，亦称垂直角，通常用 α 表示。竖直角的取值范围是：$(-90° \sim +90°)$，当视线位于水平方向上方时，竖直角为正值，称为仰角；当视线位于水平方向下方时，竖直角为负值，称为俯角。

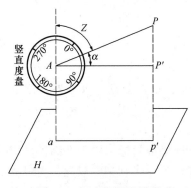

图 3-2 竖直角测量原理

如图 3-2 所示，测站点 A 至目标点 P 的方向线 AP 与其在水平面的投影 ap' 间的夹角，即 AP' 的夹角 α 就是 AP 方向的竖直角。

天顶距，即目标方向线与天顶方向（即铅垂线的反方向）的夹角，称为天顶距，一般用符号 Z 表示。

天顶距和竖直角有如下关系：

$$\alpha = 90° - Z \tag{3-2}$$

3.2 经 纬 仪

经纬仪是角度测量的重要仪器，经纬仪在经历了金属度盘的游标经纬仪、光学度盘和光学测微装置的光学经纬仪后，目前发展到了采用光电数码技术代替光学度盘的电子经纬仪和全站仪。工程中常用的经纬仪按其精度分为DJ6、DJ2两类。"D""J"为"大地测量""经纬仪"的汉语拼音第一个字母，"6""2"表示该种仪器一个测回方向观测值中误差不超过6″和2″，DJ6、DJ2亦可简写为J6、J2。

3.2.1 光学经纬仪

1. 光学经纬仪的基本构造

光学经纬仪的构造大致相同。图3-3、图3-4分别为DJ6、DJ2级光学经纬仪。

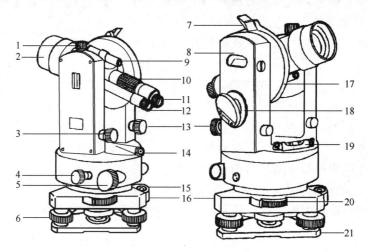

图 3-3　DJ6级光学经纬仪

1—望远镜制动螺旋；2—望远镜物镜；3—望远镜微动螺旋；4—水平制动螺旋；5—水平微动螺旋；6—脚螺旋；7—竖盘水准管观察镜；8—竖盘水准管；9—瞄准器；10—物镜调焦螺旋；11—望远镜目镜；12—读数显微镜；13—竖盘水准管微动螺旋；14—光学对中器；15—圆水准器；16—基座；17—竖直度盘；18—度盘照明镜；19—照准部水准管；20—水平度盘变换轮

经纬仪主要由照准部、水平度盘和基座三部分组成。

（1）照准部

照准部是基座上方能够转动部分的总称，包括望远镜、竖直度盘、水准器、读数设备等。

1）望远镜

望远镜的构造与水准仪的望远镜构造基本相同，它用于瞄准目标。由于经纬仪是用望远镜的十字丝竖丝来瞄准目标，故将竖丝的一半刻成单丝，另一半则刻成双丝。当观测到的目标的像较粗时，用单丝照准（单丝平分目标）；较细时则用双丝照准（目标处于双丝中央），以提高照准精度。

经纬仪的望远镜与仪器横轴固连于仪器支架上，支架上装有望远镜的制动螺旋和微动螺旋，用以控制望远镜的竖向转动。此外还有水平制动螺旋和微动螺旋，以控制水平方向

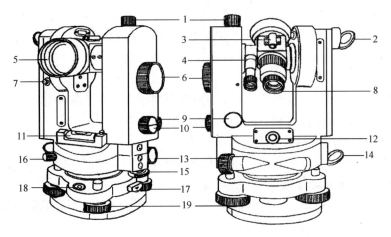

图 3-4　DJ2 级光学经纬仪

1—望远镜制动螺旋；2—竖盘反光镜；3—瞄准器；4—读数目镜；5—望远镜物镜；6—测微轮；

7—竖盘自动归零旋钮；8—望远镜目镜；9—望远镜微动螺旋；10—度盘换像手轮；

11—照准部水准管；12—光学对中器；13—水平微动螺旋；14—水平度盘反光镜；

15—水平度盘变动轮；16—水平制动螺旋；17—仪器锁定钮；

18—圆水准器；19—脚螺旋

的转动。

2）竖直度盘

竖直度盘简称竖盘，用于测量竖直角。竖盘固定在横轴的一端，随着望远镜一起作竖向转动，但竖盘的指标不动。竖盘上装有竖盘指标水准管和竖盘指标水准管的微动螺旋，用以调整竖盘指标。转动竖盘指标水准管的微动螺旋使竖盘指标水准管气泡居中，此时竖盘指标位于正确位置。目前，有许多型号的经纬仪已不采用竖盘指标水准管的形式，而用自动归零装置代替，由此简化了操作。

3）水准器

照准部水准管用来精确整平仪器。圆水准器用作粗平，与光学对中器配合使用。

4）读数设备

读数设备包括读数显微镜和测微装置等，用于读取水平度盘和竖盘读数。

（2）水平度盘

水平度盘是用光学玻璃制成的精密刻度盘。度盘分划值为 1°或 30′，从 0°到 360°全圆刻划，一般为顺时针注记，用于测量水平角。

控制水平度盘转动的结构形式有两种：

1）度盘变换手轮

转动度盘变换手轮（有的仪器需将手轮推压进去再转动手轮），度盘即可转动。这种结构不能使水平度盘随照准部一起转动。这是最常见的一种结构形式。

2）复测装置

当复测扳手扳下时，照准部与水平度盘结合在一起，照准部转动，度盘随着转动，度盘读数保持不变；当复测扳手扳上时，两者相互脱离，照准部转动时不再带动度盘，度盘读数就会改变。这种结构形式可用于复测法测角。

（3）基座

基座是仪器的底座，由一固定螺旋将仪器和基座连接在一起，使用过程中应将固定螺旋固紧。基座上有 3 个脚螺旋，用于整平仪器。通过连接螺旋，可将仪器固定在三脚架上。

此外，目前生产的经纬仪在照准部均装有光学对中器，用于仪器对中。与垂球对中相比，其具有操作简便、精度高和不受风力影响等优点。

2. 光学经纬仪的测微装置与读数方法

由于光学经纬仪度盘直径很小，度盘周长有限，如 DJ6 级经纬仪水平度盘周长不足300mm，在这种度盘上刻有360°的每度的条纹，但是要直接刻上更密的条纹（小于20′）就很难了。为了实现精密测角，可以借助光学测微技术获得1′以下的精细度盘计数。

（1）分微尺测微器及其读数方法

目前生产的 DJ6 级光学经纬仪多数采用分微尺测微器进行读数。度盘上两相邻分划线间弧长所对的圆心角称为度盘的分划值。这类仪器的度盘分划值为 1° 且按顺时针方向注记每度的度数。在读数显微镜的读数窗上装有一块带有分划的分微尺，度盘上 1° 的分

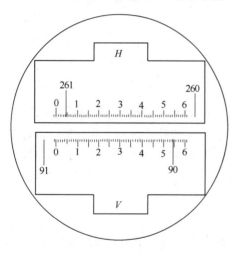

图 3-5　分微尺测微器读数

划线间隔经显微放大后成像于分微尺上。图 3-5 就是读数显微镜内所看到的度盘和分微尺的影像，上面注有 H（或水平）的为水平度盘读数窗；注有 V（或竖直）的为竖直度盘读数窗。分微尺的长度等于放大后度盘分划线间隔 1° 的长度，分微尺分为 60 个小格，每小格为 1′。分微尺每 10 个小格注有数字，表示 0′、10′、20′、…、60′，注字增加方向与度盘注字增加方向相反。这种读数装置直接读到 1′，估读到 0.1′，即 6″。

读数时，大于或等于度盘分划值的读数，可根据度盘指标线（分微尺的零分划线）读取度盘。小于度盘分划值的读数部分则通过读数显微镜的读数窗上的分微尺读出。如图 3-5 所示，分微尺上的零分划线为度盘指标线，它所指的度盘上的位置就是度盘读数的位置。图中水平度盘的读数窗中，分微尺的零分划线已超过 261°，水平度盘的读数应该是 261° 多，所多的数值，要由分微尺的零分划线至度盘上 261° 分划线之间有多少小格来确定。图中为 5.6 格（零分划线外的小格不能计算在内），故为 05′36″。水平度盘的完整读数为 261°05′36″。同理，在竖直度盘的读数窗中，分微尺的零分划线超过了 90°，但不到 91°，读数应为 90°54′42″。

实际上，在读数时，只要看度盘哪一条分划线与分微尺相交，度数就是这条分划线的注记数，分数（估读到 0.1′）则为这条分划线所指分微尺上读数。

这种读数装置在读数显微镜中可以同时看到水平度盘的竖盘的像，因此两读数可同时读取。

（2）对径符合测微

对于 J2 级光学经纬仪,由于角度测量精度要求更高,采用对径读数方法,即在水平度盘(或竖直度盘)相差180°的两个位置同时读取度盘读数的方法。对径符合测微的主要装置包括测微轮(设在照准部支架上)、一对平板玻璃(或光楔)和测微窗。

图 3-6(a)中的 a 及 $a+180°$ 是度盘对径读数,反映在读数窗中是正像 $163°20'+a$,倒像 $343°20'+b$。图像中度盘刻划的最小间隔为 $20'$。

对径符合测微是通过平板玻璃(或光楔)的折光作用移动光路实现的,其最终结果是 $163°20'+\dfrac{a+b}{2}$。

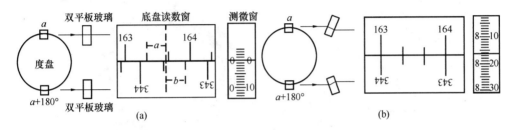

图 3-6 对径符合测微的读数方法

对径符合测微的读数方法:

1)当读数窗为图 3-6(a)时,转动测微轮控制两个平板玻璃同时反向偏转(或两光楔反向移动),其折光作用使度盘对径读数分划对称移动并最后重合,如图 3-6(b)。

2)在读数窗中读取视场左侧正像度数,如图中的 163°。

3)读整十分位。数正像度盘分划与相应对径倒像度数分划之间的格数 n,得整 $10'$ 的读数为 $n×10'$,图中是 $3×10'$ 即 $30'$。大部分仪器已将数格数 n 得整 $10'$ 的方法改进为直读整 $10'$ 的数字,如图 3-7 直读度盘读数窗的 2,得 $20'$。

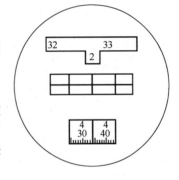

图 3-7 数字化读数

4)读取测微窗分、秒的读数,图 3-6(b)是 $8'16.2''$。

5)计算整个读数结果,得 $163°38'16.2''$。

水平、竖直度盘对径符合测微光路各自独立,读数前应利用度盘换像手轮选取相应度盘。

3.2.2 电子经纬仪

电子经纬仪是近年来电子技术高度发展的产物。它具有测角速度快、能自动显示角值及测角精度高等优点。

电子经纬仪与光学经纬仪具有相似的外形和结构特征,同样由照准部、水平度盘和基座三部分组成,因此使用方法也基本相同。两者的主要区别在于读数系统。光学经纬仪的度盘为玻璃度盘,是在其上全圆360°均匀地刻上度、分的分划线,并标有注记,利用光学经纬仪测微器读取分、秒值;而电子经纬仪则采用光电扫描度盘及自动归算和液晶显示系统。

图 3-8 为某品牌电子经纬仪。

目前,电子测角有三种度盘形式,即编码度盘、光栅度盘和格区式度盘。下面分述其测角原理。

1. 编码度盘测角系统

编码度盘属于绝对式度盘，即度盘的每一个位置，均可读出绝对的数值。图 3-9 为编码度盘。整个圆盘被均匀地分成 16 个扇形区间，每个扇形区间由里到外分成 4 个环带，称为 4 条码道。图中黑色部分表示透光区，白色部分表示不透光区。透光表示二进制代码"1"，不透光表示"0"。这样通过各区间的 4 个码道的透光和不透光，即可由里向外读出 4 位二进制数。由码道组成的状态如表 3-1 所示。

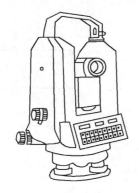

图 3-8　电子经纬仪

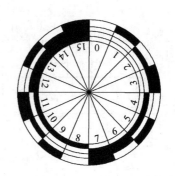

图 3-9　编码度盘

码道组成的状态　　　　　　　　　　　　　　　　表 3-1

区间	二进制编码	角值（° ′）	区间	二进制编码	角值（° ′）
0	0000	0　00	8	1000	180　00
1	0001	22　30	9	1001	202　30
2	0010	45　00	10	1010	225　30
3	0011	67　30	11	1011	247　30
4	0100	90　00	12	1100	270　00
5	0101	112　30	13	1101	292　30
6	0110	135　00	14	1110	315　00
7	0111	157　30	15	1111	337　30

利用这样一种度盘测量角度，关键在于识别照准方向所在的区间。例如，已知角度的起始方向在区间 1 内，某照准方向在区间 8 内，则中间所隔 6 个区间对应的角度值即为该角角值。图 3-10 所示光电读数系统可译出码道的状态，以识别所在的区间。

图中 8 个二极管的位置不动，度盘上方的 4 个发光二极管加上电压后即发光。当度盘转动停止后，处于度盘下方的光电二极管就接收来自上方的光信号。由于码道分为透光和不透光两种状态，接收管上有无光照就取决于各码道的状态。如果透光，光电二极管受到光照后阻值大大减小，使原处于截止状态的晶体三极管导通，输出高电位（设为 1）；而不受光照的二极管阻值很大，晶体三极管仍处于截止状态，输出低电位（设为 0）。这样，度盘的透光与不透光状态就变成电信号输出。通过对两组电信号的译码，就可得到两个度盘位置，即构成角度的两个方向值。两个方向值之间的差值就是该角值。

上面讲的码盘有 4 个码道，区间为 16，其角度分辨率为 $\frac{360°}{16}=22°30'$。显然，这样的

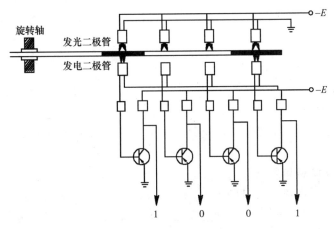

图 3-10　光电读数系统

码盘不能在实际中应用。要提高角度分辨率,必须缩小区间间隔;要增加区间的状态数,就必须增加码道数。由于测角的度盘不能很大,因此码道数就受到光电二极管尺寸的限制。例如要求角度分辨率达到$10'$,就需要 11 个码道(即 $2^{11}=2048$,$\dfrac{360°}{2048}=10'$)。由此可见,仅利用编码度盘测角是很难达到很高精度的。因此在实际中,采用码道和各种细分法相结合进行读数。

2. 光栅度盘测角系统

在光学玻璃圆盘上全圆$360°$均匀而密集地刻划出许多径向刻线,构成等间隔的明暗条纹——光栅,称为光栅度盘,如图3-11 所示。通常光栅的刻线宽度与缝隙宽度相同,二者之和称为光栅的栅距。栅距所对应的圆心角即为栅距的分划值。如在光栅度盘上下对应位置安装照明和光电接收管,光栅的刻线不透光,缝隙透光,即可把光信号转换为电信号。当照明器和接收管随照准部相对于光栅度盘转动,由计数器计出转动所累计的栅距数,就可得到转动的角度值。因为光栅度盘是累计计数的,所以通常称这种系统为增量式读数系统。

图 3-11　光栅度盘

仪器在操作中会顺时针转动和逆时针转动,因此计数器在累计栅距数时也有增有减。例如,在瞄准目标时,如果转动过了目标,当返回到目标时,计数器就会减去多转的栅距数。所以这种读数系统具有方向判别的能力,顺时针转动时就进行加法计数,而逆时针转动时就进行减法计数,最后结果为顺时针转动时相应的角值。

光栅度盘上每毫米的刻线条数称为刻线密度,它反映了栅距分划值的大小。直径为80mm 的度盘,如果刻线密度为 50 线/mm,则栅距为 0.02mm,其栅距分划值为$1'43''$。为此,光栅测角系统采用了莫尔条纹技术,借以将栅格距放大,再细分和计数。莫尔条纹如图 3-12 所示,是用于光栅度盘相同密度和栅距的一段光栅(称为指示光栅),与光栅度盘以微小的间距重叠起来,并使两光栅刻线互成一微小的夹角θ,这时就会出现放大的明暗交替的条纹,这些条纹就是莫尔条纹。通过莫尔条纹,即可使栅距 d 放大至 D。由图可知:

$$D = d\cos\theta \tag{3-3}$$

由于 θ 角很小，故可写成：

$$D = \frac{d}{\theta}\rho \tag{3-4}$$

由此可知，当栅距 d 已定，θ 角越小，D 就会越大。

为了提高度盘的角度分辨率，也需要应用电子测微技术对栅距进行细分，称为内插处理。

3. 格区式度盘动态测角系统

图 3-13 为格区式度盘。度盘刻有 1024 个分划，每个分划间隔包括一条刻线和一个空隙（刻线不透光，空隙透光），其分划值为 φ_0。测角时度盘以一定的速度旋转，因此称为动态测角。度盘上装有两个指示光栏，L_S 为固定光栏，L_R 可随照准部转动，为可动光栏。两光栏分别安装在度盘的内外缘。测角时，可动光栏 L_R 随照准部旋转，L_S 和 L_R 之间构成角度 φ。度盘以一定的速度旋转，其分别被光栏 L_S 和 L_R 扫描而计取两个光栏之间的分划数，从而求得角度值。

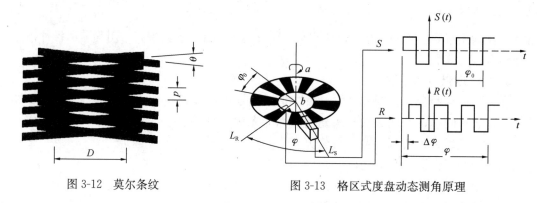

图 3-12　莫尔条纹　　　　　　　　图 3-13　格区式度盘动态测角原理

由图 3-13 可知，$\varphi = n\varphi_0 + \Delta\varphi$，即 φ 角等于 n 个整周期 φ_0 与不足整周期的 $\Delta\varphi$ 之和。n 和 $\Delta\varphi$ 分别由粗测和精测求得。

（1）粗测

在度盘同一径向的外、内缘上设有两个标记 a 和 b。度盘旋转时，以标记 a 通过 L_S 时起，计数器开始计取整间隔 φ_0 的个数；当另一标记 b 通过 L_R 时计数器停止计数，此时计数器所得到的数值即为 φ_0 的个数 n。

（2）精测

度盘转动时，通过光栏 L_S 和 L_R 分别产生两个信号 S 和 R，$\Delta\varphi$ 可通过 S 和 R 的相位关系求得。如果 L_S 和 L_R 处于同一位置，或相隔的角度是分划间隔 φ_0 的整倍数，则 S 和 R 同相，即二者相位差为零；如果 L_R 相对于 L_S 移动的间隔不是 φ_0 的整倍数，则分划通过 L_R 和分划通过 L_S 之间就存在着时间差 ΔT，即 S 和 R 之间也存在相位差 $\Delta\varphi$。

$\Delta\varphi$ 与一个整周期 φ_0 的比显然等于 ΔT 与周期 T_0 之比，即：

$$\Delta\varphi = \frac{\Delta T}{T_0}\varphi_0 \tag{3-5}$$

其中，ΔT 为任意分划通过 L_S 之后，紧接着另一分划通过 L_R 所需要的时间。

粗测和精测数据经微处理器处理后组合成完整的角值。

瑞士徕卡公司生产的 T2002 型电子经纬仪即采用动态测角系统。

3.2.3　经纬仪使用

1. 经纬仪的安置

经纬仪的安置包括对中和整平。对中的目的是使仪器的中心（竖轴）与测站点位于同一条铅垂线上。整平的目的是使仪器的竖轴铅直，水平度盘处于水平位置。

对中的方式有垂球对中和光学对中两种，整平分粗平和精平。

粗平是通过伸缩脚架腿或旋转脚螺旋使圆水准气泡居中，其规律是圆水准气泡向伸高脚架腿的一侧移动，或圆水准气泡移动方向与用左手大拇指或右手食指旋转脚螺旋的方向一致；精平是通过旋转脚螺旋使管水准气泡居中，要求将管水准器轴分别旋至相互垂直的两个方向上使气泡居中，其中一个方向应与任意两个脚螺旋中心连线方向平行。如图 3-14 所示，旋转照准部至图 3-14（a）的位置，旋转脚螺旋 1 或 2 使管水准气泡居中；然后旋转照准部至图 3-14（b）的位置，旋转脚螺旋 3 使管水准气泡居中，最后还要将照准部旋回至图 3-14（a）的位置，查看管水准气泡的偏离情况，如果仍然居中，则精平操作完成，否则还需按前面的步骤再操作一次。

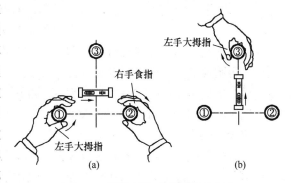

图 3-14　照准部管水准器整平方法

经纬仪安置的操作步骤是：打开三脚架腿调整好其长度使脚架高度适合于观测者的高度，张开三脚架，将其安置在测站上，使架头大致水平。从仪器箱中取出经纬仪放置在三脚架上，并使仪器基座中心基本对齐三脚架头的中心，旋紧连接螺旋后，即可进行对中整平操作。

使用垂球对中和光学对中器对中的操作步骤是不同的，分别介绍如下：

（1）使用垂球对中法安置经纬仪

将垂球悬挂于连接螺旋中心的挂钩上，调整垂球线长度使垂球尖略高于测站点。

粗对中与粗平：平移三脚架（应注意保持三脚架头面基本水平），使垂球尖大致对准测站点标志，将三脚架的脚尖踩入土中。

精对中：稍微旋松连接螺旋，双手扶住仪器基座，在架头上移动仪器，使垂球尖准确对准测站标志点后，再旋紧连接螺旋。垂球对中的误差应小于 3mm。

精平：旋转脚螺旋使圆水准气泡居中，转动照准部，旋转脚螺旋，使管水准气泡在相互垂直的两个方向上居中。旋转脚螺旋精平仪器时，不会破坏已完成的垂球对中关系。

（2）使用光学对中法安置经纬仪

光学对中器也是一个小望远镜，如图 3-15 所示。使用光学对中器之前，应先旋转目镜调焦螺旋使对中标志分划板十分清晰，再旋转物镜调焦螺旋（有些仪器是拉伸光学对中

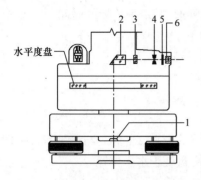

图 3-15 光学对中器光路

1—保护玻璃；2—反光棱镜；

3—物镜；4—物镜调焦镜；

5—对中标志分划板；6—目镜

器）看清地面的测点标志。

粗对中：双手握紧三脚架，眼睛观察光学对中器，移动三脚架使对中标志基本对准测站点的中心（应注意保持三脚架头基本水平），将三脚架的脚尖踩入土中。

精对中：旋转脚螺旋使对中标志准确对准测站点的中心，光学对中的误差应小于 1mm。

粗平：伸缩脚架腿，使圆水准气泡居中。

精平：转动照准部，旋转脚螺旋，使管水准气泡在相互垂直的两个方向对中。精平操作会略微破坏前面已完成的对中关系。

再次精对中：旋松连接螺旋，眼睛观察光学对中器，平移仪器基座（注意，不要有旋转运动），使对中标志准确对准测站点标志，拧紧连接螺旋。旋转照准部，在相互垂直的两个方向检查照准部管水准气泡的居中情况。如果仍然居中，则仪器安置完成，否则应从上述的精平开始重复操作。

光学对中的精度比垂球对中的精度高，在风力较大的情况下，垂球对中的误差将变得很大，这时应使用光学对中法安置仪器。

2. 瞄准和读数

测角时的照准标志，一般是竖立于测点的标杆、测钎、用三根竹竿悬吊垂球的线或觇牌，如图 3-16 所示。测量水平角时，以望远镜的十字丝竖丝瞄准照准标志。望远镜瞄准目标的操作步骤如下：

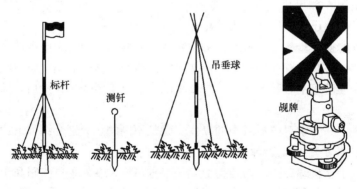

图 3-16 照准标志

（1）目镜对光：松开望远镜制动螺旋和水平制动螺旋，将望远镜对向明亮的背景（如白墙、天空等，注意不要对向太阳），转动目镜使十字丝清晰。

（2）粗瞄目标：用望远镜上的粗瞄器瞄准目标，旋紧制动螺旋，转动物镜调焦螺旋使目标清晰，旋转水平微动螺旋和望远镜微动螺旋，精确瞄准目标。可用十字丝纵丝的单线平分目标，也可用双线夹住目标，如图 3-17 所示。

（3）读数：对于光学经纬仪，读数时先打开度盘照明反光镜，调整反光镜的开度和方向，使读数窗亮度适中，旋转读数显微镜的目镜使刻线清晰，然后读数。对于电子经纬仪，可直接在其液晶显示屏上读取读数。

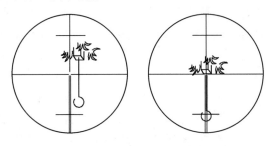

图 3-17 水平角测量瞄准照准标志的方法

3.3 角 度 测 量 实 施

3.3.1 水平角度测量方法

水平角度测量方法通常是根据测角的精度要求、所用经纬仪类型及观测方向的数目而定。工程上常用的方法为测回法和方向观测法。

1. 测回法

测回法适用于观测两个方向的单角。这种方法要用经纬仪盘左和盘右两个位置进行观测。当观测者处于观测位置（望远镜目镜对着观测者），如果竖盘位于望远镜的左侧，称为盘左；如果位于右侧，则称为盘右。盘左也称正镜，盘右也称倒镜。观测时先以盘左位置测角，称为上半测回。然后置于盘右位置测角，称为下半测回。两个半测回称为一测回。根据测角精度需要可以观测数个测回。

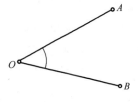

图 3-18 测回法

如图 3-18 所示，将仪器安置在 O 点上，用测回法观测水平角 AOB，具体步骤如下：

（1）盘左位置，松开水平制动螺旋和望远镜制动螺旋，用望远镜上的粗瞄器或准星、照门瞄准左侧目标 A，旋紧两制动螺旋，进行目镜和物镜对光，使十字丝和目标影像清晰，消除视差，再用水平微动螺旋和望远镜微动螺旋精确瞄准目标的下部，读取水平度盘读数 $a_{左}$（$0°01'12''$），记入记录手簿（表 3-2）。松开水平制动螺旋，顺时针转动照准部，以同样的方法瞄准右侧目标 B，读取水平度盘读数 $b_{左}$（$57°18'48''$），记入手簿。

水平角测回法观测记录手簿 表 3-2

测站	盘位	目标	水平度盘读数 （° ′ ″）	半测回角值 （° ′ ″）	一测回角值 （° ′ ″）	备注
O	左	A	0 01 12	57 17 36	57 17 42	
		B	57 18 48			
	右	A	180 01 06	57 17 48		
		B	237 18 54			

上半测回所测角值为

$$\beta_{左} = b_{左} - a_{左} = 57°18'48'' - 0°01'12'' = 57°17'36''$$

（2）倒镜成为盘右位置，先瞄准右侧目标 B，读取水平度盘读数 $b_{右}$（237°18'54''），记入手簿。逆时针转动照准部，瞄准左侧目标 A，读取读数 $a_{右}$（180°01'06''），记入手簿。

下半测回所测角值为

$$\beta_{左} = b_{右} - a_{右} = 237°18'54'' - 180°01'06'' = 57°17'48''$$

由于水平度盘注记是顺时针方向增加的，因此在计算角值时，无论是盘左还是盘右，均应用右侧目标的读数减去左侧目标的读数。必须说明的是，当右侧目标读数 b 小于左侧目标 a（此时水平度盘的 0°居于两方向之间）时，b 加360°再减去 a。

当 $\beta_{左}$ 与 $\beta_{右}$ 的较差不大于规定限差，即：

$$|\beta_{左} - \beta_{右}| \leqslant 规定限差$$

则可取 $\beta_{左}$ 与 $\beta_{右}$ 的平均值作为一测回角值：

$$\beta = \frac{1}{2}(\beta_{左} + \beta_{右}) \tag{3-6}$$

一般 DJ6 级光学经纬仪上、下半测回限差规定为 $\pm 40''$。

当观测几个测回时，为了减少度盘分划误差的影响，各测回应根据测回数 n，按 $\frac{180°}{n}$ 变换水平度盘位置。例如观测三个测回，$\frac{180°}{3} = 60°$，第一测回盘左时起始方向的读数应配置在 0°稍大些。第二测回盘左时起始方向的读数应配置在 60°稍大，第三测回盘左时起始方向的读数应配置在 120°稍大。

2. 方向观测法

在一个测站上需要观测两个以上的方向时，一般采用方向观测法。

如图 3-19 所示，仪器安置在 O 点，观测 A、B、C、D 各方向之间的水平角，其观测步骤如下：

（1）盘左

选择方向中一明显目标如 A 作为起始方向（或称零方向），精确瞄准 A，水平度盘配置在 0°或稍大些，读取读数记入记录手簿，然后顺时针方向依次瞄准 B、C、D，读取读数记入记录手簿中。为了检核水平度盘在观测过程中是否发生变动，应再次瞄准 A，读取水平度盘读数，此次观测称为归零，A 方向两次水平度盘读数之差称为半测回归零差。

以上为上半测回。

（2）盘右

按逆时针方向依次瞄准 A、D、C、B、A，读取水平度盘读数，记入记录手簿中，检查半测回归零差，此为下半测回。

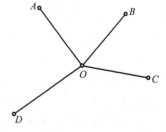

图 3-19　方向观测法

以上为一个测回的观测工作。若需观测 n 个测回，也需按 $\frac{180°}{n}$ 变换起始方向的盘左水平方向读数。

水平角方向观测法的记录格式见表 3-3。计算步骤和限差要求说明如下：

水平角方向观测法观测记录手簿 　　表 3-3

测站	测回数	目标	水平度盘读数		2C (″)	平均读数 (° ′ ″)	归零方向值 (° ′ ″)	各测回平均归零方向值 (° ′ ″)	备注
			盘左 (° ′ ″)	盘右 (° ′ ″)					
O	1	A	0　02　42	180　02　42	0	(0　02　38) 0　02　42	0　00　00	0　00　00	
		B	60　18　42	240　18　30	+12	60　18　36	60　15　58	60　15　56	
		C	116　40　18	296　40　12	+6	116　40　15	116　37　37	116　37　28	
		D	185　17　30	5　17　36	−6	185　17　33	185　14　55	185　14　47	
		A	0　02　30	180　02　36	−6	0　02　33			
			−12	+6					
	2	A	90　01　00	270　01　06	−6	(90　01　09) 90　01　03	0　00　00		
		B	150　17　06	330　17　00	+6	150　17　03	60　15　54		
		C	206　38　30	26　38　24	+6	206　38　27	116　37　18		
		D	275　15　48	95　15　48	0	275　15　48	185　14　39		
		A	90　01　12	270　01　18	−6	90　01　15			
			+12	+12					

1）计算半测回归零差，不得大于限差规定值（表 3-4），否则应重测。

2）计算两倍照准误差 2C 值。同一方向盘左读数减去盘右读数±180°，称为两倍照准误差，简称 2C。2C 属于仪器误差，同一台仪器 2C 值应当是一个常数，因此，2C 值变动的大小反映了观测的质量，其限差要求见表 3-4。由于 J6 级光学经纬仪的读数受到度盘偏心差的影响，因而未对 2C 互差作出规定。

3）计算各方向读数的平均值，即平均读数 $= \frac{1}{2}$[盘左读数＋（盘右读数±180°）]。

计算平均读数后，起始方向 OA 有两个平均读数。对起始方向的两个平均读数再取平均，写在表中括号内，作为起始方向 OA 的平均读数值。

4）计算归零后方向值。将计算出的各方向平均读数分别减去起始方向 OA 的两次平均读数（括号内之值），即得各方向的归零方向值。

5）对各测回同一方向的归零方向值进行比较，其差值不应大于表 3-4 的规定。取各测回同一方向归零方向值的平均值作为该方向的最后结果。

6）将两方向的平均归零方向值相减即为水平角。

方向观测法限差要求 　　表 3-4

仪器	半测回归零差 (″)	一测回内 2C 互差 (″)	同一方向值 各测回互差 (″)	仪器	半测回归零差 (″)	一测回内 2C 互差 (″)	同一方向值 各测回互差 (″)
J2	12	18	12	J6	18	—	24

3.3.2 竖直角测量方法

1. 竖直度盘的构造

竖直度盘包括竖盘、竖盘指标水准管和竖盘指标水准管微动螺旋,如图 3-20 所示。竖盘固定在望远镜横轴的一端,盘面与横轴垂直。望远镜绕横轴旋转时,竖盘亦随之转动。竖盘读数指标为分微尺的零分划线,它与竖盘指标水准管固连在一起,每次读数前旋转竖盘指标水准管微动螺旋,使指标水准管气泡居中,竖盘指标即处于固定位置。竖盘的注记形式有顺时针与逆时针两种,当望远镜视线水平,竖盘指标水准管气泡居中时,盘左竖盘读数应为90°,盘右竖盘读数则为270°。

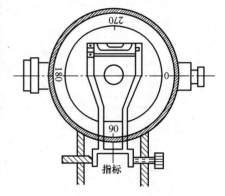

图 3-20 竖直度盘构造

2. 竖直角计算公式

如前所示,竖直角为同一竖直面内目标视线方向与水平线的夹角,所以观测竖直角与观测水平角一样也是两个方向读数之差,但是竖直角的两个方向中有一个是水平方向,它的竖盘读数为一定值,盘左为90°,盘右为270°,所以观测时只需读取目标视线方向的竖盘读数。

竖盘注记有顺时针和逆时针两种形式,因此竖直角的计算公式也不同。

(1)顺时针注记形式

图 3-21 为顺时针注记竖盘。盘左时,视线水平的读数为90°,当望远镜逐渐抬高(仰角),竖盘读数减少,因此上、下半测回竖直角为

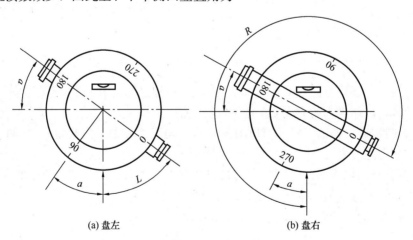

(a) 盘左   (b) 盘右

图 3-21 顺时针注记形式

$$\alpha_{左} = 90° - L \tag{3-7}$$

$$\alpha_{右} = R - 270° \tag{3-8}$$

式中,L、R 分别为盘左、盘右瞄准目标的竖盘读数。

一测回竖直角值

$$\alpha = \frac{1}{2}(\alpha_左 + \alpha_右) \tag{3-9}$$

（2）逆时针注记形式

仿照顺时针注记的推求方法，可得逆时针注记形式竖盘的半测回竖直角计算公式

$$\alpha_左 = L - 90° \tag{3-10}$$

$$\alpha_右 = 270° - R \tag{3-11}$$

一测回竖直角值

$$\alpha = \frac{1}{2}(\alpha_左 + \alpha_右) \tag{3-12}$$

3. 竖盘指标差

上面述及的是一种理想的情况，即当视线水平，竖盘指标水准管气泡居中时，竖盘指标处于正确位置，竖盘读数为90°或270°。但实际上这个条件往往未能满足，竖盘指标不是恰好指在90°或270°整数上，而是位于与90°或270°相差一个 x 角的固定位置，x 称为竖盘指标差。如图 3-22 所示，竖盘指标的偏移方向与竖盘注记增加方向一致时 x 为正，反之为负。

下面以图 3-22 顺时针注记竖盘为例，说明竖直角及竖盘指标差的计算公式。

由图 3-22 可以明显看出，由于指标差 x 的存在，使得盘左、盘右读得的 L、R 均大了一个 x。为了得到正确的竖直角 α，则

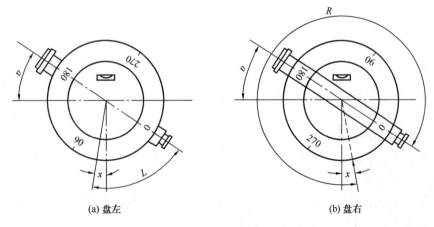

图 3-22　含有竖盘指标差的竖直角计算

$$\alpha = 90° - (L - x) = (90° - L) + x = \alpha_左 + x \tag{3-13}$$

$$\alpha = (R - x) - 270° = (R - 270°) - x = \alpha_右 - x \tag{3-14}$$

式中，L、R 表示含有竖盘指标差的盘左、盘右读数。

记 L'、R' 为不含指标差的盘左、盘右读数，则

$$L' = L - x \tag{3-15}$$

$$R' = R - x \tag{3-16}$$

式（3-13）、式（3-14）相加，可得

$$\alpha = \frac{1}{2}(\alpha_左 + \alpha_右) \tag{3-17}$$

由此可知，由于存在竖盘指标差的影响，竖盘指标水准管气泡居中时，竖盘指标处于某固定（不一定正确）位置，利用盘左、盘右观测竖直角并取平均值，可消除竖盘指标差的影响。将式（3-13）与式（3-14）相减，可得

$$x = \frac{1}{2}(L + R - 360°) \tag{3-18}$$

式（3-18）即为竖盘指标差的计算公式。对于逆时针注记竖盘同样适用。

4. 竖直角测量

将仪器安置在测站点上，按下列步骤进行观测：

（1）盘左精确瞄准目标，使十字丝的中丝与目标相切。旋转竖盘指标水准管微动螺旋，使竖盘指标水准管气泡居中。读取竖盘读数 L，记入记录手簿（表 3-5）。

（2）盘右精确瞄准原目标。旋转竖盘指标水准管微动螺旋，使竖盘指标水准管气泡居中。读取竖盘读数 R，记入手簿，一测回观测结束。

（3）根据竖盘注记形式确定竖直角计算公式。将 L、R 代入公式计算竖直角。

竖盘指标差属于仪器误差。一般情况下，竖盘指标差的变化很小。如果观测中计算出的指标差变化较大，说明观测质量较差。J6 级光学经纬仪竖盘指标差的变化范围不应超过 $\pm 25''$。

竖直角观测记录手簿　　　　　　　　　　　　　　　　　表 3-5

测站	目标	盘位	竖盘度盘读数 （° ′ ″）	半测回角值 （° ′ ″）	指标差 （″）	一测回角值 （° ′ ″）	备注
O	A	左	73 44 12	+16 15 48	+12	+16 16 00	竖盘为顺时针注记
		右	286 16 12	+16 16 12			
	B	左	114 03 42	−24 03 42	+18	−24 03 24	
		右	245 56 54	−24 03 06			

5. 竖盘自动归零装置

为提高仪器观测速度，很多仪器安装竖盘自动归零装置代替竖盘指标水准管。其工作原理类似于自动安平水准仪。

为避免经常遭受振动损坏自动归零装置，在照准部支架上设置一个自动归零开关旋钮，旋转该钮至"ON"，会听到金属丝振动的声音，之后自动归零装置开始工作。在不进行竖直角测量时，尤其是结束测量工作，仪器装箱前，应将该旋钮旋至"OFF"，保护其不受振动。

6. 三角高程测量

如图 3-23 所示，已知 A 点的高程 H_A，欲知待测点 B 的高程 H_B。在 A 点安置经纬仪，量取仪器高 i（仪器横轴至 A 点的高），在 B 点竖立标尺，测出目标高 v，根据测得的两点间水平距离 D 和竖直角 α，

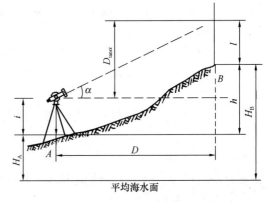

图 3-23 三角高程测量

应用三角公式计算得到 B 点高程的方法，称为三角高程测量。由图可知

$$h = D\tan\alpha + i - v \tag{3-19}$$

B 点的高程为

$$H_B = H_A + D\tan\alpha + i - v \tag{3-20}$$

当两点间距离较大，必须考虑地球曲率差及大气折光差。三角高程测量中，进行对向观测取平均值可以抵消地球曲率差与大气折光差的影响。

随着光电测距技术的普及，三角高程测量得到广泛应用，光电测距三角高程测量可以达到四等水准测量的精度要求。

3.4　经纬仪检验与校正

3.4.1　经纬仪应满足的几何条件

如图 3-24 所示，经纬仪的主要轴线有望远镜视准轴 CC、仪器旋转轴竖轴 VV、望远镜旋转轴横轴 HH 及水准管轴 LL。根据角度测量原理，这些轴线之间应满足以下条件：

（1）仪器在装配时，已保证水平度盘与竖轴相互垂直，因此只要竖轴铅直，水平度盘就处在水平位置。竖轴的铅直是通过照准部水准管气泡居中来实现的，故要求水准管轴垂直竖轴，即 $LL \perp VV$。

（2）测角时望远镜绕横轴旋转，视准轴所形成的面（视准面）应为铅直的平面。这要通过两个条件来实现，即视准轴应垂直横轴（$CC \perp HH$），以保证视准面成为平面；横轴应垂直竖轴（$HH \perp VV$）。在竖轴铅直时，横轴即水平，视准面就成为铅直的平面。

因此，经纬仪各轴线应满足的主要条件是：

1）水准管轴垂直竖轴（$LL \perp VV$）；

2）视准轴垂直横轴（$CC \perp HH$）；

3）横轴垂直竖轴（$HH \perp VV$）。

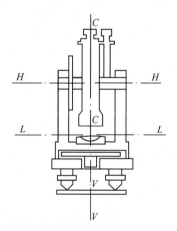

图 3-24　经纬仪应满足的
几何条件

此外，竖直度盘不应存在指标差（$x=0$）；测角时要用十字丝瞄准目标，故应使十字丝竖丝垂直横轴 HH；如果使用光学对中器对中，则要求光学对中器的视准轴与竖轴重合。

3.4.2　经纬仪的检验与校正

1. 照准部水准管轴垂直竖轴的检验与校正

检验：根据照准部水准管将仪器大致整平。转动照准部使水准管平行于任意两脚螺旋的连线，转动两脚螺旋使气泡居中。然后将照准部旋转180°后，如图 3-25（b）所示，竖轴仍位于原来的位置，而水准管两端却交换了位置，此时水准管轴与水平线的夹角为 2α，气泡不再居中，其偏移量代表了水准管轴的倾斜角 2α。

校正：根据上述检验原理，校正时，用校正针拨动水准管校正螺钉，使气泡向中央退

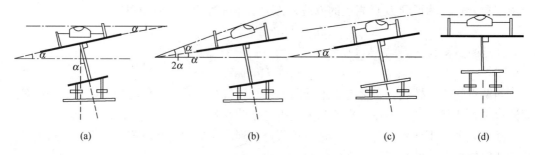

$$(a) \qquad (b) \qquad (c) \qquad (d)$$

图 3-25　照准部水准管的检验原理

回偏离量的一半，这时水准管轴即垂直竖轴 [图 3-25 (c)]。最后用脚螺旋使气泡向中央退回偏离量的另一半，这时竖轴处于铅直位置 [图 3-25 (d)]。此项检校必须反复进行，直至水准管位于任何位置，气泡偏离零点均不超过半格为止。

如果仪器上装有圆水准器，则应使圆水准轴平行于竖轴。检校时可用校正好的照准部水准管将仪器整平，如果此时圆水准气泡也居中，说明条件满足，否则应校正圆水准器下面的三个校正螺钉使气泡居中。

2. 十字丝竖丝垂直横轴的检验与校正

检验：仪器严格整平后，用十字丝交点精确瞄准一清晰目标点，旋转水平制动螺旋和望远镜制动螺旋，再用望远镜微动螺旋使望远镜上下移动，若目标点始终在竖丝上移动，表明十字丝竖丝垂直横轴，否则应进行校正。

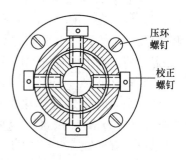

图 3-26　十字丝的校正

校正：旋下目镜处的护盖，微微松开十字丝环的四个压环螺钉（图 3-26），转动十字丝环，直至望远镜上下移动时，目标点始终沿竖丝移动为止。最后拧紧压环螺钉，旋上护盖。

3. 视准轴垂直横轴的检验与校正

检验：如图 3-27 所示，在一平坦场地上，选择一直线 AB，长约 100m。仪器安置在 AB 的中点 O 上，在 A 点竖立一标志，在 B 点横置一个刻有毫米分划的小尺，并使其垂直于 AB。以盘左瞄准 A，倒转望远镜在 B 点尺上读数 B_1。旋转照准部以盘右再瞄准 A，倒转望远镜在 B 点尺上读数 B_2。如果 B_2 与 B_1 重合，表明视准轴垂直横轴，否则条件不

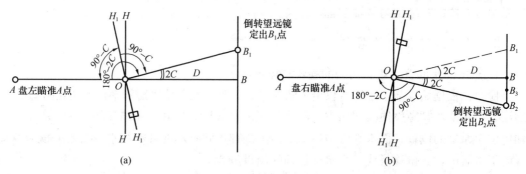

$$(a) \qquad (b)$$

图 3-27　视准轴的检验与校正

满足。

检验原理如图 3-27 所示，由于视准轴误差 C 的存在，盘左瞄准 A 点倒镜后视线偏离 AB 直线的角度为 $2C$，而盘右瞄准 A 点倒镜后视线偏离 AB 直线的角度亦为 $2C$，但偏离方向与盘左相反，因此 B_1 与 B_2 两个读数之差所对的角度为 $4C$。视准轴误差 C 可用式 (3-21) 计算

$$C = \frac{\overline{B_1 B_2}}{4D}\rho \qquad (3\text{-}21)$$

式中，D 为 O 点到 B 尺之间的水平距离。

对于 J6 级光学经纬仪，当 C 大于 $60''$ 时，须进行校正。

校正：在尺上定出一点 B_3，该点与盘右读数 B_2 的距离为 $\frac{\overline{B_1 B_2}}{4}$。先用校正针松开十字丝的上、下两个校正螺钉，再先松一个、后紧另一个地拨动左右两个校正螺钉（图 3-26），使十字丝交点由 B_2 移至 B_3，然后固紧各校正螺钉。此项检校亦需反复进行。

4. 横轴垂直竖轴的检验与校正

检验：如图 3-28 所示，在距一较高墙壁 20～30m 处安置仪器，在墙上选择仰角大于 $30°$ 的一目标点 P。盘左瞄准 P 点，然后将望远镜放平，根据十字丝交点在墙上定出 P_1。倒转望远镜以盘右瞄准 P 点，将望远镜放平，根据十字丝交在墙上定出与 P_1 点等高的点 P_2。如果 P_1 与 P_2 重合，表明仪器横轴垂直竖轴，否则条件不满足。

由于横轴不垂直于竖轴，仪器整平后，竖轴处于铅垂位置，横轴就不水平，倾斜一个 i 角。当以盘左、盘右瞄准 P 点而将望远镜放平时，其视准面不是竖直面，而是分别向两侧各倾斜一个 i 角的斜平面。因此，在同一水平线上的 P_1、P_2 偏离竖直面的距离相等而方向相反，直线 P_1P_2 的中点 P_M 必然与 P 点位于同一铅垂线上。i 角可用下式计算

$$i = \frac{\overline{P_1 P_2}}{2D}\rho \cot\alpha \qquad (3\text{-}22)$$

对于 J6 级光学经纬仪，若 i 值大于 $20''$ 则需校正。

校正：用水平微动螺旋使十字丝交点瞄准 P_M 点，然后抬高望远镜至 P 点高度，此时十字丝交点必然偏离 P

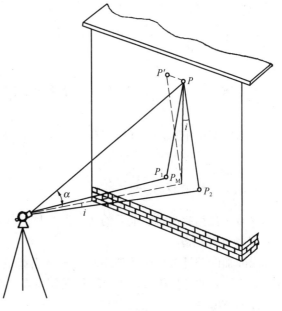

图 3-28　横轴的检验与校正

点。打开支架处横轴一端的护盖，调整支承横轴的偏心轴环，抬高或降低横轴一端，直至十字丝交点瞄准 P 点。

现代光学经纬仪的横轴是密封的，一般能保证横轴与竖轴的垂直关系，故使用时只需进行检验，如需校正，应由仪器维修人员进行。

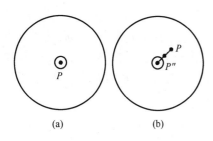

图 3-29 光学对中器的检验与校正

5. 竖盘指标差的检验与校正

检验：仪器整平后，以盘左、盘右先后瞄准同一明显目标，在竖盘指标水准管气泡居中的情况下读取竖盘读数 L 和 R。按式 $x = \frac{1}{2}(L + R - 360°)$ 计算指标差。

校正：据式 $R' = R - x$ 计算盘右的正确读数 R'，保持望远镜在盘右位置瞄准原目标不变，旋转竖盘指标水准管微动螺旋使竖盘读数为 R'，这时竖盘指标水准管气泡不再居中，用校正针拨动竖盘指标水准管的校正螺钉使气泡居中。此项检校需反复进行，直至指标差 x 不超过限差值为止。J6 级光学仪器限差为 $12''$。

6. 光学对中器视准轴与竖轴重合的检验与校正

如图 3-29 所示，光学对中器由目镜、分划板、物镜及转向棱镜组成。分划板上圆圈中心与物镜光心的连线为光学对中器的视准轴。视准轴经转向棱镜折射后与仪器的竖轴相重合。如不重合，对中时将产生对中误差。

检验：将仪器安置在平坦的地面上，严格地整平仪器，在三脚架正下方地面上固定一张白纸，旋转对中器的目镜镜筒看清分划圆圈，推拉目镜镜筒看清地面上的白纸。根据分划板上圆圈中心在纸上标出一点。将照准部旋转180°，如果该点仍位于圆圈中心，说明对中器视准轴与竖轴重合的条件满足。否则需要校正。

校正：将旋转180°后分划圆圈中心位置在纸上标出，取两点的中点，校正转向棱镜的位置，直至圆圈中心对准中点为止。

3.5 角度测量误差分析

与水准测量相同，角度测量误差亦来自仪器误差、观测误差和外界条件的影响三个方面。

3.5.1 仪器误差

仪器误差包括仪器校正后的残余误差及仪器加工不完善引起的误差。

1. 视准轴误差

视准轴误差是由于视准轴不垂直横轴引起的水平方向读数误差 C。由于盘左、盘右观测时该误差的符号相反，因此，可采用盘左、盘右观测取平均值的方法加以消除。

2. 横轴误差

横轴误差是由于横轴与竖轴不垂直，造成竖轴铅直时横轴不水平引起的水平方向读数误差。盘左、盘右观测同一目标时的水平方向读数误差数值相等、方向相反。所以，也可以采取盘左、盘右观测取平均值的方法加以消除。

3. 竖轴误差

竖轴误差是由于水准管轴不垂直竖轴，或水准管轴不水平而导致竖轴倾斜，从而引起横轴倾斜及水平度盘倾斜、视准轴旋转面倾斜，造成水平方向读数误差。这种误差与正、倒镜观测无关，并且随望远镜瞄准方向而变化，不能用正、倒镜取平均的方法消除。因此，测量前应严格检校仪器，观测时仔细整平，并始终保持水准管气泡居中，气泡偏离不可超过一格。

4. 度盘偏心差

如图 3-30 所示，度盘偏心差是指由于度盘加工、安装不完善引起照准部旋转中心 O_1 与水平度盘中心 O 不重合引起的读数误差。若 O 和 O_1 重合，瞄准 A、B 目标时正确读数为 a_L、b_L、a_R、b_R。若不重合，其读数为 a'_L、b'_L、a'_R、b'_R，正确读数差 x_a、x_b。从图中可见，在正、倒镜时，指标线在水平度盘上的读数具有对称性，因此，也可用盘左、盘右观测取平均值的方法加以消除。

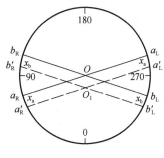

图 3-30　度盘偏心差

5. 度盘刻划不均匀误差

由于仪器加工不完善导致度盘刻划不均匀引起的方向读数误差。在高精度水平角测量时，为了提高观测精度，可采用在 n 测回观测中，各测回起始方向变换 $180°/n$ 的方法予以减小。

6. 竖盘指标差

由于竖盘指标水准管（或竖盘自动补偿装置）工作状态不正确，导致竖盘指标没有处于正确位置，产生竖盘读数误差。通过校正仪器，理论上可使竖盘指标处于正确位置（$x=0$），但校正会存在残余误差。可采用盘左、盘右观测取平均值的方法对竖盘指标差加以消除。

3.5.2　观测误差

1. 对中误差

对中误差是指仪器中心没有置于测站点的铅垂线上所产生的测角误差。如图 3-31 所示，O 为测站点，A、B 为目标点，O' 为仪器中心在地面上的投影。OO' 为偏心距，以 e 表示。

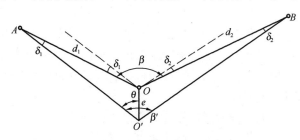

图 3-31　仪器对中误差

则对中引起的测角误差为

$$\beta = \beta' + (\delta_1 + \delta_2) \quad (3\text{-}23)$$

$$\delta_1 \approx \frac{e}{D_1}\rho\sin\theta \qquad \delta_2 \approx \frac{e}{D_2}\rho\sin(\beta'-\theta)$$

$$\delta = \delta_1 + \delta_2 = e\left[\frac{\sin\theta}{D_1} + \frac{\sin(\beta'-\theta)}{D_2}\right]\rho$$

$$(3\text{-}24)$$

从式（3-24）可见，对中引起的水平角观测误差 δ 与偏心距成正比，与边长成反比。当 $\beta' = 180°$，$\theta = 90°$ 时，δ 值最大。当 $e = 3mm$，$D_1 = D_2 = 60m$ 时，对中误差为

$$\delta = e\left(\frac{1}{D_1} + \frac{1}{D_2}\right)\rho = 20.6''$$

对中误差不能通过观测方法消除，所以要认真进行对中，在短边测量时更要严格对中。

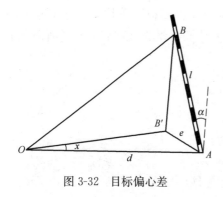

图 3-32 目标偏心差

2. 目标偏心差

目标偏心差是指由于标杆倾斜导致瞄准的目标偏离实际点位引起的误差。如图 3-32 所示，O 为测站点，A 为目标点，AB 为标杆，杆长 l，杆倾角 α，则目标偏心引起的测角误差为

$$\delta = \frac{e}{D}\rho = \frac{l\sin\alpha}{d}\rho \tag{3-25}$$

如果 $l = 2\text{m}$，$\alpha = 30'$，$D = 100\text{m}$，则

$$\delta = \frac{2\sin 0°30'}{100} \times 206265'' = 36''$$

可见，目标偏心对测角的影响是不容忽视的。目标偏心差对水平方向的影响与瞄准目标的高度、标杆倾斜角度的正弦成正比，与边长成反比。因此，观测时应尽量瞄准花杆底部，花杆要尽量竖直，在边长较短时，更应特别注意。

3. 瞄准误差

测角时由人眼通过望远镜瞄准目标产生的误差称为瞄准误差。影响瞄准误差的因素很多，如望远镜放大率、人眼分辨率、十字丝的粗细、标志形状和大小、目标影像亮度、颜色等，通常以人眼最小分辨视角（$60''$）和望远镜放大率 v 来估算仪器的瞄准误差

$$m_v = \pm\frac{60''}{v} \tag{3-26}$$

对于 J6 级光学经纬仪，$v = 28$，$m_v = \pm 2.2''$。

4. 读数误差

读数误差主要取决于读数设备，对于采用分微尺读数系统的 J6 级光学经纬仪，读数误差为分微尺最小分划的 $1/10$，即 $6''$。

3.5.3 外界条件的影响

外界条件影响测角的因素很多，如温度变化会影响仪器的正常状态，大风会影响仪器的稳定，地面辐射热会影响大气的稳定，空气透明度会影响瞄准精度，地面松软会影响仪器的稳定等。要想完全避免这些因素的影响是不可能的，因此应选择有利的观测条件和时间，安稳脚架、打伞遮阳等，使其影响降到最低程度。

角度测量成果不合格多数是由于测量人员疏忽大意造成的，为避免、消除、限制、减小测量误差，测量人员要认真执行各种测量规范和规程，并注意以下事项：

（1）仪器安置的高度应合适，脚架应踩实，连接螺旋应拧紧，观测时手不扶脚架，转动照准部及使用各种螺旋时，用力要轻。

（2）若观测目标的高度相差较大，要特别注意仪器整平。

（3）对中要准确，测角精度要求越高，或边长越短，则对中要求越严格。

（4）观测时要消除视差，尽量用十字丝交点附近瞄准，尽量瞄准目标底部或桩上小钉。

（5）记录者复诵观测者报出的每个数据并记录，注意检查限差。发现错误，立即

重测。

（6）水准管气泡应在观测前调好，一测回中不允许再调，如气泡偏离中心超过一格时，应再次整平并重测该测回。

复 习 思 考 题

1. 何谓水平角？何为竖直角？

2. 光学经纬仪的构造及各部件的作用如何？

3. 如何使用 J6 级光学经纬仪的分微镜读数装置进行读数？如何使某方向水平度盘读数为 $0°00'00''$？

4. J6 级光学经纬仪与 J2 级光学经纬仪有何区别？J2 级光学经纬仪如何读数？

5. 对中、整平的目的是什么？如何利用光学对中器进行对中和整平？

6. 整理下列测回法水平角观测记录（表 3-6）。

水平角测回法观测记录手簿　　　　　　　　　　　　　　　　表 3-6

测站	盘位	目标	水平度盘读数 (° ′ ″)	半测回角值 (° ′ ″)	一测回角值 (° ′ ″)	备注
B	左	A	0　02　24			
		C	76　23　42			
	右	A	180　02　54			
		C	256　23　54			
C	左	B	0　00　42			
		D	180　01　00			
	右	B	180　01　06			
		D	0　00　54			

7. 某水平角观测 4 个测回，各测回应如何配置水平度盘？为什么这样做？

8. 简述方向观测法的观测程序及计算方法。

9. 方向观测法有哪几项限差要求？它们的具体含义是什么？

10. 试述竖直度盘的构造？

11. 将某经纬仪置于盘左，当视线水平时，竖盘读数为 $90°$；当望远镜逐渐上仰，竖盘读数减少。判断该仪器的竖盘注记形式，并写出竖直角计算公式。

12. 竖直角观测时，在读取竖盘读数前一定要使竖盘指标水准管的气泡居中，为什么？

13. 什么是竖盘指标差？如何计算竖盘指标差？指标差的大小说明什么问题？指标差的变化又说明什么问题？

14. 表 3-7 中所列为竖直角观测数据，所用仪器为顺时针注记，试计算竖直角及竖盘指标差。

竖直角观测记录手簿 表 3-7

测站	目标	盘位	竖盘度盘读数 (° ′ ″)	半测回角值 (° ′ ″)	指标差 (° ′ ″)	一测回角值 (° ′ ″)	备注
A	M	左	87 45 24				
		右	272 15 12				
	N	左	98 31 36				
		右	261 29 12				

15. 经纬仪有哪些主要轴线？它们之间应满足哪些主要条件？为什么？

16. 检验视准轴时，为什么目标要与仪器大致同高，而在核验横轴时，则要选较高的目标？在未做视准轴校正之前，能否进行横轴的检验？

17. 在观测水平角和竖直角时，采用盘左、盘右观测，可以消除哪些误差对测角的影响？

18. 竖轴误差是怎样产生的？如何减弱其对测角的影响？

19. 在什么情况下，对中误差和目标偏心差对测角的影响大？

20. 电子经纬仪与光学经纬仪有何不同？

第4章 距离测量与全站仪

距离测量是确定地面点位的基本测量工作之一。距离测量方法有钢尺量距、视距测量、电磁波测距和 GNSS 测量等。钢尺量距是用钢卷尺沿地面直接丈量距离；视距测量是利用经纬仪或水准仪望远镜中的视距丝及视距标尺按几何光学原理进行测距；电磁波测距是用仪器发射并接收电磁波，通过测量电磁波在待测距离上往返传播的时间解算出距离；GNSS 测量是利用两台 GNSS 接收机接收空间卫星发射的精密测距信号，通过距离空间交会的方法解算出两台 GNSS 接收机之间的距离。

4.1 钢 尺 量 距

1. 量距工具

（1）钢尺

钢尺是用钢制成的带状尺，尺的宽度为 10～15mm，厚度约为 0.4mm，长度有 20m、30m、50m 等几种。钢尺有卷放在圆盘形的尺壳内的，也有卷放在金属或塑料尺架上的，如图 4-1 所示。钢尺的基本分划为厘米，在每厘米、每分米及每米处印有数字注记。一般钢尺在起点处一分米内有毫米分划；有的钢尺全部刻注毫米分划。由于尺的零点位置不同，钢尺可分为端点尺和刻线尺。端点尺是以尺环外缘作为尺子的零点，而刻线尺是以尺的前端刻线作为起点。

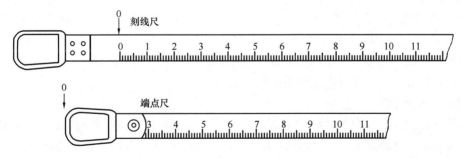

图 4-1 钢尺

钢尺由于其制造误差，受经常使用中的变形以及丈量时温度和拉力的影响，使得其实际长度往往不等于名义长度。因此，丈量之前必须对钢尺进行检定，求出它的标准拉力和标准温度下的实际长度，以便对丈量结果加以改正。钢尺检定后，应给出尺长随温度变化的函数式，通常称为尺长方程式，其一般形式为

$$l_t = l_0 + \Delta l + \alpha(t - t_0)l_0 \qquad (4\text{-}1)$$

式中，l_t 为钢尺在温度 t 时的实际长度；l_0 为钢尺名义长度；Δl 为尺长改正数；α 为钢尺的线膨胀系数；t 为钢尺量距时的温度；t_0 为钢尺检定时的温度。

（2）其他辅助工具

丈量距离的工具，除钢尺外还有测钎〔图4-2（a）〕、标杆〔图4-2（b）〕和垂球。标杆长2～3m，直径3～4cm，杆上涂以20cm间隔的红、白油漆，以便远处清晰可见，用于标定直线。测钎用粗钢丝制成，用来标记所量尺段的起、迄点和计算已量过的整尺段数。测钎一组为6根或11根。垂球用来投点。此外还有弹簧秤和温度计，用以控制拉力和测定温度。

图4-2 标杆和测钎 　　　　图4-3 目估定线

2. 直线定线

当地面两点间的距离大于钢尺的一个尺段时，就需要在直线方向上标定若干个分段点，以便于用钢尺分段丈量。直线定线的目的是使这些分段点在待量直线端点的连线上，其方法有以下两种：

（1）目估定线

目估定线适用于钢尺量距的一般方法。如图4-3所示，设A、B两点互相通视，要在A、B两点的直线上标出分段点1、2点。先在A、B点上竖立标杆，甲站在A点标杆后约1m处，指挥乙左右移动标杆，直到甲从A点沿标杆向一侧看到A、1、B三支标杆在同一直线上为止。同法可定出直线上的其他点。两点间定线，一般应由远到近。为了不挡住甲的视线，乙持标杆时，应站立在直线的左侧或右侧。

（2）经纬仪定线

经纬仪定线适用于钢尺量距的精密方法。设A、B两点相互通视，将经纬仪安置在A点，用望远镜纵丝瞄准B，制动照准部，上下转动望远镜，指挥在两点间某一点上的助手，左右移动标杆，直至标杆像被纵丝所平分。为了减小照准误差，精密定线时，也可以用直径更细的测钎或垂球线代替标杆。

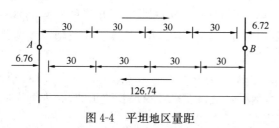

图4-4 平坦地区量距

3. 钢尺量距的一般方法

（1）平坦地面的距离丈量

丈量工作一般由两人进行。如图4-4所示，后尺手站在A点，手持钢尺的零端，前尺手持末端，沿丈量方向前进，走到一整尺段处，按定线时标出的直线方向，将尺拉平。前尺手将尺拉紧，均匀增加拉力，当达到标准拉力后（对于 30m 钢尺，一般为 100N；对于 50m 钢尺，一般为 150N），喊"预备"；后尺手将尺零端对准起点 A，喊"好"，这时前尺手把测钎对准末端整尺段处的刻线垂直插入地面，即得 $A-1$ 的水平距离。同法依次丈量其他各尺段，后尺手依次收集已测过尺段零端测钎。最后不足一整尺段时，由前、后尺手同时读数，即得余长 q。由于后尺手手中的测钎数等于量过的整尺数 n，所以 AB 的水平距离总长 D 为

$$D = nl + q \tag{4-2}$$

式中，l 为整尺段长度。

为了防止丈量中发生错误及提高量距精度，距离要往、返丈量。上述为往测，返测时要重新定线，最后取往、返测距离的平均值作为丈量结果。量距精度以相对误差表示，通常化为分子为 1 的分数形式。

【例 4-1】某距离 AB，往测时为 186.32m，返测时为 186.35m，故其相对误差为

$$\frac{|D_{往} - D_{返}|}{D_{平均}} = \frac{|186.32 - 186.38|}{186.35} \approx \frac{1}{3100}$$

在平坦地区，钢尺量距的相对误差一般应不大于 $\dfrac{1}{3000}$；在量距困难地区，其相对误差也不应大于 $\dfrac{1}{1000}$。当量距的相对误差没有超出上述规定时，可取往、返测距离的平均值作为结果。否则，应重测。

（2）倾斜地面距离丈量

① 平量法

沿倾斜地面丈量距离，当地势起伏不大时，可将钢尺拉平丈量。如图 4-5 所示，丈量由 A 向 B 进行，后尺手手持零端，并将零刻线对准起点 A；前尺手将尺拉在 AB 方向上，接受立于 A 点后的另一人指挥，进行直线定线。前尺手将尺子抬高，并且目估使尺子水平，然后用垂球尖将尺段的末端投于地面上，再插以测钎。若地面倾斜较大，将钢尺抬平有困难时，可将一尺段分成几段来平量，如图中的 MN 段。由于从坡下向坡上丈量困难较大，一般采用两次独立丈量。

② 斜量法

当倾斜地面的坡度均匀时，如图 4-6 所示，可以沿着斜坡丈量出 AB 斜距 L，测出地面的倾斜角 α，或 AB 两点间的高差 h，然后计算 AB 的水平距离 D。显然

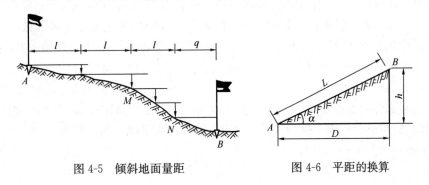

图 4-5　倾斜地面量距　　　　　　　图 4-6　平距的换算

$$D = L\cos\alpha \qquad (4-3)$$

或

$$D = \sqrt{L^2 - h^2} \qquad (4-4)$$

4. 钢尺量距的精密方法

用一般方法量距，其相对误差只能达到 1/5000～1/1000，当要求量距的相对误差更小时，例如 1/40000～1/10000，就应使用精密方法丈量。精密方法量距的主要工具为：钢尺、弹簧秤、温度计、尺夹等。其中钢尺应经过检验，并得到其检定的尺长方程式，量取空气温度是为了计算钢尺的温度改正数。随着全站仪的逐渐普及，现在，人们已经很少使用钢尺精密方法丈量距离，需要了解这方面内容的读者请参考有关的书籍。

5. 钢尺量距的误差分析

影响钢尺量距精度的因素很多，主要有定线误差、尺长误差、温度误差、倾斜误差、拉力误差、对准误差、读数误差等。先分析各项误差对量距的影响，要求各项误差对测距影响在一般量距中不超过 1/10000（对 30m 钢尺的整尺段，即 3mm），在精密量距中不超过 1/30000（对 30m 钢尺的整尺段，即 1mm）。

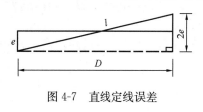

图 4-7　直线定线误差

（1）定线误差

在量距时由于钢尺没有准确地安放在待量距离的直线方向上，所量的是折线，不是直线，造成量距结果偏大，如图 4-7 所示。设定线误差为 e，一尺段的量距误差为

$$\Delta e = l - \sqrt{l^2 - (2e)^2} \approx \frac{2e^2}{l} \qquad (4-5)$$

在一般量距中，$l = 30\text{m}$，$e \leqslant 0.21\text{m}$ 时，$\Delta e \leqslant 3\text{mm}$；在精密量距中，$l = 30\text{m}$，$e \leqslant 0.21\text{m}$ 时，$\Delta e \leqslant 1\text{mm}$。用目估定线法，认真操作即可达到精密量距的精度要求。

（2）尺长误差

钢尺名义长度与实际长度之差产生的尺长误差对量距的影响，是随着距离的增加而增加的。在一般量距中，钢尺的尺长误差不大于 ±3mm，即可不考虑尺长改正。在精密量距中，应加入尺长改正数，并要求钢尺尺长检定误差不大于 ±1mm。

（3）温度误差

根据钢尺温度改正公式，当量距时的温度与标准温度之差在 8℃ 内，温度变化造成的量距误差为 1/10000，因此在一般量距中，温度在此范围内变化可不加温度改正。在精密量距中，温度测量误差不应超出 ±2.5℃。而在阳光暴晒下，钢尺与环境温度可差 5℃，所以量距宜在阴天进行。最好用半导体温度计测量钢尺的自身温度。

（4）拉力误差

钢尺具有弹性，受拉会伸长。钢尺弹性模量 $E = 2 \times 10^5 \text{MPa}$，对于 30m 钢尺，设钢尺断面面积 $A = 4\text{mm}^2$，钢尺拉力误差为 ΔP，根据虎克定律，钢尺伸长

$$\Delta l_\mathrm{P} = \frac{\Delta P l}{EA} \qquad (4-6)$$

在一般量距中，当施加的拉力与标准拉力之差在 80N 以内，即对于 30m 钢尺拉力在

20～80N 时，可不考虑拉力误差，因此应注意不可使"蛮力"。在精密量距中，以弹簧秤测量拉力的误差应在 30N 内，以保证拉力造成的误差不超过 1mm。

（5）钢尺倾斜误差

钢尺量距时若钢尺不水平，或量距时两端高差测定有误差，对量距会产生误差，使距离测量值偏大。经统计，在一般量距中，用目估持平钢尺时可能会产生 $50'$ 的倾斜，30m尺段相当于倾斜 0.44m，对量距约产生＋3mm 误差。因而要注意尽量使钢尺持平。在精密量距中，应使用水准仪测量尺段误差。

（6）钢尺对准及读数误差

在量距中，用铅垂线投点时因铅垂线摆动引起的误差、插测钎时测钎倾斜产生的误差，都将直接造成较大的距离误差。另外，在对零点读数时，若钢尺因拉力不稳定而前后移动，也将产生较大的量距误差。所以量距时，应仔细认真投点、读数，并注意要在钢尺稳定后量距。还要防止读错、记错。

另外，在使用钢尺时应加强对钢尺的保护，严防压、折，丈量完毕应擦净钢尺，并涂油防锈。

4.2　视　距　测　量

视距测量是一种光学测量间接测距方法，它利用测量仪器的望远镜内十字丝平面上的视距丝及水准尺，根据光学原理，可以同时测定两点间的水平距离和高差。其测定距离的相对精度约为 1/300。视距测量曾广泛用于地形测量中。

1. 水平视线

在经纬仪或水准仪的十字丝平面内，与横丝平行且等间距的上下两根短丝称为视距丝。由于上、下视距丝的间距固定，因此从这两根视距丝引出去的视线在铅垂面内的夹角 φ 也是一个固定的角度，如图 4-8 所示。在 A 点安置仪器，并使其视线水平，在 B 点竖立标尺，则视线与标尺垂直。下丝在标尺上的读数为 a，上丝在标尺上的读数为 b（设望远镜为倒像）。上、下丝读数之差称为尺间隔 l，即

$$l = a - b \tag{4-7}$$

由于 φ 角是固定的，因此尺间隔 l 和立尺点离开测站的水平距离 D 成正比，即

$$D = Kl \tag{4-8}$$

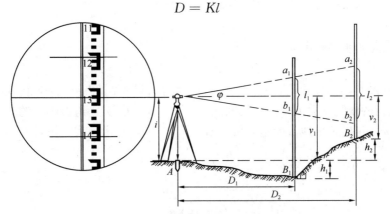

图 4-8　视线水平时的视距测量

上式中的比例系数 K 称为视距常数，可以由上、下两根视距丝的间距来决定。在仪器制造时，使 $K=100$。因此，当视准轴水平时，计算水平距离的公式为

$$D=100l=100(a-b) \tag{4-9}$$

视准轴水平时，十字丝的横丝在标尺的中丝读数为 v，再用卷尺量取仪器高 i（地面点至经纬仪横轴中心的高度或至水准仪望远镜的高度），计算测站点至立尺点的高差

$$h=i-v \tag{4-10}$$

如果已知测站点的高程 H_A，则立尺点 B 的高程为

$$H_B=H_A+h=H_A+i-v \tag{4-11}$$

2. 倾斜视线

当地面起伏较大时，要使经纬仪的视准轴倾斜一个竖直角 α，才能在标尺上进行视距读数，如图 4-9 所示。

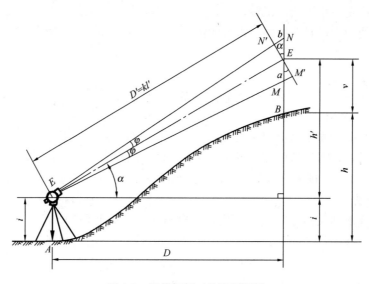

图 4-9　视线倾斜时的视距测量

视准轴倾斜时就不与标尺相垂直，而相交成 $90°\pm\alpha$ 的角度。设想将标尺以中丝读数 v 这一点为中心，转动一个 α 角，使标尺仍与视准轴相垂直。此时，上、下视距丝在标尺上的读数为 a'、b'，尺间隔 $l'=a'-b'$，则倾斜距离为

$$L=Kl'=K(a'-b') \tag{4-12}$$

倾斜距离化为水平距离为

$$D=L\cos\alpha=Kl'\cos\alpha \tag{4-13}$$

在实际测量时，标尺总是直立的（不可能将标尺转到与经纬仪的倾斜视线垂直的位置），可以读得的视距读数为 a、b，尺间隔 $l=a-b$。由于 φ 角很小（约 $34'$），图中的 $\angle aa'v$ 和 $\angle bb'v$ 可以近似地认为是直角，则

$$\frac{l'}{2}=\frac{l}{2}\cos\alpha \tag{4-14}$$

即

$$l'=l\cos\alpha \tag{4-15}$$

将上式代入式（4-13），得到视准轴倾斜的计算水平距离的公式

$$D = Kl \cos^2\alpha = 100(a - b) \cos^2\alpha \tag{4-16}$$

计算出两点间的水平距离后，可以根据竖直角 α，并量得仪器高 i 及读取中丝读数 v，按下式计算两点间的高差

$$h = D\tan\alpha + i - v \tag{4-17}$$

当竖直角 α 很小时，水平距离 $D \approx Kl$，为提高观测速度，可在望远镜视线大致水平的情况下，用竖直微动螺旋使上丝（倒像望远镜）对在最近的整分米处，即可方便地"数出"尺间隔 l，然后再精确地使望远镜视线水平，读出中丝读数 v。该方法称为上丝对整数法。

【例 4-2】 设测站点 A 的高程 $H_A = 110.37$m，仪器高 $i = 1.43$m，在视线大致水平的情况下，用竖直微动螺旋使上丝读数 $a = 1.400$m，此时下丝读数 $b = 1.948$m，严格使视线水平，读得中丝读数为 $v = 1.68$m。计算 A 到 B 点的平距 D 及 B 点高程 H_B。

解： $D = 100(a - b) = 100 \times (1.948 - 1.400) = 54.8$m

$h_{AB} = i - v = 1.43 - 1.68 = -0.25$m

$H_B = H_A + h_{AB} = 110.37 - 0.25 = 110.12$m

在实际测量中，为简化计算，可使中丝读数 v 对准仪器高 i，即令 $i = v$，则 $h = D\tan\alpha$。该方法称为中丝仪高法。

【例 4-3】 设测站点 A 的高程 $H_A = 110.37$m，仪器高 $i = 1.43$m，观测竖直角时以中丝切准尺面使 $v = i = 1.43$m，此时下丝读数 $a = 1.686$m，上丝读数 $b = 1.148$m，竖直度盘盘左读数 $L = 88°02'24''$（竖盘为顺时针注记，竖盘指标差为 0）。计算 A 到 B 点的平距 D 及 B 点高程 H_B。

解： $\alpha = 90° - L = 90° - 88°02'24'' = 1°57'36''$

$D = 100(a - b) \cos^2\alpha = 100 \times (1.686 - 1.148) \cos^2 1°57'36'' = 53.74$m

$h_{AB} = D\tan\alpha = 53.74\tan 1°57'36'' = 1.84$m

$H_B = H_A + h_{AB} = 110.37 + 1.84 = 112.21$m

4.3　电磁波测距

电磁波测距是利用电磁波（光波或微波）作为载波传输信号以测量两点间距离的一种方法。与传统的量距工具和方法相比，电磁波测距具有精度高、作业快、几乎不受地形限制等优点。

电磁波测距仪器按其所采用的载波可分为：

（1）用微波段的无线电波作为载波的微波测距仪；

（2）用激光作为载波的激光测距仪；

（3）用红外光作为载波的红外光测距仪（称红外测距仪）。

后两者又总称为光电测距仪。微波测距仪和激光测距仪多用于远程测距，测程可达数十公里，一般用于大地测量。红外测距仪用于中、短程测距，一般用于小地区控制测量、地形测量、土木工程测量、地籍测量和房产测量等。也有轻便的激光测距仪用于更短距离测量，如室内量距。下面主要介绍红外测距仪的基本工作原理。

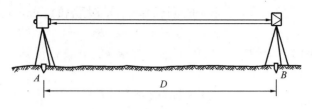

图 4-10　光电测距

光电测距的基本工作原理是利用已知光速 C 的光波，测定它在两点间的传播时间 t，以计算距离。如图 4-10 所示，欲测定 A、B 两点间的距离时，将一台发射和接收光波的测距仪主机安置在一端 A 点，另一端点 B 安置反射棱镜，则其距离 D 可按下式计算

$$D = \frac{1}{2}Ct \tag{4-18}$$

A、B 点一般并不同高，光电测距测定的为斜距 L。再通过竖直角观测，将斜距归算为平距 D 和高差 h。

光在真空中的传播速度（光速）为一个重要的物理量，通过近代的科学实验，迄今所知光速的精确数值为 $C_0 = 299792458 \pm 1.2 \mathrm{m/s}$。光在大气中的传播速度为

$$C = \frac{C_0}{n} \tag{4-19}$$

式中，n 为大气折射率，它是光的波长 λ_g、大气温度 t 和大气气压 p 等的函数，即

$$n = f(\lambda_g, t, p) \tag{4-20}$$

红外测距仪采用砷化镓（Ca/As）发光二极管发出的红外光作为光源，其波长 $\lambda_g = 0.82 \sim 0.93 \mathrm{\mu m}$（作为一台具体的红外测距仪，则为一个定值），由于影响光速的大气折射率随大气的温度、气压而变，因此，在光电测距作业中，必须测定现场的大气温度和气压，对所测距离作气象改正。

光速是接近于 $30 \times 10^4 \mathrm{km/s}$ 的已知数，其相对误差甚小，测距的精度取决于测定时间的精度。例如，利用先进的电子脉冲计数，能精确测定到 $\pm 10^{-8}\mathrm{s}$，但由此引起的测距误差为 $\pm 1.5\mathrm{m}$。为了进一步提高光电测距的精度，必须采用精度更高的间接测时手段——相位法测时，据此测定距离称为相位式测距。

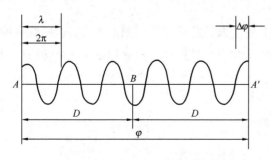

图 4-11　相位式光电测距原理

相位式光电测距的原理为：采用周期为 T 的高频电振荡对测距仪的发射光源（红外测距仪采用砷化镓发光二极管）进行连续振幅调制，使光强随电振荡的频率而周期性地明暗变化（每周期相位 φ 的变化为 $0 \sim 2\pi$）。调制光波（调制信号）在待测距离上往返传播，使在同一瞬时发射光与接收光产生相位移（相位差）$\Delta\varphi$，如图 4-11 所示。根据相位差间接计算出传播时间，从而计算距离。

设调制信号的频率为 f（每秒振荡次数），其周期 $T = 1/f$［每振荡一次时间（s）］，则调制光的波长为

$$\lambda = CT = \frac{C}{f} \tag{4-21}$$

因此

$$C = \lambda f = \frac{\lambda}{T} \tag{4-22}$$

调制光波在往返传播时间内，调制信号的相位变化了 N 个整周（ NT ）及不足一个整周期的尾数 ΔT ，即

$$t = NT + \Delta T \tag{4-23}$$

由于一个周期中相位差的变化为 2π ，不足一整周期的相位差尾数为 $\Delta\varphi$ ，因此

$$\Delta T = \frac{\Delta\varphi}{2\pi}T \tag{4-24}$$

则

$$t = T\left(N + \frac{\Delta\varphi}{2\pi}\right) \tag{4-25}$$

将式（4-22）、式（4-25），代入式（4-18），得到相位式光电测距的基本公式

$$L = \frac{\lambda}{2}\left(N + \frac{\Delta\varphi}{2\pi}\right) \tag{4-26}$$

由上述公式可知，相位式测距的原理和钢尺量距相仿，相当于用一支长度为 $\lambda/2$ 的"光尺"来丈量距离，N 为"整尺段数"，$(\lambda/2) \times (\Delta\varphi/2\pi)$ 为"余长"。

对某种光源的波长 λ_p，在标准气象状态下（一般取气温 $t = 15℃$ ，气压 $p = 101.3\text{kPa}$ ）的计算可得［式（4-19）和式（4-20）］，因此，调制光的光尺长度可以由调制信号的频率 f 来决定。

由此可见，调制频率决定光尺长度。当仪器在使用过程中，由于电子元件老化等原因，实际的调制频率与设计的标准频率有微小变化时，例如尺长误差会影响所测距离，其影响与距离的长度成正比。经过测距仪的检定，可以得到改正距离用的比例系数，称为测距仪的乘常数 K 。必要时，在测距计算时加以改正。

在测距仪的构件中，用相位计按相位比较的方法只能测定往、返调制光波相位差的尾数 $\Delta\varphi$ ，而无法测定整周数 N ，因此，使式（4-26）产生多解，只有当待测距离小于光尺长度时，才能有确定的数值。另外，用相位计一般也只能测定 4 位有效数值。因而在相位式测距仪中有两种调制频率，即两种光尺长度。如 $f_1 = 15\text{MHz}, \lambda_1/2 = 10\text{m}$（称为精尺），可以测定距离尾数的米、分米、厘米、毫米数；$f_2 = 150\text{kHz}, \lambda_2/2 = 1000\text{m}$（称为粗尺），可以测定百米、十米、米数。这两种尺子联合使用，可以测定 1km 以内的距离值。

由于电子信号在仪器内部线路中通过也需要花一定的时间，这就相当于附加了一段距离。因此，测距仪内部还设置了内光路，活动的内光路棱镜使发射信号经过光导管，直接在仪器内部回到接收系统。通过相位计比相，可以测定仪器内部线路的长度，称为内光路距离。所要测定的两点间距离应为外光路距离与内光路距离之差。经过计算，显示两点间距离的数值。

由于电子元件的老化和反射棱镜的更换等原因，往往使仪器显示的距离与实际距离不一致，而存在一个与所测距离长短无关的常数差，称为测距仪的加常数 C 。通过测距仪的检定，可以求得加常数 C ，必要时，在测距计算中加以改正。

4.4 全 站 仪

4.4.1 全站仪概述

1. 全站仪

确定地面点位就是确定地面点的坐标和高程，是通过测定距离、角度和高差三个基本要素来实现的。而测定高差，通常采用水准测量和三角高程测量方法。如果用三角高程测量方法测定高差，则测定地面点位就成为测定水平角、竖直角和距离的问题。

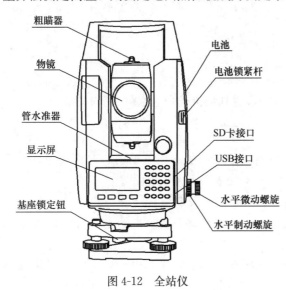

图 4-12　全站仪

全站型电子速测仪简称全站仪。如图 4-12 所示，它由光电测距仪、电子经纬仪和微处理机组成。可在一个测站上同时测距和测角，能自动计算出待定点的坐标和高程，并能完成点的放样工作。全站仪通过传输接口将野外采集的数据传输给计算机，配以绘图软件以及绘图设备，可实现测图的自动化。也可将设计数据传输给全站仪，进行高效率的施工测量工作。

2. 全站仪的分类

目前，世界上许多著名的测绘仪器厂生产全站仪，每个厂家又有各自的系列产品，因此全站仪的类型非常多。

全站仪按测量功能分类，可分为四类：

（1）经典型全站仪

经典型全站仪也称为常规全站仪，它具备全站仪电子测角、电子测距和数据自动记录等基本功能，有的还可以运行厂家或用户自主开发的机载测量程序。

（2）机动型全站仪

在经典型全站仪的基础上安装轴系步进电机，可自动驱动全站仪照准部和望远镜的旋转。在计算机的在线控制下，机动型全站仪可按计算机给定的方向值自动照准目标，并可实现自动正、倒镜测量。

（3）无合作目标型全站仪

无合作目标型全站仪是指在无反射棱镜的条件下，可对一般的目标直接测距的全站仪。因此，对不便安置反射棱镜的目标进行测量，无合作目标型全站仪具有明显优势。

（4）智能型全站仪

在机动化全站仪的基础上，仪器安装自动目标识别与照准的新功能。在自动化的进程中，全站仪进一步克服了需要人工照准目标的重大缺陷，实现了全站仪的智能化。在相关软件的控制下，智能型全站仪在无人干预的条件下，可自动完成多个目标的识别、照准与测量。因此，智能型全站仪又称为"测量机器人"。

全站仪按测距仪测距分类，可分为三类：

（1）短测程全站仪

测程小于 3km，一般精度为±（5mm＋5ppm），主要用于普通测量和城市测量。

（2）中测程全站仪

测程为 3～15km，一般精度为±（5mm＋2ppm），通常用于一般等级的控制测量。

（3）长测程全站仪

测程大于 15km，一般精度为±（5mm＋1ppm），通常用于国家三角网及特级导线的测量。

4.4.2　全站仪的结构及其辅助设备

1. 全站仪的结构

全站仪的结构原理如图 4-13 所示。图中上半部分包含有测量的四大光电系统，即测距系统、水平角系统、竖直角系统和水平补偿系统。键盘是测量过程的控制系统，测量人员通过按键便可调用内部指令指挥仪器的测量工作过程和测量数据处理。以上各系统通过 I/O 接口接入总线与数字计算机系统联系起来。

微处理机是全站仪的核心部件，它如同计算机的中央处理机（CPU），主要由寄存器系列（缓冲寄存器、数据寄存器、指令寄存器等）、运算器和控制器组成。微处理机的主要功能是根据键盘指令启动仪器进行测量工作，执行测量过程的检核和数据的传输、处理、显示、储存等工作，保证整个光电测量工作有条不紊地完成。输入输出单元是与外部设备连接的装置（接口）。为便于测量人员设计软件系统，处理某种目的的测量工作，在全站仪的数字计算机中还提供有程序存储器。

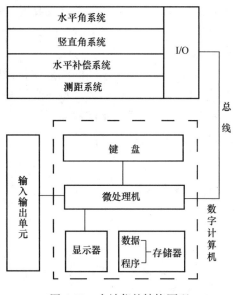

图 4-13　全站仪的结构原理

2. 全站仪的辅助设备

（1）反射棱镜

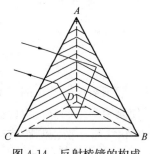

图 4-14　反射棱镜的构成

在用全站仪进行除角度测量之外的所有测量工作时，反射棱镜是必不可少的合作目标。

构成反射棱镜的光学部分是直角玻璃锥体。它如同在正方体玻璃上切下的一角，如图 4-14 所示。图中 ABC 为透射面，呈等边三角形；另外三个面 ABD、BCD 和 CAD 为反射面，呈等腰直角三角形。反射面镀银，面与面之间相互垂直。由于这种结构的棱镜，无论光线从哪个方向入射透射面，棱镜必将入射光线反射回入射光的发射方向。因此，测量时只要棱镜的透射面大致垂直于测线方向，仪器便会得到回光信号。

由于光在玻璃中的折射率为 1.5～1.6，而在空气中的折射率近似等于 1，也就是说，光在玻璃中的传播要比在空气中慢，因此光在反射棱镜中传播所用的超量时间会使所测距离增大某一数值，通常称作棱镜常数。棱镜常数的大小与棱镜直角玻璃锥体的尺寸和玻璃的类型有关，已在厂家所附的说明书或直接在棱镜上标出，供测距时修正使用。

观测时采用一块棱镜的，称为单棱镜。根据测程的不同，可以选用三棱镜及九棱镜等。根据测量的精度要求和用途，可以选用三脚架安装棱镜或采用测杆棱镜。

1）在三脚架上安置棱镜

如图 4-15 所示，将棱镜装在棱镜框上，再将棱镜框装在棱镜底座上，然后通过三脚架的连接螺旋与其固定。棱镜框上可装置觇牌，便于仪器精确瞄准。棱镜框上设有瞄准器，可使棱镜面朝测线方向。棱镜底座上设有圆水准器、水准管和光学对中器，用于对中和整平。松开基座上的固定螺旋，上部即可与基座分离，便于采用"三联脚架法"进行导线测量。另外，棱镜底座能调整其高度，使棱镜中心至基座的高度等于仪器横轴中心至基座的高度。

2）测杆棱镜

在放样和精度要求不高的测量中，采用测杆棱镜是十分便利的。如图 4-16 所示，它由棱镜、测杆、圆水准器和轻型三脚架组成，必要时也可以安装觇牌。使用时，将测杆尖部对在测点上，利用圆水准器使测杆垂直，并用轻型三脚架固定。放样测量时则可手持测杆，加快放样的速度。

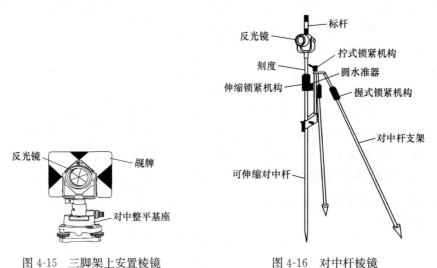

图 4-15　三脚架上安置棱镜　　　　图 4-16　对中杆棱镜

（2）温度计与气压表

大气折射率随大气条件而改变。由于仪器作业时的大气条件一般不与仪器选定的基准大气条件（通常称为气象参考点）相同，光尺长度会发生变化，使测距产生误差，因此必须进行气象改正（或称大气改正）。大气条件主要是指大气的温度和气压。精密测距有时还应考虑大气湿度。

仪器的厂家型号不同，所选的气象参考点也不同。南方公司 NTS 型全站仪选用的气象参考点是：当温度 $T=+20℃$，气压 $P=1013hPa$ 时，大气改正的 ppm 值为零（ppm＝parts per million，即 10^{-6}，这里可理解为 1km 的距离改正的毫米数）。

当测得观测时的温度 T 和气压 P 时，大气改正的 ppm 值按下式计算：

$$\Delta S = 273.8 - \frac{0.2900P}{1+0.00366T} \tag{4-27}$$

式中，ΔS 为改正系数（单位：ppm）；P 为气压（单位：hPa，若使用的气压单位是 mmHg 时，按 $1hPa=0.75mmHg$ 进行换算）；T 为温度（单位：℃）。

将式（4-27）计算出的 ΔS 值乘以观测距离（公里数），即得到该段距离的大气改正的毫米数。事实上，只要将观测时的温度和气压用键输入仪器，仪器将自动按上式对距离进行修正。

测定大气压通常使用空盒气压表。气压表所用的单位有毫巴（mbar）和毫米汞柱（mmHg）两种。两者的换算关系为：

$$1mbar = 1hPa = 0.7500617mmHg \tag{4-28}$$
$$1mmHg = 1.333224mbar(hPa) \tag{4-29}$$

测定气温通常使用通风干湿温度计。在测程较短（如数百米）或测距精度要求不高的情况下，可使用普通温度计。

4.4.3　全站仪的操作与使用

由于各种型号的全站仪，其规格和性能不尽相同，在操作与使用上的差异则更大。因此，要全面了解、掌握一种型号的全站仪，就必须详细阅读其使用说明书。下面仅就全站仪的操作使用作提示性的论述。

1. 测前的准备工作

（1）安装电池

测前应检查电池的充电情况，如果电力不足，要及时充电。充电要用仪器自带的专用充电器。

（2）安置仪器和开机

仪器的安置包括对中和整平。全站仪一般均使用光学对中器或激光对点器，具体操作方法与光学经纬仪相同。开机的方法有两种：一种是通过电源开关开启；另一种是通过仪器键盘上的开关键开启。

（3）设置仪器参数

根据测量的具体要求，测前应通过仪器的键盘操作来选择和设置参数，如选择或设置距离、角度、温度、气压的单位、大气折光系数等。

2. 仪器的操作与使用

这里主要介绍水平角测量、距离测量、高程测量、坐标测量及放样测量等基本方法。

（1）水平角测量

1）设置某一目标的水平度盘读数为某一度数

操作时，先瞄准该目标，然后通过键盘操作输入该度数，设置完成。

2）水平角测量

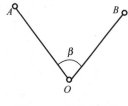

图 4-17 水平角测量

如图 4-17 所示，欲测水平角 β，将仪器安置在角的顶点 O 上，瞄准左目标 A，按键设置水平度盘读数为 $0°\,00'\,00''$，然后瞄准右侧目标 B，此时显示的水平度盘读数即为所测的 β 角值。

测角也可采用下述方法：先瞄准左侧目标 A，读取水平度盘读数 a，然后瞄准右侧目标 B，读取水平度盘读数 b，所测水平角为

$$\beta = b - a$$

（2）距离测量

1）选择测距模式

测距时一般有精测、速测（或称粗测）、跟踪测量等模式可供选择，故应根据测距的要求通过键盘预先设定。

2）设置棱镜常数

测距前必须将所用棱镜的棱镜常数输入仪器中，仪器将对所测距离自动改正。棱镜常数一般为负值，也有为零的，使用者应特别注意。

3）输入大气改正值

将所测的温度和气压，在测距前通过键盘操作输入仪器中，仪器会自动对所测距离进行改正。值得注意的是，这里输入的温度、气压的单位应与设置仪器参数时的单位相一致，否则应重新设置。

4）距离测量

精确瞄准棱镜中心，按平距键即显示水平距离，按斜距键即显示倾斜距离。

（3）坐标测量

坐标测量是测定地面点的三维坐标，即 $N(x)$、$E(y)$ 和 $Z(H$，即高程$)$。

如图 4-18 所示，B 为测站点，A 为后视点。已知两点坐标（N_B，E_B，Z_B）和（N_A，E_A，Z_A），求测点 1 的坐标。为此，根据坐标反算公式先计算出 BA 边的坐标方位角：

$$\alpha_{BA} = \arctan \frac{E_A - E_B}{N_A - N_B} \tag{4-30}$$

实际上，在将测站点 B 和后视点 A 的坐标通过键盘操作输入仪器后，瞄准后视点 A，

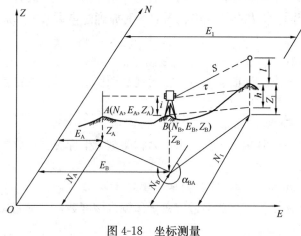

图 4-18 坐标测量

通过键盘操作，可将水平度盘读数设置为该方向的坐标方位角，此时水平度盘读数就与坐标方位角相一致。当用仪器瞄准 1 点，显示的水平度盘读数就是测站点 B 至测点 1 的坐标方位角。测出测站点 B 至测点 1 的斜距后，测点 1 的坐标即可按下式算出：

$$\left.\begin{aligned}
N_1 &= N_B + S \cdot \cos\tau \cdot \cos\alpha \\
E_1 &= E_B + S \cdot \cos\tau \cdot \sin\alpha \\
Z_1 &= Z_B + S \cdot \sin\tau + i - l
\end{aligned}\right\} \tag{4-31}$$

式中，N_1、E_1、Z_1 为测点坐标；N_B、E_B、Z_B 为测站点坐标；S 为测站点至测点斜距；τ 为棱镜中心的竖直角；α 为测站点至测点方向的坐标方位角；i 为仪器高；l 为目标高（棱镜高）。

上述计算是由仪器机内软件计算完成的，通过操作键盘即可直接得到测点坐标。坐标测量可按以下程序进行。

1）选择测量模式与设置棱镜常数

实际上坐标测量也是测量角度和距离，通过机内的软件计算得来，因此测量模式与距离测量完全相同，故按照距离测量测距模式选择的方法进行。设置棱镜常数也与距离测量相同。

2）输入仪器高

仪器高是指仪器的横轴中心（一般仪器上设有标志标明位置）至测站点的垂直高度，一般用 2m 钢卷尺量取，测量前通过操作键盘输入。

3）输入棱镜高

棱镜高是指棱镜中心至测点的垂直高度，一般也用钢卷尺量取，测前通过操作键盘输入。

4）输入测站点坐标

通过操作键盘找到输入测站点坐标的位置，然后依次将测站点坐标 N、E、Z 的数字输入。

5）输入后视点坐标

通过操作键盘找到输入后视点坐标的位置，然后依次将后视点坐标的数字输入。由于在坐标测量中，输入后视点坐标是为了求得起始坐标方位角，因此后视点的 Z 坐标可不输入。如果后视点方向的坐标方位角已知，此时仪器可先瞄准后视点，然后直接输入后视点方向的坐标方位角数值。在这种情况下，就无须输入后视点坐标。

6）设置起始坐标方位角

在输入测站点和后视坐标后，瞄准后视点，然后通过操作键盘，水平度盘读数所显示的数值就是后视方向的坐标方位角。如果直接输入后视方向的坐标方位角，正如前面所言，在瞄准后视点后，输入该角值就可以了。

7）输入大气温度和气压

在测量坐标之前，应输入当时的温度和气压。输入方法与距离测量相同。

8）测量测点坐标

在测点上安置棱镜，用仪器瞄准棱镜中心，按坐标测量键，即显示测点的三维坐标。为便于精确瞄准棱镜中心，可在棱镜框上安装觇牌。

（4）放样测量

放样测量是根据点的设计坐标或与控制点的边、角关系，在实地将其标定出来所进行的测量工作。

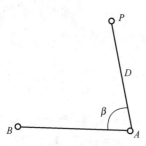

图 4-19　按水平角和距离放样

1) 按水平角和距离进行放样

按水平角和距离进行放样，采用极坐标法。如图 4-19 所示，A、B 两点为控制点，已知水平角 β 和距离 D，即可在实地定出 P 点。

放样可按以下程序进行：

① 在 A 点上安置仪器，瞄准 B 点，将水平度盘读数设置为 $0°\,00'\,00''$。

② 选择放样模式，依次输入距离和水平角放样值。

③ 先进行水平角放样，在水平角放样模式下转动照准部，当实际角度值与角度放样值的差值显示为零时，固定照准部。此时仪器的视线方向即角度放样值的方向。

④ 将棱镜置于仪器视线方向上进行距离放样，在距离放样模式下测取距离，根据与距离放样值的差值，朝向或背向仪器方向移动棱镜，直至实际距离与距离放样值的差值显示为零时，该棱镜点即放样点 P，由此定出 P 点。

在放样点的平面位置确定后，如果需要放样点的高程，则可按照坐标测量的方法，测定该点的实际高程，通过实际高程与高程放样值之差，即可定出放样点的高程位置。

2) 按坐标进行放样

如图 4-19 所示，A 点为测站点，坐标（N_A，E_A，Z_A）为已知。P 为放样点，坐标（N_P, E_P, Z_P）也已给定。根据坐标反算公式计算出 AP 直线的坐标方位角和长度：

$$\alpha_{AP} = \arctan\frac{E_P - E_A}{N_P - N_A} \tag{4-32}$$

$$D_{AP} = \frac{N_P - N_A}{\cos\alpha_{AP}} = \frac{E_P - E_A}{\sin\alpha_{AP}} = \sqrt{(N_P - N_A)^2 + (E_P - E_A)^2} \tag{4-33}$$

α_{AP} 和 D_{AP} 算出后即可定出放样点 P 的位置。实际上，上述计算是通过仪器内软件完成的。

按坐标放样的程序可归纳为：

① 按上述坐标测量步骤 1) ～7) 进行操作。

② 通过操作键盘找到输入放样点坐标的位置，然后依次将放样点坐标的数字输入。

③ 参照按水平角和距离进行放样的步骤③、④，将放样点 P 的平面位置定出。

④ 将棱镜置于 P 点上进行高程（Z 坐标）放样。在坐标放样模式下测量 Z 坐标，根据与 Z 坐标放样值的差值，上、下移动棱镜，直至实际 Z 坐标值与 Z 坐标放样值的差值显示为零时，放样点 P 的位置即确定。

以上仅仅介绍了全站仪最基本的测量功能，而且仅限于键盘操作。如果欲使用其他一些测量功能以及涉及数据采集、存储、管理、传输等问题，可详细阅读仪器说明书的相关部分。

4.4.4　全站仪的数据通信

全站仪除了可以实现实时显示测量结果，存储测量数据到内存或存储卡中，还可以将数据通过输出端口传输到其他设备。外业测量中常用微型计算机或专用电子手簿作为接收设备，对测量数据进行现场检核、处理和存储。另外，通过连接微型计算机发送指令，可以对仪器进行参数设置和控制操作。还可以把已知控制点数据和放样数据文件上传到仪器内存或存储卡中，在作业时通过点名调用。与光学仪器相比，这是电子仪器具有高度自动化的一个重要特点。

上述操作多数全站仪是通过串行通信实现的，为此，本节主要介绍串行通信的概念、全站仪与外设的连接、全站仪的数据结构以及通信过程的实现方法。

1. 串行通信的基本概念

多数全站仪配置有数据输入输出端口，其通信方式为异步串行通信。其实现方式是以字符（用一个字节表示）为单位进行的，用一个起始位表示字符的开始，用停止位表示字符的结束来构成一帧，其间包含数据位和检验位，在时钟的控制下，以一定的速度，由字符低位至高位逐个从端口针上发出，如图 4-20 所示。

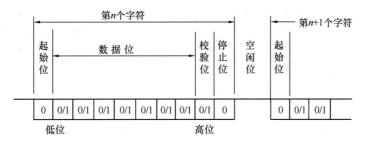

图 4-20　异步通信的基本构成

为了使收发两端相互匹配，保证数据的传输正确无误，收发端必须设置相同的通信参数。

（1）波特率（Band Rate）。每秒传输的位数（Bit 位数），常用波特率有 600、1200、2400、4800、9600、19200 和 38400。

（2）校验位，也称为奇偶校验位。是通过设置校验位电平检查数据传输是否正确的一种方法，通常有下列几种方式：①无校验（None）。不检查奇偶性。②偶校验（Even）。如果所有的高电平（二进制 1）总数为偶数，则校验位为 0；如果所有的高电平总数为奇数，则校验位为 1，使高电平的总数为偶数。③奇校验（Odd）。如果所有的高电平（二进制 1）总数为奇数，则校验位为 0；如果所有的高电平总数为偶数，则校验位为 1，使高电平的总数为奇数。④标记校验（Mark）。校验位总是 1。⑤空校验（Space）。校验位总是 0。

（3）数据位（Data Bit），指组成一个单向传输字符所使用的位数。数字的代码通常是使用美国信息交换标准码（American Sandard Code for Information Interchange，ASCII 码）。一般是 7 位或 8 位。

（4）停止位（Stop）。处于最后一个数位或校验位之后，用来表示字符的结束，其宽度可以是 1Bit、1.5Bit 或 2Bit。

（5）应答方式（Protocol）。如果两个设备之间传输多个数据块（每块含有 n 个字节）时，这就要求接收设备能够控制数据传输。若接收设备能够接收和处理更多的数据，则就通知发送设备发送数据；若不能及时地接收和处理数据，就通知发送器停止数据发送以保证数据不会丢失，实现这一过程的方式称为应答方式。通常有以下几种应答方式：

① XON/XOFF，当接收方内部缓冲区满时，接收器发出一个 XOFF 信号，发送器停止数据发送，并等待一个 XON 信号，然后恢复发送。②ACK/NAK，发送器一探测到 CR 或 LF 信息时，它就立即停止数据发送，然后等待来自接收器的 ACK 信号，恢复发送。当接收器收到不正确的信号时，它就发送一个 NAK 信号，要求发送器重新发送一次数据。③GSI，发送器发送一个数据块和存储数据的指令，接收器确认后发送一个"?"。④RTS/CTS，这是一种硬件应答方式，RTS 为请求发送输出信号，CTS 为清除发送（允许发送）输入信号。当发送方准备就绪时，置 RTS 为高电平等待接收方回应。若接收方能够接收多余数据，由其将 CTS 置为高电平，数据传输开始；若接收方不能接收多余数据，由其将 CTS 置为低电平，数据传输中止。⑤NONE，此为无应答方式，这时接收器仅按指定的波特率接收数据。

（6）终止符（End Mark）发送器在发送一个数据块之后，还要发送一个数据块的终止符，通常为 CR（回车）和 CR/LF（回车/换行），终止符意味着传输数据、指令、信息的结束，这对发送接收数据都有效。

2. 全站仪与外设的连接

全站仪连接的外设主要有微型计算机和专用电子手簿，由于专用电子手簿价格昂贵，目前国内很少使用。

（1）RS-232C 端口

多数微型计算机都配置有 RS-232C 标准串行端口。RS-232C 接口标准规格有 25 针和 9 针两种 D 形接口，目前以 9 针 D 形接口居多，其各针分布及功能如图 4-21 所示。

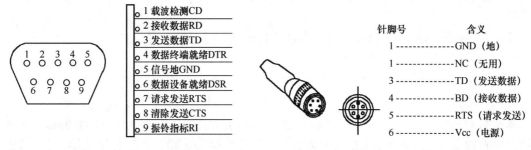

图 4-21　RS-232C 9 针串行接口　　　　图 4-22　某型号全站仪 6 针串行接口

（2）全站仪串行接口

全站仪上的串行接口为准 RS-232C 端口，是标准 RS-232C 端口的最小集。它只保留了信号 GND、数据发送 TD 和数据接收 RD 三条信号线，有些仪器还保留了请求发送 RTS 线。全站仪数据端口一般为圆形，其结构、针数和各针的功能由于各厂家的设计不同也不尽相同。图 4-22 为某型号全站仪 6 针串行接口示意。

（3）全站仪与微型计算机的连接

目前，全站仪与微型计算机的连接方式主要有两种：一种是利用 9 针标准 RS-232C 串行口连接；另一种是利用通用串行总线（USB）连接。

3. 全站仪的数据结构及控制指令

（1）输出数据结构

全站仪的输出数据由规定格式的 ASCII 字符串组成，各厂家标准格式不同，详细格

式需要参阅仪器技术资料。某型号全站仪,其数据格式的 ASCII 字符串一般构成形式为

ID	数据/单位	BCC	ETX	CR/LF

其中,ID 为测量模式标识,BCC 为块检验码,ETX(ASCII 03)为结束标记,CR(ASCII 13)/LF(ASCII 10)为回车换行。

（2）输入数据结构

已知点数据或放样数据可作为全站仪的输入数据,作业前在计算机上编辑成文件或由软件直接生成,而后上传到仪器中。不同的仪器和数据要求的文件格式不同,编辑时可参考仪器技术说明进行。如某型号全站仪上传已知点文件的数据格式为

$$Pt, X, Y, Z, CODE$$

其中,Pt 为点号;X, Y, Z 为点的三维坐标;$CODE$ 为点的编码。文件可用 notepad. exe 等文本编辑器编辑,每点占用一行。

（3）控制指令

全站仪可由计算机来控制进行测量、记录、变更测量模式等操作,它是通过计算机向全站仪发送字符串形式的指令实现的。不同的仪器和操作,其指令的格式、内容是不同的,在仪器的技术资料中有详细描述。

4. 数据通信的实现

实现全站仪与外设的通信,除清楚仪器的接口功能、数据格式及控制指令外,还需要编制通信软件。通信软件编制可根据外设所使用的操作系统,选择合适的编程语言和平台,如 Visual Basic、Visual C++等。PC 机一般使用 Windows 操作系统,而掌上电脑使用 Windows CE 操作系统,两者都支持多任务、多线程,为了在记录全站仪数据的同时,可执行软件的其他功能,一般将全站仪数据的读取函数作为一个独立的线程,对串行口实施监控。其优点是,当未探测到测量数据时,线程自动挂起,在探测到测量数据时,线程自动唤醒,节省了 CPU 资源。

（1）全站仪与掌上电脑通信

掌上电脑由于其体积和容量的限制,本身不具备程序开发功能,只能运行程序,其应用程序开发需要在 PC 机上进行,而后利用 Microsoft ActiveSync 随机同步通信软件下载到掌上机。

（2）在 PC 上开发全站仪通信程序,可在 VC6.0（Visual C++6.0）、VB6.0（Visual Basic6.0）等集成开发平台上进行。利用平台提供的应用程序向导和串行通信 ActiveX 控件（Microsoft Common Control,简称 MSComm 控件）,可大大缩短程序开发周期,同时又使程序具有简明可靠的优点。

4.4.5　全站仪红外测距误差分析

1. 测距误差的来源和分类

按照相位法测距的基本公式,即式（4-26）,并顾及仪器加常数 K ,写成:

$$L = \frac{\lambda}{2}\left(N + \frac{\Delta\varphi}{2\pi}\right) + K = \frac{c_0}{2nf}\left(N + \frac{\Delta\varphi}{2\pi}\right) + K \qquad (4\text{-}34)$$

由上式可以看出,测距误差是由 c_0、n、f、$\Delta\varphi$ 和 K 的误差引起的,这些误差相互独立。根

据误差传播定律，有：

$$m_L^2 = \left(\frac{\partial L}{\partial \Delta\varphi}\right)^2 m_{\Delta\varphi}^2 + \left(\frac{\partial L}{\partial K}\right)^2 m_K^2 + \left(\frac{\partial L}{\partial c_0}\right)^2 m_{c_0}^2 + \left(\frac{\partial L}{\partial f}\right)^2 m_f^2 + \left(\frac{\partial L}{\partial n}\right)^2 m_n^2 \quad (4\text{-}35)$$

$$= \left(\frac{\lambda}{4\pi}\right)^2 m_{\Delta\varphi}^2 + m_K^2 + \left(\frac{m_{c_0}^2}{c_0^2} + \frac{m_f^2}{f^2} + \frac{m_n^2}{n^2}\right) L^2 \quad (4\text{-}36)$$

由式（4-36）可见，测距误差可分为两类：一类是与距离远近无关的误差，即式中测相误差和仪器加常数误差，称为固定误差；另一类是与距离成比例关系的误差，即光速误差、频率误差和大气折射率误差，称为比例误差。

显然，式（4-36）尚未包括仪器和棱镜的对中误差 m_g 和 m_R 以及周期误差 m_A。对中误差对测距的影响与距离远近无关，属于固定误差；周期误差主要来自信号的干扰，有固定误差成分，也有可变成分，但只与精测距离的尾数相关，故也看成是固定误差。因此式（4-36）经完善可写成：

$$m_L^2 = \left(\frac{\lambda}{4\pi}\right)^2 m_{\Delta\varphi}^2 + m_K^2 + m_g^2 + m_R^2 + \left(\frac{m_{c_0}^2}{c_0^2} + \frac{m_f^2}{f^2} + \frac{m_n^2}{n^2}\right) L^2 \quad (4\text{-}37)$$

2. 各项误差分析

（1）固定误差

1）测相误差

测相误差就是测定相位的误差。测相精度是影响测距精度的主要因素之一，因此应尽量减小此项误差。

测相误差包括测相系统的误差、幅相误差、照准误差和由噪声引起的误差。测相系统的误差可通过提高电路和测相装置的质量来解决。幅相误差是指由于接收信号强弱不同而引起的测距误差。目前使用的仪器一般均设有自动光强调整系统，以调节信号的强度。照准误差是光二极管所发射的光束相位不均匀，以不同部位的光束照射反射棱镜时，测距不一致而产生的误差。此项误差主要取决于发光管的质量。此外可采用一些光学措施，如混相透镜等，在观测时采用电瞄准的方法，以减小照准误差。由噪声引起的误差是指大气抖动及光、电信号的串扰而产生噪声，降低了仪器对测距信号的辨别能力而产生的误差，可采用增大测距信号强度的方法来减少噪声的影响。另外，这项误差是随机的，仪器采用增加检相次数而取平均值的方法，也可以减弱其影响。

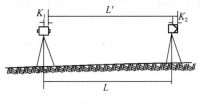

图 4-23　仪器加常数

2）仪器加常数误差

如图 4-23 所示，仪器加常数 K 是仪器常数 K_1 和棱镜常数 K_2 之和。K_1 是仪器的竖轴中心线至机内距离起算参考面的距离；K_2 是棱镜基座中心轴线至棱镜等效反射面的距离。由于仪器加常数的存在，使得测出的距离值与实际值不符，因而必须改正。

因为加常数 K 是与距离远近无关的一个常数，所以在仪器出厂前都经过检测，已预置于仪器中，对所测的距离 L' 自动进行改正：

$$L = L' + K \quad (4\text{-}38)$$

但在搬运和使用过程中，加常数可能发生变化，因此应定期进行检测，将所测加常数的新值置于仪器中，以取代原值。

3）仪器和棱镜的对中误差

精密测距时，测前应对光学对中器进行严格校正，观测时应仔细对中。对中误差一般可小于 2mm。

4）周期误差

周期误差是由于仪器内部电信号的串扰而产生的。周期误差在仪器的使用过程中也可能发生变化，所以应定期进行测定，必要时可对测距结果进行改正。如果周期误差过大，须送厂检修。目前生产的全站仪均采用了大规模集成电路，并有良好的屏蔽，因此周期误差一般很小。

（2）比例误差

1）真空光速值的测定误差

现在真空光速的测定精度已相当高。1975 年 8 月，国际大地测量学会第 16 届全会建议采用 $c_0 = 299792458 \pm 1.2 \text{m/s}$，由此算得相对误差为 $\dfrac{1}{25 \times 10^7}$，对测距影响极小，可以忽略不计。

2）频率误差

调制频率是由石英晶体振荡器产生的。调制频率决定光尺的长度，因此频率误差对测距的影响是系统性的，它与所测距离的长度成正比关系。频率误差的产生有两个方面的原因：一是振荡器位置的调制频率有误差；二是由于温度变化、晶体老化等原因使振荡器的频率发生漂移。对于前者可选用高精度的频率校准；后者则应使用高质量的石英晶体，并采用恒温装置及稳定的电源，以减小频率误差。

3）大气折射率误差

大气折射率误差主要来源于测定气温和气压的误差，这就要求选用质量好的温度计和气压计。要使测距精度达到 $\dfrac{1}{10^6}$，测定温度的误差应小于 1℃，测量气压的误差应小于 3.3mbar。对于精密的测量，在测前应对所用气象仪表进行检验。此外，所测定的气温、气压应能准确代表测线的气象条件。这是一个较为复杂的问题，通常可以采取以下措施：

① 在测线两端分别量取温度和气压，然后取平均值。

② 选择有利的观测时间。一天中上午日出后 30min 至日出后 1.5h，下午日落前 3h 至日落前 30min 为最佳观测时间。阴天、有微风时，全天都可以观测。

③ 测线以远离地面为宜，离开地面的高度不应小于 2m。

4.4.6 全站仪测距部的检验

全站仪的测角部的检验与经纬仪基本相同，以下仅介绍测距部的检验。

测距部的检验项目主要有：

（1）功能检视：查看各部分是否完好，功能是否正常；

（2）发射、接收、照准三轴关系正确性的检验；

（3）周期误差的测定；

（4）仪器常数——加常数、乘常数的测定；

（5）内、外部符合精度的检验；

（6）测程的检定等。

对于新购置或经过修理的仪器，一般应委托国家技术监督局授权的测绘仪器计量检定单位进行全部项目的检定工作。使用中的仪器，检验周期一般为一年，检验项目视具体情况而定。

1. 发射、接收、照准三轴关系正确性的检验

全站仪测距时，是用望远镜视准轴瞄准，使发射光轴和接收光轴对准反射棱镜的中心。因此，三轴应保持平行或重合。如果满足这一条件，在用望远镜瞄准棱镜后，接收信号最强。发射光轴与接收光轴平行性的检验校正，只能由制造厂家和指定的专门维修点进行。

对于发射、接收光轴与视准轴平行的检验工作可在野外进行。在距离仪器 $200 \sim 300\text{m}$ 处安置反射棱镜，用望远镜精确瞄准棱镜中心，读取水平度盘读数 H 和竖直度盘读数 V。然后用水平微动螺旋先使望远镜向左移动，直至接收信号消失为止，读取水平度盘读数 H_1；再向右移动，直至接收信号消失为止，读取 H_2。重新精确瞄准棱镜中心，用望远镜微动螺旋使望远镜向上移动，直至接收信号消失为止，读取竖盘读数 V_1；然后向下移动，直至接收信号消失为止，读取 V_2。如果式（4-39）、式（4-40）成立，则说明满足平行条件。如果平行条件不满足，有的仪器设有发射、接收光轴与视准轴平行的校正机构，可按说明书中的校正方法进行校正。

$$\frac{H_1 + H_2}{2} - H \leqslant 30'' \tag{4-39}$$

$$\frac{V_1 + V_2}{2} - V \leqslant 30'' \tag{4-40}$$

2. 周期误差的测定

周期误差是由仪器内部的光电信号串扰而引起的，使得精尺的尾数值呈现出一种周期性的误差。检定的目的是了解它的大小，以便在观测中对所测距离进行改正。周期误差改正 ΔD_φ 可由式（4-41）表示：

$$\Delta D_\varphi = A \cdot \sin\left(\varphi + \frac{D}{u} \cdot 360°\right) \tag{4-41}$$

式中，A 为周期误差的振幅；φ 为起始相位角；D 为观测距离；u 为测尺长度。

周期误差的测定一般采用"平台法"。如图 4-24 所示，在室内设置一平台，平台距地面应有适当高度，其长度应略大于精尺的尺长，台面呈水平。台面铺设导轨，并刻有精确的刻划，或者在台上平铺一经过检定的钢带尺，并在尺子两端施加检定时的标准拉力。反射棱镜可沿导轨移动，根据刻划精确地安置它的位置。仪器安置在导轨中心线的延长线上，距平台的距离为 $15 \sim 100\text{m}$，不宜过长，以免受比例误差的影响。仪器高度应与棱镜

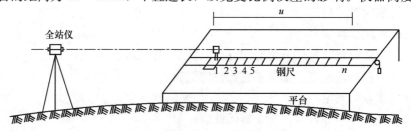

图 4-24 平台法

同高，以免加入倾斜改正。

检定时，将仪器安置在仪器墩上，通过升降器或棱镜望远镜照准棱镜中心时视准轴水平。观测时由近及远将棱镜安置在各测点上（图中 1、2、3、…、n 点），测距间距一般取精尺长度的 $\frac{1}{40}$（如精尺长度为 10m，间距可取 0.25m，测点个数为 40）。无论精尺长度如何，测点数均不应少于 20 个。在每个测点上读数 4 次，取其平均值作为该测点的距离观测值。根据最小二乘法原理，用计算机解算出周期误差的振幅 A 和起始相位角 φ，即可按式（4-41）对距离进行周期误差改正。

3. 仪器常数的测定

仪器常数包括加常数和乘常数。仪器加常数已在前面红外测距误差中提及。乘常数则是与距离成比例关系的改正数。产生乘常数的原因主要是精测频率偏离仪器的设计频率，其次是大气折射率误差。它们使"光尺"长度发生变化，影响是系统性的。乘常数一般与加常数一起检验，在测距中加以改正。

仪器常数的测定方法较多，六段比较法是其中较好的一种。它可同时测定加常数和乘常数，而且计算工作量较小，检验结果精确可靠，但需要有一个精密的基线场。

如图 4-25 所示，将一条直线分成 6 段，其 21 个组合距离已种用钢瓦基线尺或用专门量测基线的测距仪精确测定，并以此作为标准长度，这条直线称为基线。用被检定的仪器对该基线进行全组合观测，并与标准长度进行比较，按照最小二乘法原理，采用一元线性回归的方法解出加常数和乘常数。

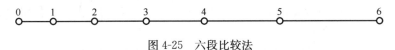

图 4-25　六段比较法

下面介绍一种野外检定加常数的简易方法。

在一平坦的场地上选一 200m 左右的直线段 AB，如图 4-26 所示，并定出 AB 直线段的中点 C。将仪器置于 A 点测平距 AB 和 AC；置于 B 点测平距 AB 和 BC；置于 C 点测平距 AC 和 BC。必要时应进行气象改正，在操作中尽可能减小对中误差的影响。测距时使用同一棱镜。

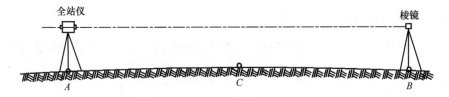

图 4-26　仪器加常数简易检验法

计算 AB、BC 和 AC 的平均值 $\overline{AB}$、$\overline{BC}$ 和 $\overline{AC}$，则仪器加常数为：

$$K = \overline{AC} + \overline{BC} - \overline{AB} \tag{4-42}$$

4. 内部符合精度的检验

内部符合精度反映一定距离范围内仪器重复读数之间的符合程度。它表现为仪器本身测相的偶然误差，是仪器测量稳定性的主要表征。

在进行该项检验时，可选气象条件良好的场地，布设 40～100m 的直线，在其两端分别安置仪器和反射棱镜，然后用仪器望远镜瞄准棱镜，连续读取 30 个以上的距离观测值，记为 $D_i(i = 1,2,3,\cdots,n。n$ 为读数次数），平均值即为：

$$\overline{D} = \frac{[D]}{n} = \frac{D_1 + D_2 + \cdots + D_n}{n} \tag{4-43}$$

观测值的改正数为：

$$v_i = \overline{D} - D_i \tag{4-44}$$

内部符合精度即一次测距中误差为：

$$m = \pm\sqrt{\frac{[vv]}{n-1}} \tag{4-45}$$

5. 外部符合精度

外部符合精度也称检定综合精度。检验的目的是检验仪器的实际测量精度是否符合仪器标称精度的要求。通常是利用六段比较法测定加、乘常数的 21 个观测值，经过加、乘常数等改正，再与基线值比较，采用一元线性回归分析法进行计算，从而得到外部符合精度。

外部符合精度与仪器出厂时给出的标称精度采用同样的形式：

$$m = \pm(a + b \cdot D) \tag{4-46}$$

式中，a 为固定误差（mm）；b 为比例误差系数（mm/km）；D 为距离值（km）。

6. 测程的检定

全站仪的测程是指在规定的大气能见度及棱镜组合个数的情况下，能满足仪器标称精度的测量距离。检验可按以下方法进行：

（1）按照仪器说明书上规定的长度，在已知精密长度的基线上选择相应棱镜个数的距离。

（2）在选定的距离两端分别安置仪器和反射棱镜。对选定的每段距离各观测 4 个测回，取其平均值作为观测值。

（3）对各观测值加入气象、仪器常数、周期误差和倾斜改正，然后与基线值比较，求出一测回观测中误差，不应大于仪器标称测距中误差。

4.4.7 全站仪使用的注意事项及维护

全站仪是一种结构复杂、价格较昂贵的先进测量仪器，必须严格遵守操作规程，正确使用并进行维护。

1. 使用注意事项

（1）新购置的仪器，如果首次接触使用，应结合仪器认真阅读仪器说明书。通过反复学习、使用和总结，力求做到"得心应手"，最大限度发挥仪器的作用。

（2）键盘的键要轻按，以免损坏键盘。

（3）望远镜（测距头）不能直接照准太阳，以免损坏测距的发光二极管。

（4）在阳光下或阴雨天气进行作业时，应打伞遮阳、遮雨。

（5）仪器安置在三脚架上之前，应检查三脚架的 3 个伸缩螺旋是否已旋紧，再用连接螺旋将仪器固定在三脚架上之后才能放开仪器。在整个操作过程中，观测者绝对不能离开仪器，以避免发生意外事故。

（6）仪器应保持干燥，遇雨后应将仪器擦干，放在通风处，待仪器完全晾干后才能装箱。仪器箱应保持清洁、干燥。由于仪器箱一般密封程度很好，因而箱内潮湿会损坏仪器。

（7）仪器在迁站时，即使很近，也应取下仪器装箱。

（8）运输过程中必须注意防振，长途运输最好装在原包装箱内。

2. 仪器的维护

（1）仪器应经常保持清洁，用完后使用毛刷、软布将仪器上落的灰尘除去。镜头不能用手去摸，如果脏了，可用吹风器吹去浮土，再用镜头纸擦净。如果仪器出现故障，应与厂家或厂家委派的维修部联系修理，绝对不可随意拆卸仪器，造成不应有的损害。仪器应放在清洁、干燥、安全的房间内，并有专人保管。

（2）反射棱镜应保持干净，不用时要放在安全的地方，如有箱子，应装入箱内，以避免碰坏。

（3）电池应按规定的充电时间充电。电池如果长期不用，也应一个月之内充电一次。存放温度以 0～40℃ 为宜。

复 习 思 考 题

1. 在平坦地面，用钢尺量距一般方法丈量 AB 两点间水平距离，往测为 86.354m，返测为 86.340m，则水平距离 D_{AB} 的结果如何？其精度如何？

2. 用竖盘为顺时针注记的光学经纬仪（竖盘指标差忽略不计）进行视距测量，测站点高程 $H_A = 201.53m$，仪器高 $i = 1.45m$，视距测量结果见表 4-1，计算各点所测水平距离和高差。

视距测量结果　　　　　　　　　　　　　　　　表 4-1

点号	上丝读数 下丝读数 尺间隔	中丝读数	竖盘读数	竖直角	水平距离 （m）	高差（m）	高程 （m）
1	1.845 0.965	1.40	90°00′				
2	1.865 0.935	1.40	97°24′				
3	1.566 1.242	1.45	87°18′				
4	1.850 1.100	1.48	93°18′				

3. 试述红外测距仪采用的相位测距基本原理。

4. 红外光电测距仪为什么需要"精测""粗测"两把光尺？

5. 仪器常数指的是什么？它们的具体含义是什么？

6. 与全站仪配套使用的辅助设备有哪些？

7. 某全站仪的距离标称精度为±（2mm+3ppm×D），测定距离为 1.5km 时其测量精度是多少？

第5章 测量误差基础知识

传统意义上的测量基本工作，是通过水准仪、全站仪等仪器和工具对高差、角度、距离进行观测，观测结果称为测量数据或观测值。对一个量进行多次重复观测时，观测值与被测量真值之间、各观测值之间是不符的，其中的差异称为观测误差，简称误差。误差是不可避免的，通过观测值间接获得的点位高程、平面坐标等数据，必然受到观测误差的影响，导致计算结果的不准确。

学习测量误差的目的，就是明确观测误差的现象与本质的对立统一关系，根据误差的外在形式、特点，认识并揭示误差产生的原因和规律，进一步借助数学方法，消除或减弱误差对测量结果的影响，获得被测量相对准确的信息。

测量误差的基本理论和方法，同样适用于其他工作的数据处理。

5.1 测量误差概述

5.1.1 观测与观测误差

借助仪器、工具、传感器或其他手段对反映被测物体的空间位置、大小和形态等特征进行量测的过程，称为观测。以水准测量为例，在测量某一测段高差时，通常是进行往返观测，得到往测观测值 h' 和返测观测值 h''，最后求得测段平均高差。进一步地，当对该测段进行多次往返观测时可发现，一方面同一测回的 $h' + h'' \neq 0$，另一方面各次的高差观测互不相同。

测量工作中，对同一几何量进行多次观测时，表现出不同观测值之间，以及观测值与几何量真实信息（真值）之间均存在不同程度的差异。我们将几何量真值与观测值之间的差异称为观测误差，简称误差，同时，不同观测值互不相符，又表现出不同观测误差的大小和符号也各不相同。

设几何量的真值为 X、观测值为 L、观测误差为 Δ，则三者之间满足

$$\Delta = X - L \tag{5-1}$$

上式表明，观测值中不仅有被测几何量的真实信息，还包含观测过程中因各类因素影响所带来的误差。误差的存在，致使观测值在方向上、数量上偏离了客观真值，直接使用含有误差的观测值，或以此解算其他测量数据，必然会使结果产生更大的偏离，甚至造成工程事故；值得注意的是，因观测值的真值未知，观测误差的具体数值也无法通过上式直接获得。

误差是普遍存在且不可避免的，只要是观测值必然含有误差。例如，对某一固定角度重复观测若干测回，所测各测回的角值往往互不相等；平面三角形内角和的真值应等于 $180°$，但对三个内角进行多组观测，各组观测值之和往往不等于 $180°$；闭合水准路线中各

测段高差之和的理论值应为 0，但实测结果表明路线高差闭合差通常并不等于 0。究其原因，就是因为观测值中不可避免地含有观测误差的缘故。

5.1.2 观测误差的来源

观测误差是伴随观测而产生的。可以推想，观测过程中任何环节的不严密、不准确都是误差产生的原因。概括起来，观测离不开以下三个方面：

1. 测量仪器

测量工作需要借助仪器和工具完成。一方面，任何一种仪器的制造精度都有一定限度，由此导致观测值无法完整表达被测量的结果；另一方面，仪器或工具经过长时间使用后，自然会出现内部结构改变、零件磨损、电子元件老化等现象，这些改变不可避免地引起仪器测量精度的下降，进一步降低了观测值的准确性。例如，全站仪按测角精度可分为 0.5″、1″、2″ 等，不同精度的仪器度盘读数可估读到 0.1″、0.2″ 等，更精确的度数则无法读取；同时，经过长时间使用，仪器各主要轴线关系、照准误差等指标都会发生变化，导致观测值的质量下降；又如，利用只有厘米分划的普通水准尺进行水准测量时，读数中估计得到的毫米位就难以保证结果的准确。

2. 观测者

测量工作必须借助仪器、工具，但无论哪种测量仪器，都必须由人——观测者进行操控，没有一种仪器能脱离人的控制完全独立开展工作。因此，测量过程中观测者的身体感知能力、行为习惯、熟练程度以及情绪心态等，都会对观测数据的采集质量产生直接影响。在相同的环境下，不同观测者测量得到的观测数据不同。例如，水准测量时对毫米位的估读；判断水准尺立尺是否垂直，全站仪对中、整平，测量目标照准是否准确等，不同的观测者都会有不同的评判。

3. 外界条件

测量工作是在一定的环境下进行的。测量时外部环境的温度、湿度、风力，地球曲率及大气折光等各种因素，都会对测量结果产生直接影响。如 GNSS 接收机所接收的来自卫星的信号在经过电离层、大气层时会产生信号延迟，最终导致定位的结果产生误差。

以上三个方面，既是观测误差产生的根源，也是测量工作无法摆脱的观测环境。因此，综合测量仪器、观测者和外界条件等三个方面，称为观测条件。观测条件的好坏与观测成果的质量密切相关，观测条件好，观测误差相对小；观测条件差，观测误差相对大。

为研究问题方便，我们通常将观测条件相同的各次观测称为等精度观测或同精度观测；观测条件不同的各次观测，称为不等精度观测或不同精度观测。注意，观测过程中，因测量仪器、观测者及外界环境的状态是时刻变化的，故严格意义上的等精度观测并不存在。但是，若观测过程较短，各次观测之间的观测条件变化不大，我们就可以近似地认为它们是等精度观测。后面的章节中，如无特殊说明，对同一几何量进行的多次观测，均为等精度观测。

5.1.3 观测误差的分类

根据观测误差对测量数据的影响性质，可将其分为系统误差、偶然误差和粗差三类。即

$$观测误差(\Delta) = 系统误差(\Delta_s) + 偶然误差(\Delta_r) + 粗差(\Delta_G) \qquad (5-2)$$

1. 系统误差

在相同的观测条件下对某量进行一系列观测，若误差的符号和大小保持不变或按一定规律变化，这种误差称为系统误差。例如全站仪的测距指标 $A+B$ppm，其中加常数 A 是一个固定的、与测距长度无关的系统误差；而乘常数 B 对测距误差的影响，随着距离的长短成比例变化，它所引起的误差也是系统误差。再如水准仪的视准轴与水准管轴不平行对读数的影响，经纬仪的竖直度盘指标差对竖直角的影响，以及地球曲率对测距和高程的影响等，均属系统误差。

由于系统误差在符号上的一致性，使误差随着观测成果的不断累加而逐渐积累。系统误差的这种累计性对测量结果的危害极大，因此测量工作中应尽量设法消除或减小系统误差对测量成果的影响，一是定期对测量仪器进行检验校正，将仪器结构方面的系统误差限制在最小，一定程度上提升观测条件；二是采用对称观测的方法和程序，抵消或削弱系统误差的影响；如角度测量中采用盘左、盘右观测，水准测量中保持前后视距相等等措施；三是找出系统误差产生的原因和规律，对观测值进行系统误差的计算改正，如竖直角观测时进行的指标差改正等。

2. 偶然误差

在相同的观测条件下对某量进行一系列观测，如果误差的符号和大小均呈现偶然性，即从表面现象看，误差的数值大小和符号随机出现，但大量误差总体上具有一定的统计规律，我们称这种误差为偶然误差。

产生偶然误差的原因往往由观测条件中那些不确定的随机因素引起。如估读水准尺毫米数、望远镜照准目标不准确，外界环境的微小变化等对观测值的影响，都属于偶然误差。与系统误差不同，由于偶然误差在大小和符号上的随机性，使我们在对其进行处理时无法用简单的方式加以消除或减弱，而需要从概率统计理论的角度，采用估计方法，最大程度地降低偶然误差的影响，使最终的测量成果达到最优。

3. 粗差

粗差即所谓粗大误差。指比正常观测条件下所可能出现的最大误差还要大的误差。

粗差的产生有信号突变、电磁干扰、仪器故障、环境条件突变等客观原因；有操作时疏忽大意，读数、记录、计算错误等主观原因。粗差不同于误差，它是观测过程中所产生的错误，统计学家经过对大量观测数据分析指出，在生产实践和实验中所采集的数据，粗差出现的概率约为 $1\%\sim10\%$，即使在全球定位系统（GNSS）、三维激光扫描等高新测量技术的自动化数据采集中，也经常有粗差出现的情形。受制于观测条件，系统误差和偶然误差在观测中不可避免；粗差主要因观测不仔细，仪器、环境的反常引起，测量中出现的概率极小，这是粗差与误差的根本区别。

粗差对测量结果的危害极大，如果粗差不能在测量的数据处理中被正确地发现、消除，势必会严重损害最终的测量成果，使人们所预期的理论精度无法实现。对于粗差的处理有两种途径：一种是荷兰巴尔达（Baarda）教授在 1967~1968 年提出的测量系统的数据探测法和可靠性理论。它是将粗差纳入函数模型中，通过统计检验，获得平差系统的内部可靠性，即平差系统可以发现粗差的下限值，用其对相应的观测值进行检验，对于认为含有粗差的观测值予以剔除；另一途径是 1953 年由薄克斯（G. E. P. Box）提出的稳健估计。它将粗差纳入平差随机模型中，通过平差过程中改变观测值的权，来检验观测值是否含有粗差并解算出平差结果的过程，其基本思想是使含有粗差的观测值的权不断减小，使之在平差过程中对估值计算所占的相对密度越来越小，直至为零。到目前为止，测量平差中以可靠性理论和稳健估计为代表的对粗差和其他模型误差的定位、估计和假设检验等理论体系正不断完善，有些已应用于实际的测量数据处理中。

总之，自 18 世纪末、19 世纪初高斯（C. F. Gauss）和勒让德（A. M. Legendre）发现最小二乘法以来，测量学者提出了一系列解决观测误差问题的处理方法。后来，随着信息科学的进步和生产实践中高精度测绘工作的需要，新的测量技术和误差处理方法不断出现，推动着误差理论不断向前发展。

5.2 偶然误差的规律性

经典的测量误差处理是：假定观测值中不含粗差，而系统误差在误差处理之前已经得到了消除，即使仍有残余的系统误差混入观测值中，也不会影响对偶然误差的处理。因此，传统的误差处理的基本工作是处理一系列带有偶然误差的观测值，求得未知量的最佳估值，并评定测量成果的精度。解决这两个问题，就需要从概率统计的角度研究偶然误差的规律性。

$$f(\mu) = \frac{1}{\sqrt{2\pi}\sigma} \tag{5-3}$$

故当 σ 取值越大，则曲线最大值越小，曲线的形状显得越平缓；相反，当 σ 取值越小时，则曲线最大值越大，曲线的形状显得越尖锐。

正态分布是一种最重要、最常见的概率分布，是经典测量误差处理的理论基础。

5.2.1 正态分布

根据概率统计知识，如果连续型随机变量 X 的概率密度为

$$f(x) = \frac{1}{\sqrt{2\pi}\sigma} \exp\left[-\frac{(x-\mu)^2}{2\sigma^2}\right], \quad -\infty < x < \infty \tag{5-4}$$

则称 x 服从参数为 μ、σ 的正态分布或高斯分布，即 $x \sim N(\mu,\sigma^2)$。

同时，对于连续型正态分布的随机变量，其数学期望和方差为

$$\begin{cases} E(X) = \int_{-\infty}^{\infty} xf(x)dx = \mu \\ D(X) = \int_{-\infty}^{\infty} \left[x - E(X)\right]^2 f(x)dx = \sigma^2 \end{cases} \tag{5-5}$$

而对于离散型的正态分布随机变量，其数学期望和方差则为

$$\begin{cases} E(X) = \sum_{i=1}^{n} x_i p_i = \mu \\ D(X) = \sum_{i=1}^{n} \left[x_i - E(X)\right]^2 p_i = \sigma^2 \end{cases} \tag{5-6}$$

式中，p_i 表示变量 $X = x_i$ 的概率。同时，我们称 $\sigma = \sqrt{D(X)}$ 为标准差或均方差。

因此，正态分布随机变量的概率密度函数中的两个参数 μ, σ，恰好是该随机变量的期望和方差。所以，若已知某个随机变量是服从正态分布的，则由这两个数字特征，我们就可以确定它的分布情况。图 5-1 就是一条服从 $N(\mu, \sigma)$ 的正态分布概率密度曲线。

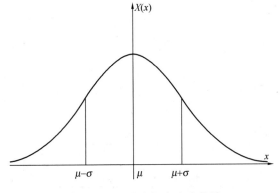

图 5-1　正态分布概率密度曲线

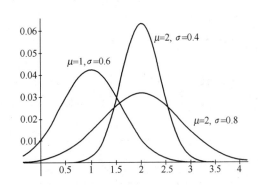

图 5-2　具有不同数字特征的概率密度

正态随机变量概率密度函数具有以下性质（图 5-2）。

（1）曲线是关于 $x = \mu$ 对称的。

（2）当 $x = \mu$ 时，密度函数取得最大值，即函数曲线峰值为

$$f(\mu) = \frac{1}{\sqrt{2\pi}\sigma} e^{-\frac{(\mu-\mu)^2}{2\sigma^2}} = \frac{1}{\sqrt{2\pi}\sigma} \tag{5-7}$$

由于曲线的对称性，x 离 μ 越远，则 $f(x)$ 的值越小。

（3）函数在 $x = \mu \pm \sigma$ 处有拐点。

（4）函数以 x 轴为渐近线，但该曲线永远不会与 x 轴相交。

（5）如果保持参数 σ 固定，而改变参数 μ，可以发现曲线会沿着横轴平移，但形状不会改变。可见正态分布概率密度曲线的位置完全由参数 μ 决定，故 μ 又称为位置参数。

（6）如果保持参数 μ 固定，而改变参数 σ，会发现曲线位置虽然没变，但曲线的最大值和形状会发生改变。所以 σ 可视为尺度参数，它决定了分布曲线的幅度。

5.2.2　偶然误差的规律性

从概念上可知，偶然误差表现出的最大特征就是随机性。这种随机性既体现在数值大小方面的不确定，也表现在误差在正、负符号上的任意性。同时，偶然误差不是来源于某个单一因素，是多种已知和未知的小误差累加在一起的表现。如水平角测量中偶然误差，就是对中误差、整平误差、照准误差、读数误差 …… 等无数个小误差的叠加，即

$$\Delta_r = \Delta_{\text{对中}} + \Delta_{\text{整平}} + \Delta_{\text{照准}} + \Delta_{\text{读数}} + \cdots \tag{5-8}$$

也正是每个小误差在大小和符号上的不稳定性，使它们累加在一起的综合表现——偶然误差呈现出随机性。

从本节开始，我们所讨论的观测误差，系指不含系统误差和粗差的偶然误差。

前已述及，单个的偶然误差在大小、正负上呈现随机性，而且测量工作者从无数的生产实践中发现，大量的偶然误差同随机变量一样，在分布上具有明显的统计特征，特别是

当观测值数量足够多时，就会发现这种统计规律服从正态分布。下面，我们通过实例验证偶然误差的正态分布特征，并结合正态分布总结出偶然误差的规律性。

在某测区以相同的观测条件观测了 358 个三角形的全部内角。计算 358 个三角形内角观测值之和的真误差，即

$$\Delta_i = (\beta_A + \beta_B + \beta_C)_i - 180° \quad i = 1, 2, \cdots, 358 \tag{5-9}$$

将真误差取误差区间 $d\Delta = 3''$，并按绝对值大小进行排列，分别统计各区间的正负误差个数 k，将 k 除以总数 n（此处 $n=358$），求得各区间误差出现的频率 k/n，结果列于表 5-1。

从表 5-1 中可以看出，该组误差的分布表现出如下规律：小误差比大误差出现的频率高；绝对值相等的正、负误差出现的个数和频率相近；最大误差不超过 $24''$。

偶然误差的区间分布　　　　　　　　　　　　　　　　　　　　表 5-1

误差区间	负误差		正误差		合计	
	个数 k	频率 k/n	个数 k	频率 k/n	个数 k	频率 k/n
$0''\sim3''$	45	0.126	46	0.128	91	0.254
$3''\sim6''$	40	0.112	41	0.115	81	0.227
$6''\sim9''$	33	0.092	33	0.092	66	0.184
$9''\sim12''$	23	0.064	21	0.059	44	0.123
$12''\sim15''$	17	0.047	16	0.045	33	0.092
$15''\sim18''$	13	0.036	13	0.036	26	0.072
$18''\sim21''$	6	0.017	5	0.014	11	0.031
$21''\sim24''$	4	0.011	2	0.006	6	0.017
$>24''$	0	0	0	0	0	0
合计	181	0.505	177	0.495	358	1.00

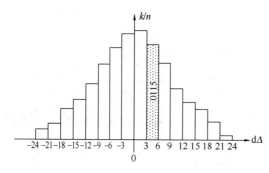

图 5-3　频率直方图（小样本）

如果将上述的观测数据用图像方法表现，还可以直观地看出各个区间的误差分布情况。首先建立一个直角坐标系，横轴表示误差区间 $d\Delta$，纵轴表示区间内误差出现的频率 k/n。将表 5-1 的数据绘制到该坐标中，可以得到各误差区间的频率直方图（图 5-3）。

频率直方图上显示，越接近竖轴的误差区间频率越高，误差最小的区间频率达到最大；值域大小相同的正、负误差区间的频率基本一致，且直方图整体上接近于竖轴对称。

可以想象，当误差个数 $n \to \infty$，同时所设定的误差区间 $d\Delta \to 0$ 时，直方图中各矩形的顶边折线就趋近为一条光滑的曲线，如图 5-4 所示。可以证明，该曲线服从正态分布的误差概率密度曲线。

由于该曲线是关于坐标竖轴对称的，对称轴的横坐标是 0，故根据正态分布概率密

度，误差的期望值 $\mu = 0$，相应的概率密度函
数为

$$f(\Delta) = \frac{1}{\sqrt{2\pi}\sigma}e^{-\frac{\Delta^2}{2\sigma^2}} \qquad (5\text{-}10)$$

式中，σ^2 为误差的方差。

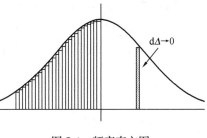

图 5-4　频率直方图

综合以上数据，结合正态分布随机变量的性
质，可以看到偶然误差具有以下的规律性：

（1）有界性。在一定观测条件下，偶然误差
的绝对值不超过一定的限值，或者说超出一定限
值的误差，其出现的概率为零。

（2）单极性。绝对值较小的误差比绝对值较大的误差出现的概率大。

（3）对称性。绝对值相等的正、负误差出现的概率相同。

（4）抵偿性。在一定的观测条件下，偶然误差的数学期望（算术平均值）为零，即

$$E(\Delta) = 0 \text{ 或} \lim_{n \to \infty}\frac{1}{n}\sum_{i=1}^{n}\Delta_i = 0 \qquad (5\text{-}11)$$

式中的算术平均值，在测量中又表示为

$$\lim_{n \to \infty}\frac{[\Delta]}{n} = 0 \qquad (5\text{-}12)$$

"[ ]" 表示取括号中下标变量的代数和，即记 $\sum_{i=1}^{n}\Delta_i = [\Delta]$。

由此可见，偶然误差等价于随机变量，服从期望为 0 的正态分布，即 $\Delta_r \sim N(0, \sigma^2)$。

偶然误差的以上特性，意味着对其的处理不同于系统误差。测量工作中，可采取以下
三种方法限制偶然误差：一是从仪器、观测者、外界条件等三方面入手，提高观测条件，
减小偶然误差的分布区间；具体地说就是通过提高仪器等级，严格按照测量操作规程认真
观测，选择外界条件较好时段进行观测等措施，提高观测成果的质量；二是增加观测次
数，将算术平均值作为结果；三是对观测成果求其最或是值。

值得注意的是，在测量中人们总希望使每次观测所出现的测量误差越小越好。但要真
正做到这一点，就要使用极其精密的仪器，采用十分严密的观测方法，在相对苛刻的外界
环境下进行观测，从而付出很高的代价。然而，在实际生产中，根据不同的测量目的，是
允许在测量结果中含有一定程度的测量误差的。所以，我们的目标并不是简单地使测量误
差越小越好，而是要设法将误差限制在与测量目的相适应的范围内。

5.2.3　观测值的算术平均值及其性质

1. 观测值的算术平均值

在相同的观测条件下，对真值为 X 的某量进行了 n 次观测，其观测值分别为

$$L_1, L_2, \cdots, L_n \qquad (5\text{-}13)$$

则观测值的算术平均值记为

$$\overline{L} = \frac{L_1 + L_2 + \cdots + L_n}{n} = \frac{[L]}{n} \qquad (5\text{-}14)$$

测量工作中，选择算术平均值作为真值的最或是值，是因为算术平均值是最接近于真

值的估值。这一事实可以通过下面的证明给出：

首先，将式（5-14）两端同时减去真值 X，得

$$\overline{L} - X = \frac{L_1 + L_2 + \cdots + L_n}{n} - X$$

$$= \frac{(L_1 - X) + (L_2 - X) + \cdots + (L_n - X)}{n} = \frac{\Delta_1 + \Delta_2 + \cdots + \Delta_n}{n} \quad (5\text{-}15)$$

$$= \frac{[\Delta]}{n}$$

其次，根据偶然误差第四个特性，在相同的观测条件下，当观测值个数越来越多时，式（5-14）有极限

$$\lim_{n \to \infty} \frac{[\Delta]}{n} = 0 \quad (5\text{-}16)$$

即

$$\overline{L} = X \quad (5\text{-}17)$$

故，当观测值个数有限时有

$$\overline{L} \approx X \quad (5\text{-}18)$$

可见，当观测值个数无限多时，算术平均值就是未知量的真值；而观测次数有限时，算术平均值则是真值的最或是值。

2. 观测值改正数及其性质

在实际测量工作中，我们测量的角度、距离、高差等被测量，其真值均未知，相应的观测值真误差也是不可求的。为得到观测量最可靠的结果，可在相同的观测条件下，对测量对象进行多次重复观测，用计算得到的观测值的算术平均值 $\overline{L}$ 近似地表达未知量的真值。

由于算术平均值是相同观测条件下各观测值的整体平均，显而易见，各观测值与观测值算术平均值之间必然存在着差异，我们称这种差异为观测值改正数，用 v 表示。对式（5-13）的观测列，各观测值相应的改正数定义为

$$\begin{cases} v_1 = \overline{L} - L_1 \\ v_2 = \overline{L} - L_2 \\ \quad \vdots \\ v_n = \overline{L} - L_n \end{cases} \quad (5\text{-}19)$$

即观测值的改正数等于观测值算术平均值与观测值之差。将上式两端求和，得

$$[v] = n\overline{L} - [L] \quad (5\text{-}20)$$

因 $\overline{L} = \frac{[L]}{n}$，所以

$$[v] = 0 \quad (5\text{-}21)$$

观测值改正数的代数和等于零，这一结论可作为计算工作的校核。

5.3 衡量精度的指标

测量工作的主要目的有两个方面：一是获取未知量的最或是值；二是评定最或是值的

精度，即判定测量结果的误差范围。其中，精度是评估测量结果质量高低的重要指标，一定程度上，没有精度的测量数据是没有意义的。而为了评定测量结果的质量优劣，首先必须建立精度的统一标准，并以此衡量不同测量数据的质量高低。

测量工作中评定精度的标准有很多，这里主要介绍以下几种。

5.3.1　中误差

1. 中误差的概念

我们已经知道偶然误差是服从期望为 0、方差为 σ^2 的正态分布随机变量。根据偶然误差的规律性和正态分布函数密度的性质，σ 是概率密度对称曲线的拐点，是概率密度函数的重要参数，是决定曲线形状陡缓的重要指标。因此，正态分布概率密度参数 σ 可作为一种衡量观测值精度的重要标准。

设在相同观测条件下，对同一量进行多次重复观测时，得到一组观测值和对应的真误差

$$\begin{cases} L_1, L_2, \cdots, L_n \\ \Delta_1, \Delta_2, \cdots, \Delta_n \end{cases} \tag{5-22}$$

定义该组观测值的中误差为

$$m = \pm \lim_{n \to \infty} \sqrt{\frac{\Delta_1^2 + \Delta_2^2 + \cdots + \Delta_n^2}{n}} = \lim_{n \to \infty} \sqrt{\frac{[\Delta\Delta]}{n}} = \sigma \tag{5-23}$$

可见，中误差 m 实际上就是正态分布下随机变量的标准差 σ。

中误差是衡量精度的一种重要标准。但在测量实践中，由于观测次数不可能无限多，因此，我们把由有限个观测值的真误差计算得到的结果，称为中误差（标准差）的估值，用 $\hat{m}(\hat{\sigma})$ 表示，即

$$\hat{m} = \pm \sqrt{\frac{\Delta_1^2 + \Delta_2^2 + \cdots + \Delta_n^2}{n}} = \sqrt{\frac{[\Delta\Delta]}{n}} = \hat{\sigma} \tag{5-24}$$

以上两式中，我们分别采用了不同的符号以区分中误差（标准差）的理论值和估值。在本书后续的文字叙述中，在不需要特别强调"估值"意义的前提下，总是将"中误差的估值"简称为中误差。

中误差是测量误差理论中极为重要的概念，我们应从以下几个方面加以正确理解：

（1）中误差不是真误差，不针对一个观测值，它衡量的是一组观测值整体与真值的离散程度。

（2）中误差的计算公式是根据真误差的平方的算术平均值经开平方得到，因此它对一组测量中的特大或特小误差反应非常敏感，能够很好地反映出测量结果的波动大小。

（3）在一组观测值中，由于偶然误差的数学期望为零，因此，当获知中误差 m 后，就可确定误差分布的概率密度

$$f(\Delta) = \frac{1}{\sqrt{2\pi}m} e^{-\frac{\Delta^2}{2m^2}} \tag{5-25}$$

进而绘出它所对应的概率密度曲线。

根据密度曲线可发现：一组观测值的中误差 m 越小，曲线越尖锐、陡峭，表示观测

误差越密集，测量精度越高；中误差 m 越大，曲线形状越平缓，误差分布相对离散，观测精度越低。

（4）中误差是概率误差。根据正态分布的性质，中误差 m 的几何意义，实质上就是概率密度曲线上的两个拐点在横轴上的投影坐标；而曲线在该区间所围成的面积，即为在一组真误差范围中，落入其中的真误差的概率。

【例 5-1】 设用全站仪等精度测量某三角形内角和 6 个测回，观测值列于表 5-2 中，求三角形内角和的中误差。

利用真误差计算中误差　　　　　　　　　　　　表 5-2

测回	内角和	Δ''	$\Delta\Delta$	计算
1	180°00′05″	−5	25	
2	179°59′57″	3	9	
3	180°00′03″	−3	9	$X=180°00′00″$
4	179°59′56″	4	16	$\hat{m}=\sqrt{\dfrac{[\Delta\Delta]}{n}}=\sqrt{\dfrac{67}{6}}=3.3''$
5	179°59′58″	2	4	
6	180°00′02″	−2	4	
Σ		−1	67	

解：（1）根据真值计算各观测值的真误差 $\Delta_i(i=1,\cdots,6)$。

（2）求观测值中误差 m。

2. 中误差计算的实用公式

根据定义式计算观测值的中误差时，需要知道观测值的真误差 Δ。实际上，绝大多数被测几何量的真值是未知的，因此，能用真误差计算中误差的情况极少，意味着用中误差的定义式计算中误差的应用范围很小，这就需要我们另辟蹊径，选择能够代替真误差的指标计算中误差。

下面，我们通过观测值改正数与真误差之间的内在联系，推导用观测值改正数计算中误差的实用公式。

设在等精度观测条件下，对同一量多次测量的观测值为 $L_i(i=1,2,\cdots,n)$。若该量的真值为 X，则由式（5-1）和式（5-17）可分别求得各观测值的真误差和改正数。即

$$\begin{cases} \Delta_i = X - L_i \\ v_i = \overline{L} - L_i \end{cases} \quad i=1,2,\cdots,n \tag{5-26}$$

两式相减，有

$$\Delta_i - v_i = X - \overline{L}(i=1,2,\cdots,n) \tag{5-27}$$

令 $\delta = \overline{L} - X$，得

$$\Delta_i = \delta + v_i(i=1,2,\cdots,n) \tag{5-28}$$

对上式两端平方后，再对各次观测值求和，则有

$$[\Delta\Delta] = n\delta^2 + 2[v]\delta + [vv] \tag{5-29}$$

上式中，根据观测值改正数的性质，$[v] = 0$。而

$$\delta = \overline{L} - X = \frac{[L]}{n} - X = \frac{[L-X]}{n} = \frac{[\Delta]}{n} \qquad (5-30)$$

则式（5-29）变为

$$[\Delta\Delta] = n \cdot \left(\frac{[\Delta]}{n}\right)^2 + [VV] \qquad (5-31)$$

即

$$[\Delta\Delta] = \frac{[\Delta]^2}{n} + [VV] \qquad (5-32)$$

这时

$$[\Delta]^2 = (\Delta_1 + \Delta_2 + \cdots + \Delta_n)^2 = \Delta_1^2 + \Delta_2^2 + \cdots + \Delta_n^2 + 2\Delta_1\Delta_2 + 2\Delta_2\Delta_3 + \cdots$$
$$= [\Delta\Delta] + 2[\Delta_i\Delta_j] \qquad (5-33)$$

故

$$\frac{[\Delta]^2}{n} = \frac{[\Delta\Delta]}{n} + 2\frac{[\Delta_i\Delta_j]}{n} \qquad (5-34)$$

式中的 $\dfrac{[\Delta_i\Delta_j]}{n}$ 是不同观测值之间的协方差。因各观测值独立，所以

$$\frac{[\Delta_i\Delta_j]}{n} = 0 \qquad (5-35)$$

此时的式（5-32）为

$$[\Delta\Delta] = \frac{[\Delta\Delta]}{n} + [VV] \qquad (5-36)$$

整理得

$$(n-1)[\Delta\Delta] = n[VV] \qquad (5-37)$$

即

$$\frac{[\Delta\Delta]}{n} = \frac{[VV]}{(n-1)} = m^2 \qquad (5-38)$$

最后可得

$$m = \pm\sqrt{\frac{[VV]}{(n-1)}} \qquad (5-39)$$

上式就是利用观测值改正数计算中误差的公式，称为白塞尔公式。

在等精度观测中，当以观测值的算术平均值作为一组观测值的最后结果时，算术平均值的中误差为

$$m_{\overline{L}} = \pm \sqrt{\frac{[vv]}{n(n-1)}} \qquad\qquad (5\text{-}40)$$

式中，n 为观测次数。本公式将在 5.4 节中予以证明。

【例 5-2】设用测距仪测量某距离 6 个测回，观测值列于表 5-3 中，求观测值中误差、算术平均值及其中误差。

利用改正数计算中误差　　　　　　　　　　　　　　　　　表 5-3

测回	观测值（m）	Δ(mm)	$\Delta\Delta$	计算
1	168.152	-1	1	
2	168.153	-2	4	
3	168.149	2	4	$m = \sqrt{\dfrac{[vv]}{n-1}} = \sqrt{\dfrac{47}{5}} = 3.1\text{mm}$
4	168.148	3	9	$m_{\overline{L}} = \dfrac{m}{\sqrt{n}} = 1.3\text{mm}$
5	168.155	-5	25	
6	168.149	2	4	
Σ	$\overline{L} = 168.151\text{m}$	0	47	

解：（1）求各观测值的和，计算算术平均值 $\overline{L}$ 。

（2）计算观测值改正数 $v_i = \overline{L} - L_i$ ；检核 $[v] = 0$ 。

（3）计算观测值中误差 m ，算术平均值中误差 $m_{\overline{L}}$ 。

5.3.2 相对误差

由于中误差和真误差都是通过误差数值的大小来反映测量结果的精度，因此它们都属于绝对误差。但是，对于某些观测结果，有时单纯地用绝对误差还不能完全表达测量精度的优劣。例如，分别测量长度为 100m 和 200m 的两段距离，计算的中误差皆为 $\pm 2\text{mm}$ 。显然，我们不能简单地认为这两段距离的测量精度是相同的。为了更客观地衡量精度，还必须引入相对误差的概念。

相对误差 K 是绝对误差的绝对值与观测值 D 之比。它是一个不名数，通常以分子为 1 的分式来表示。其中，当绝对误差为中误差时，K 称为相对中误差。即

$$K = \frac{|m|}{D} = \frac{1}{\dfrac{D}{|m|}} \qquad\qquad (5\text{-}41)$$

上例中的两个测量成果如果用相对误差表示，分别为 $\dfrac{1}{50000}$ 和 $\dfrac{1}{100000}$ 。很明显，后者的精度高于前者。

在距离测量中，还往往用往返测的相对较差来进行检核。相对较差定义为

$$K = \frac{|D_{往} - D_{返}|}{D_{平均}} = \frac{|\Delta D|}{D_{平均}} = \frac{1}{\dfrac{D_{平均}}{|\Delta D|}} \qquad\qquad (5\text{-}42)$$

相对较差是相对真误差，它反映往返测量的相对符合程度，作为测量结果的检核。显然，相对较差越小，观测结果越可靠。

特别值得注意的是，不能用相对误差的概念来衡量测角精度和测高差精度，这是因为

角度观测值是两个方向观测值之差，高差观测值为前、后两尺读数之差，二者都不是严格意义上的直接观测结果。

5.3.3　极限误差和容许误差

中误差作为衡量观测精度的重要指标，是一种概率误差。具体地说，不代表个别观测值误差的大小，而是从统计的角度，表征误差整体分布的离散程度的大小。根据正态分布概率密度曲线，中误差符号 m 是曲线拐点 σ 在横轴的坐标，所以中误差表示观测误差 Δ 落入区间 $(-\sigma,\sigma)$ 的概率。

因为观测误差 Δ 落入某个区间 (a,b) 的概率，等于该区间上概率密度曲线与横轴所围成的面积。即

$$P\{a<\Delta<b\}=\int_a^b f(\Delta)\mathrm{d}\Delta=\frac{1}{\sqrt{2\pi}m}\int_a^b e^{-\frac{\Delta^2}{2m^2}}\mathrm{d}\Delta \tag{5-43}$$

根据正态分布，以拐点为单位，观测误差 Δ 落入 $(-m,m)$、$(-2m,2m)$ 和 $(-3m,3m)$ 的概率分别为

$$\left.\begin{aligned}P\{-m<\Delta<m\}&=68.3\%\\P\{-2m<\Delta<2m\}&=95.5\%\\P\{-3m<\Delta<3m\}&=99.7\%\end{aligned}\right\} \tag{5-44}$$

上式表明：在相同观测条件下进行无数多次观测时，观测误差落入区间 $(-m,m)$ 的概率是 0.683。落入 2 倍中误差区间 $(-2m,2m)$ 的概率为 0.955；落入 3 倍中误差区间 $(-3m,3m)$ 的概率是 0.997。这意味着，绝对值大于 2 倍中误差的偶然误差出现的概率为 0.045，大于 3 倍中误差的偶然误差出现的概率仅为 0.003。特别是大于 3 倍中误差的事件，在概率上属于接近于零的小概率事件，或者说是实际上不可能发生的事件。

同时，偶然误差的特性表明，在一定的观测条件下，偶然误差的绝对值不会超过一定的限值。结合该结论，可以认定 $3m$ 是误差实际出现的极限。因此，我们定义 $3m$ 为极限误差

$$\Delta_{极限}=3m \tag{5-45}$$

测量实践中，是在极限误差范围内利用容许误差对偶然误差的大小进行限制的。在实际应用中，常以 2 倍或 3 倍中误差作为偶然误差的容许值（不同的测量规范规定有差异），称为容许误差，即

$$\Delta_{容}=2m \text{ 或 } \Delta_{容}=3m \tag{5-46}$$

上式中的前者要求较严，后者要求较宽。如果观测值中出现了大于容许误差的偶然误差，就可以认为它是粗差，相应的观测值应舍去不用或重测。

5.4　误差传播定律

测量工作中，被测量数据的获取通常有两个途径：一种是借助测量仪器和工具，直接对被测对象进行观测并得到所需的观测值，如距离、高差、水平角等基本测量；另一种方法是针对另一大类几何量，它们无法通过仪器、工具进行直接测量，只能利用直接观测数据，建立被测量与已知量的函数关系，间接计算得到测量结果，我们称这类测量数据为观

测值函数。例如，为测定一个三角形的面积，需要观测距离 D_{AB}、D_{AC} 和夹角 α（图 5-5），进一步根据三角形面积公式

$$S = f(D_{AB}, D_{AC}, \alpha) = \frac{1}{2} D_{AB} \cdot D_{AC} \cdot \sin\alpha \qquad (5\text{-}47)$$

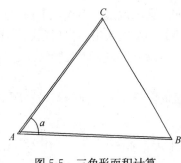

图 5-5 三角形面积计算

可求得三角形面积 S。这里的三角形面积就是距离、角度等的观测值的函数，类似的还有水准路线闭合差、圆面积、多边形内角和等多种情形。

设 L_1、L_2、$\cdots$、L_n 是一组相互独立的观测值，如果未知量 Y 可通过该组观测值以函数的形式表达，即

$$Y = f(L_1, L_2, \cdots, L_n) \qquad (5\text{-}48)$$

我们称 Y 为间接观测值或观测值函数。相对应的，观测值也可称为直接观测值。同时，式（5-48）可以是线性的，也可以是非线性的。

现在提出问题：既然观测值函数是通过观测值以函数的形式计算得到，由于各观测值中不可避免地包含观测误差，那么观测值函数 Y 的计算结果是否会受到这些误差的影响？如果这种影响存在，那么观测值函数的中误差与观测值的中误差之间，是否存在着内在的联系？

答案是明确的。我们把阐述观测值函数与观测值之间中误差关系的定律，称为误差传播定律。本节我们重点就这一规律和几种特殊形式加以说明。

5.4.1 误差传播定律

设几何量 X_1、X_2、$\cdots$、X_n 与几何量 Y 之间满足

$$Y = a_1 X_1 + a_2 X_2 + \cdots + a_n X_n + b \qquad (5\text{-}49)$$

形式的线性关系，式中 a_1、a_2、$\cdots$、a_n、b 为常数。若 X_1、X_2、$\cdots$、X_n 是一组能够直接观测的量，且测得的观测值和相应的中误差为

$$\begin{cases} L_1、L_2、\cdots、L_n \\ m_1、m_2、\cdots、m_n \end{cases} \qquad (5\text{-}50)$$

由观测值可得观测值函数

$$L_Y = a_1 L_1 + a_2 L_2 + \cdots + a_n L_n + b \qquad (5\text{-}51)$$

若将式（5-49）中的 X_1、X_2、$\cdots$、X_n、Y 等视为几何量的真值，则式（5-49）与式（5-51）之差

$$Y - L_Y = a_1(X_1 - L_1) + a_2(X_2 - L_2) + \cdots + a_n(X_n - L_n) \qquad (5\text{-}52)$$

由真误差的定义可知

$$\Delta_Y = a_1\Delta_1 + a_2\Delta_2 + \cdots + a_n\Delta_n \qquad (5\text{-}53)$$

显然，该式就是观测值与观测值函数的真误差关系式，它表明了线性形式下各个观测值的误差对观测值函数结果的影响。

真误差仅是描述个体观测值与真值的差别，若阐述观测值的精度对观测值函数精度的影响，二者的真误差关系式无法表达精度关系。为此，需要从中误差定义式出发，对式（5-53）进一步解析。

首先，将式（5-53）两端平方

$$\Delta_Y^2 = (a_1\Delta_1 + a_2\Delta_2 + \cdots + a_n\Delta_n)^2 \tag{5-54}$$

展开得

$$\Delta_Y^2 = a_1^2\Delta_1^2 + a_2^2\Delta_2^2 + \cdots + a_n^2\Delta_n^2 + 2a_1a_2\Delta_1\Delta_2 + 2a_2a_3\Delta_2\Delta_3 + \cdots \tag{5-55}$$

其次，相同观测条件下，如果对几何量 X_1、X_2、$\cdots$、X_n 进行多次重复观测，就会得到多组形如上式的观测值函数。将全部的观测值函数求和，便有

$$[\Delta_Y\Delta_Y] = a_1^2[\Delta_1\Delta_1] + a_2^2[\Delta_2\Delta_2] + \cdots + a_n^2[\Delta_n\Delta_n] + 2a_1a_2[\Delta_1\Delta_2] + 2a_2a_3[\Delta_2\Delta_3] + \cdots \tag{5-56}$$

设重复观测次数为 m，则上式的平均值为

$$\frac{[\Delta_Y\Delta_Y]}{m} = a_1^2\frac{[\Delta_1\Delta_1]}{m} + a_2^2\frac{[\Delta_2\Delta_2]}{m} + \cdots + a_n^2\frac{[\Delta_n\Delta_n]}{m} + 2a_1a_2\frac{[\Delta_1\Delta_2]}{m} + 2a_2a_3\frac{[\Delta_2\Delta_3]}{m} + \cdots \tag{5-57}$$

根据概率统计知识分析上式各项可见，$\dfrac{[\Delta_i\Delta_i]}{m}$ 是观测值 L_i 的方差，$\dfrac{[\Delta_i\Delta_j]}{m}$ 是观测值 L_i、L_j 的协方差。由于观测值 L_1、L_2、$\cdots$、L_n 之间相互独立，故其中任意两个不同观测值的协方差必然为 0，即

$$\frac{[\Delta_i\Delta_j]}{m} = 0, i \neq j \tag{5-58}$$

此时式（5-57）就是

$$\frac{[\Delta_Y\Delta_Y]}{m} = a_1^2\frac{[\Delta_1\Delta_1]}{m} + a_2^2\frac{[\Delta_2\Delta_2]}{m} + \cdots + a_n^2\frac{[\Delta_n\Delta_n]}{m} \tag{5-59}$$

即

$$m_Y^2 = a_1^2 m_1^2 + a_2^2 m_2^2 + \cdots + a_n^2 m_n^2 \tag{5-60}$$

上式就是根据相互独立观测值的中误差计算得到的线性观测值函数中误差公式，它表述了观测值的精度对观测值函数精度的影响关系。

归纳起来，线性观测值函数的中误差计算过程可分为以下步骤：

（1）根据观测值与被测量的关系，建立形如式（5-51）的线性观测值函数；

（2）得到式（5-53）的观测值与观测值函数的真误差关系式；

（3）导出观测值函数的中误差与观测值中误差的函数式式（5-60）；

（4）计算观测值函数的中误差。

5.4.2　误差传播定律的实际应用

误差传播定律在测绘领域应用十分广泛。利用它不仅可以求得观测值函数的中误差，而且还可以确定容许误差值以及分析观测可能达到的精度等。下面通过例题说明误差传播定律的几种具体形式和应用方法。

1. 倍乘函数

$$Y = kX \tag{5-61}$$

形如式（5-61）的函数称为倍乘函数。式中的 k 为常数。

【例 5-3】利用水准仪进行视距测量时，测得尺间隔 $l = 0.745\mathrm{m}$，中误差 $m_l = 0.2\mathrm{mm}$。求实地水平距离 D 及其中误差 m_D。

解：根据视距测量公式 $D=kl(k=100)$ 可知，水平距离

$$D=100\times 0.745=74.5\text{m}$$

由观测值函数可得二者真误差

$$\Delta_D=k\Delta_l$$

故实地距离的中误差为

$$m_D=km_l=100\times 0.2=20\text{mm}$$

2. 和差函数

由多个变量通过简单的加减运算构成的函数，即

$$Y=X_1\pm X_2\pm\cdots\pm X_n \tag{5-62}$$

【例 5-4】对一个三角形观测了其中 α、β 两个内角，测角中误差分别为 $m_\alpha=3''$，$m_\beta=4''$；按公式 $\gamma=180°-\alpha-\beta$ 求得另一个内角 γ。试求 γ 角的中误差 m_γ。

解：对给定的公式全微分，得

$$\text{d}\gamma=-\text{d}\alpha-\text{d}\beta$$

用 Δ 代替 d，即

$$\Delta_\gamma=-\Delta_\alpha-\Delta_\beta$$

最后有

$$m_\gamma=\sqrt{m_\alpha^2+m_\beta^2}=\sqrt{3^2+4^2}=5''$$

3. 一般线性函数

线性函数是指由多个变量构成的具有线性关系的函数，即

$$Y=k_1X_1\pm k_2X_2\pm\cdots\pm k_nX_n \tag{5-63}$$

它与和差函数相似，区别仅在于各变量的系数不全为 1。

【例 5-5】对某量等精度观测 n 次，其各次观测值为 $L_i(i=1,2,\cdots,n)$。求观测值中误差、算术平均值及其中误差。

解：观测值的算术平均值：

$$\overline{L}=\frac{[L]}{n}$$

由于是等精度观测，根据白塞尔公式，可得观测值的中误差为

$$m=\sqrt{\frac{[vv]}{n-1}}$$

因算术平均值为

$$\overline{L}=\frac{[L]}{n}=\frac{1}{n}L_1+\frac{1}{n}L_2+\cdots+\frac{1}{n}L_n$$

则全微分得

$$\text{d}\overline{L}=\frac{1}{n}\text{d}L_1+\frac{1}{n}\text{d}L_2+\cdots+\frac{1}{n}\text{d}L_n$$

即

$$\Delta_{\overline{L}} = \frac{1}{n}\Delta_1 + \frac{1}{n}\Delta_2 + \cdots + \frac{1}{n}\Delta_n$$

比照式（5-56）和式（5-57），得算术平均值的中误差

$$m_{\overline{L}}^2 = \frac{m_1^2}{n^2} + \frac{m_2^2}{n^2} + \cdots + \frac{m_n^2}{n^2} = \frac{n \cdot m^2}{n^2} = \frac{m^2}{n}$$

即

$$m_{\overline{L}} = \pm \frac{m}{\sqrt{n}} = \sqrt{\frac{[VV]}{n(n-1)}} \tag{5-64}$$

该式就是等精度观测值算术平均值的中误差。

由上式可见，算术平均值的中误差与观测次数的平方根成反比。因此，增加观测次数可以提高算术平均值的精度。但当观测次数达到一定数值（例如 $n=10$）后，再增加观测次数，工作量增加而精度提高的效果就不明显了（图 5-6）。所以，不能单纯靠增加观测次数来提高测量成果的精度，还应通过提高观测条件来提高观测精度。

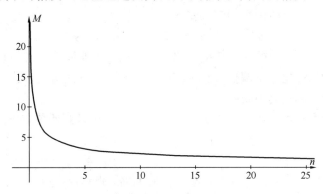

图 5-6　观测次数对算术平均值中误差的影响

5.4.3　非线性观测值函数中误差的计算 * [1]

以上讨论的观测值倍乘函数、和差函数等都是线性函数，在已知观测值中误差的情况下，按照误差传播定律，可计算得到观测值函数的中误差。现实工作中，被测量与观测值之间呈线性关系的仅有一小部分，更多的情况则是被测量是观测值的非线性函数，如三角形面积、坐标增量、余弦公式等。

非线性函数的形式、结构多种多样，缺少线性函数的规律性，故无法利用误差传播定律计算观测值函数结果的精度。为此，对于非线性形式的观测值函数，需要先将其近似展开为线性函数，再通过误差传播定律计算中误差。

设 X_1、X_2、$\cdots$、X_n 是一组独立的几何量，其与几何量 Y 之间满足一般的函数关系

$$Y = f(X_1, X_2, \cdots, X_n) \tag{5-65}$$

若对 X_1、X_2、$\cdots$、X_n 测得的观测值和相应的中误差为

---

[1]　＊表示选读章节。

$$\begin{cases} L_1 、 L_2 、 \cdots 、 L_n \\ m_1 、 m_2 、 \cdots 、 m_n \end{cases} \tag{5-66}$$

首先，对函数在 $L_1 、 L_2 、 \cdots 、 L_n$ 处全微分，得

$$\mathrm{d}Y = \frac{\partial Y}{\partial X_1}\bigg|_{X_1=L_1} \mathrm{d}X_1 + \frac{\partial Y}{\partial X_2}\bigg|_{X_2=L_2} \mathrm{d}X_2 + \cdots + \frac{\partial Y}{\partial X_n}\bigg|_{X_n=L_n} \mathrm{d}X_n \tag{5-67}$$

其次，根据高等数学，$\mathrm{d}X, \mathrm{d}Y$ 代表相应变量的增量，结合测量误差的定义，二者相当于工程实际中的误差；系数 $\frac{\partial Y}{\partial X_i}\big|_{X_i=L_i}$ 表示函数 Y 对变量 X_i 在 $X_i = L_i$ 处的偏导数值。故设

$$\begin{cases} \Delta_i = \mathrm{d}X_i, i = 1,2,\cdots,n \\ \Delta_Y = \mathrm{d}Y \\ f_i = \dfrac{\partial Y}{\partial X_i}\bigg|_{X_i=L_i}, i = 1,2,\cdots,n \end{cases} \tag{5-68}$$

这时的全微分关系式可写为

$$\Delta_Y = f_1\Delta_1 + f_2\Delta_2 + \cdots + f_n\Delta_n \tag{5-69}$$

该式即为与式（5-53）相同的观测值函数的真误差关系式。

最后可得非线性观测值函数的中误差

$$m_Y^2 = a_1^2 m_1^2 + a_2^2 m_2^2 + \cdots + a_n^2 m_n^2 \tag{5-70}$$

这就是一般观测值函数的误差传播定律。可见，对于非线性形式的观测值函数，可根据全微分公式进行线性化，将偏导数在观测值处的值作为线性函数系数，带入误差传播定律公式中求得观测值函数的中误差。

【例 5-6】 三角高程测量中，已知 $h = D \cdot \tan\alpha$。其中，观测值 $D = 120.25\mathrm{m}$，$m_D = 0.05\mathrm{m}$；$\alpha = 12°47'00''$，$m_\alpha = 30''$。求高差 h 及其中误差 m_h。

解：（1）高差

$$h = D \cdot \tan\alpha = 120.25 \times \tan12°47'00'' = 27.283\mathrm{mm}$$

（2）因平距 D 和竖直角 α 之间是非线性关系，故仿照误差传播定律的推导过程，对于非线性函数，首先对其线性化，得

$$\mathrm{d}h = \tan\alpha \cdot \mathrm{d}D + D\sec^2\alpha \cdot \mathrm{d}\alpha$$

用真误差的形式表示，即

$$\Delta_h = \tan\alpha \cdot \Delta_D + D\sec^2\alpha \cdot \Delta_\alpha \tag{5-71}$$

最后，高差中误差为

$$\begin{aligned} m_h &= \pm\sqrt{(\tan\alpha)^2 \cdot m_D^2 + (D\sec^2\alpha)^2 \cdot \left(\frac{m_\alpha}{\rho''}\right)^2} \\ &= \pm\sqrt{(\tan12°47'00'')^2 \times 0.05^2 + (120.25 \times \sec^2 12°47'00'')^2 \cdot \left(\frac{30''}{206265''}\right)^2} \\ &= \pm0.02\mathrm{m} \end{aligned} \tag{5-72}$$

上面的解算过程中，特别值得注意的是量纲一致性。在式（5-70）中，等式右侧的第二项与等式左侧的单位不同，为保证其与左侧变量单位一致，需要将其中的以秒为单位的 Δ_α 转换为以弧度为单位，故有式（5-72）中的 $\frac{m_\alpha}{\rho}$ 的变化，否则结果将与实际严重不符。

为便于对误差传播定律的理解与应用，我们把以上几种情况中函数模型与对应的中误差计算公式归纳总结，具体参见表 5-4。

各类观测值函数的中误差　　　　　　　　　　　表 5-4

函数类型	函数模型	中误差计算公式
倍乘函数	$Y = kX$	$m_Y = km_X$
和差函数	$Y = X_1 \pm X_2 \pm \cdots \pm X_n$	$m_Y = \pm\sqrt{m_1^2 + m_2^2 + \cdots + m_n^2}$
线性函数	$Y = k_1X_1 \pm k_2X_2 \pm \cdots \pm k_nX_n$	$m_Y = \pm\sqrt{k_1^2m_1^2 + k_2^2m_2^2 + \cdots + k_n^2m_n^2}$
一般函数	$Y = f(X_1, X_2, \cdots, X_n)$	$m_Y^2 = \left(\dfrac{\partial f}{\partial X_1}\bigg|_{L_1}\right)^2 m_1^2 + \left(\dfrac{\partial f}{\partial X_2}\bigg|_{L_2}\right)^2 m_2^2 + \cdots + \left(\dfrac{\partial f}{\partial X_n}\bigg|_{L_n}\right)^2 m_n^2$

非线性函数线性化除采用全微分外，还可以利用泰勒公式将非线性函数展开成多项式，舍去观测值二次项以上的高次项，这时的保留部分与上述结果完全相同。由此可见，非线性函数的线性化，实现了不同观测值函数的线性统一，也使观测值到观测值函数的精度传播更显得有规律可言。

5.5　误差理论在测量中的应用

误差理论是测绘学科中测量数据处理和质量控制方面的重要组成部分。无论是传统测量，还是现代 GNSS、无人机、激光扫描等高新测量技术，乃至高精度自动化数字化数据采集和数据处理，误差处理都是不可缺少的。本节结合测量工作中的一些典型内容，介绍误差理论的具体应用。

1. 四等水准测量往返测高差较差的推导

《国家三、四等水准测量规范》GB/T 12898—2009 要求，四等水准测量中，测段、路线往返测高差不符值不超过 $20\sqrt{K}$ mm（K 为测段或路线长度，以 "km" 为单位）。

一条水准测量测段或路线的观测高差等于各测站高差的代数和，即

$$\sum h = h_1 + h_2 + \cdots + h_n \tag{5-73}$$

因各测站观测高差可视为等精度观测值，若设每测站观测高差中误差均为 $m_{站}$，根据误差传播定律，测段或路线观测高差中误差为

$$m_{\Sigma h} = m_{站}\sqrt{n} \tag{5-74}$$

式中，n 为测段或路线测站数。

设水准测量的测段或路线长度为 K，s 是各测站的平均长度，那么二者与测站数 n 之间满足

$$n = \frac{K}{s} \tag{5-75}$$

带入式（5-74）中，得

$$m_{\Sigma h} = m_{站}\sqrt{\frac{K}{s}} \tag{5-76}$$

显然，若取 $K=1\mathrm{km}$，则 $\dfrac{1}{s}$ 表示 1km 长度的测站数。设 1km 长度高差观测中误差为 $m_{公里}$，则

$$m_{公里}=m_{站}\sqrt{\dfrac{1}{s}} \tag{5-77}$$

故

$$m_{\Sigma h}=m_{站}\sqrt{\dfrac{K}{s}}=m_{站}\sqrt{\dfrac{1}{s}}\cdot\sqrt{K}=m_{公里}\sqrt{K} \tag{5-78}$$

规范规定，四等水准测量每公里的中误差 $m_{公里}=\pm 5\mathrm{mm}$。因此，单程高差中误差应为 $m'_{公里}=\pm 5\sqrt{2}\mathrm{mm}$；进一步的，单程路线或测段高差中误差应为

$$m'_{\Sigma h}=m'_{公里}\sqrt{K}=\pm 5\sqrt{2}\cdot\sqrt{K}\mathrm{mm} \tag{5-79}$$

在此基础上，往返观测的高差较差中误差

$$m'_{\Delta h}=\sqrt{2}m'_{\Sigma h}=\pm 10\sqrt{K}\mathrm{mm} \tag{5-80}$$

取 2 倍中误差为容许误差，则路线或测段往返观测的较差容许误差为

$$f_{\Delta h容}=2m'_{\Delta h}=\pm 20\sqrt{K}\mathrm{mm} \tag{5-81}$$

2. 利用三角形闭合差计算测角中误差

利用三角形内角和真值已知这一前提，结合误差传播定律，可导出角度观测中误差计算公式。

设对某三角形 ΔABC 的三个内角观测 n 组，得等精度观测值 $A_i,B_i,C_i(i=1,2,\cdots,n)$。根据每组观测值，可分别计算三角形真误差（闭合差）为

$$\Delta_i=180°-(A_i+B_i+C_i) \quad i=1,2,\cdots,n \tag{5-82}$$

根据中误差计算公式，得该组观测值的中误差为

$$m_\Delta=\pm\sqrt{\dfrac{[\Delta\Delta]}{n}} \tag{5-83}$$

由于各内角观测值为等精度观测，故设 $m_A=m_B=m_C=m_角$，由式（5-82）可得三角形闭合差与观测值之间的中误差关系

$$m_\Delta=\sqrt{m_A^2+m_B^2+m_C^2}=m_角\sqrt{3} \tag{5-84}$$

带入式（5-83）中

$$m_角\sqrt{3}=\pm\sqrt{\dfrac{[\Delta\Delta]}{n}} \tag{5-85}$$

即

$$m_角=\pm\sqrt{\dfrac{[\Delta\Delta]}{3n}} \tag{5-86}$$

该式称菲列罗公式，在三角测量中经常用来初步判定测角的精度。

3. 坐标测量的点位中误差

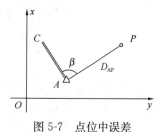

图 5-7　点位中误差

测量中，点的平面位置是用一对平面直角坐标 (x,y) 来确定的。利用全站仪或其他方法测量点的平面坐标时，由于观测误差的存在，实际测得的位置，与其真实位置之间并不重合，这种差异，称为点位真误差，用 ΔP 表示；由其计算得到的中误差，称为点位中误差，以 m_P 表示。

如图 5-7 所示，设 $A(x_A,y_A)$ 点为已知点，α_{AC} 为已知方

向，均为不含误差的真值；为求未知点 P 的坐标 $P(x_\mathrm{P}, y_\mathrm{P})$，测得 AP 的水平距离 D_AP，$\angle CAP$ 的水平角为 β，若测距误差和测角误差分别为 m_D 和 m_β，根据坐标正算公式，得

$$\left.\begin{array}{l} x_\mathrm{P} = x_\mathrm{A} + D_\mathrm{AP}\cos\alpha_\mathrm{AP} \\ y_\mathrm{P} = y_\mathrm{A} + D_\mathrm{AP}\sin\alpha_\mathrm{AP} \end{array}\right\} \tag{5-87}$$

因

$$\alpha_\mathrm{AP} = \alpha_\mathrm{AC} + \beta \tag{5-88}$$

则 P 点坐标为

$$\left.\begin{array}{l} x_\mathrm{P} = x_\mathrm{A} + D_\mathrm{AP}\cos(\alpha_\mathrm{AC} + \beta) \\ y_\mathrm{P} = y_\mathrm{A} + D_\mathrm{AP}\sin(\alpha_\mathrm{AC} + \beta) \end{array}\right\} \tag{5-89}$$

考虑到已知点和已知方向均无误差，对上式求全微分，得

$$\left.\begin{array}{l} \mathrm{d}x_\mathrm{P} = \cos(\alpha_\mathrm{AC} + \beta)\mathrm{d}D_\mathrm{AP} - D_\mathrm{AP}\sin(\alpha_\mathrm{AC} + \beta)\mathrm{d}\beta \\ \mathrm{d}y_\mathrm{P} = \sin(\alpha_\mathrm{AC} + \beta)\mathrm{d}D_\mathrm{AP} + D_\mathrm{AP}\cos(\alpha_\mathrm{AC} + \beta)\mathrm{d}\beta \end{array}\right\} \tag{5-90}$$

由误差传播率可得点 P 的坐标中误差为

$$\left\{\begin{array}{l} m_{x_\mathrm{P}} = \sqrt{\cos^2(\alpha_\mathrm{AC} + \beta)m_\mathrm{D}^2 + [D_\mathrm{AP}\sin(\alpha_\mathrm{AC} + \beta)]^2\left(\dfrac{m_\beta}{\rho}\right)^2} \\ m_{y_\mathrm{P}} = \sqrt{\sin^2(\alpha_\mathrm{AC} + \beta)m_\mathrm{D}^2 + [D_\mathrm{AP}\cos(\alpha_\mathrm{AC} + \beta)]^2\left(\dfrac{m_\beta}{\rho}\right)^2} \end{array}\right. \tag{5-91}$$

很明显，点位真误差 ΔP 在两个坐标轴上的投影，就是 P 点点位真误差的分量误差，即 Δx、Δy。因

$$\Delta P^2 = \Delta x^2 + \Delta y^2 \tag{5-92}$$

故

$$m_\mathrm{P} = \sqrt{m_x^2 + m_y^2} \tag{5-93}$$

将式（5-91）代入，得

$$m_\mathrm{P} = \sqrt{m_\mathrm{D}^2 + D_\mathrm{AP}^2\left(\dfrac{m_\beta}{\rho}\right)^2} \tag{5-94}$$

4. 若干独立偶然误差的联合影响

前已述及，测量观测值中所包含的观测误差，是由观测条件决定的多种类独立误差的综合反映。其中的偶然误差，就包括照准误差、读数误差、目标偏心误差、仪器对中误差等。这些误差的出现呈随机性，且相互之间是独立的。如果它们对观测结果产生的真误差为 $\Delta_1, \Delta_2, L, \Delta_n$，那么观测值的真误差则是它们的代数和，即

$$\Delta = \Delta_1 + \Delta_2 + L + \Delta_n \tag{5-95}$$

因此，如果它们的中误差存在，则有

$$m^2 = m_1^2 + m_2^2 + L + m_n^2 \tag{5-96}$$

可见，观测误差的方差，等于各独立误差的方差之和。

复 习 思 考 题

1. 偶然误差和系统误差有何区别？偶然误差具有哪些特性？

2. 观测值的真误差 Δ_i、观测值的中误差 m 和算术平均值中误差 m_L 有何区别与联系？

3. 何谓中误差、容许误差、相对误差?

4. 某水平角以等精度观测 4 个测回,观测值分别是 55°40′47″、55°40′40″、55°40′42″、55°40′46″,试求观测一测回的中误差、算术平均值及其中误差。

5. 某直线丈量六次,其观测结果分别为 246.52m,246.48m,246.56m,246.46m,246.40m,246.58m。试计算其算术平均值、算术平均值中误差及其相对中误差。

6. 设有一 n 边形,每个角的测角中误差为 $m=10″$,试求该 n 边多角形内角和的中误差。

7. 量得一圆的半径 $R=31.3mm$,其中误差为 0.3mm,求其圆面积及其中误差。

8. 如图 5-8 所示,测得 $a=150.11m$,$m_a=0.05m$,$\angle A=64°24′$,$m_A=1′$,$\angle B=35°10′$,$m_B=2′$,试计算边长 c 及其中误差。

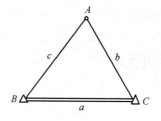

图 5-8　中误差计算

9. 已知四边形各内角的测角中误差为 20″,容许误差为中误差的 2 倍,求该四边形闭合差的容许误差。

第6章 定 向 测 量

在测量中，除了最基本的三项测量工作之外，还有一项重要的工作，即对地面直线的方向予以确定的工作。无论是进行测定工作（地形图的测绘），还是进行测设工作（施工阶段的定位放线测量），为了保证测量工作的正常进行及最终测量成果的精度，都必须事先对地面直线（或对设计轴线进行实地定位）相对于测量工作的标准方向进行准确的位置确定，在测量中根据测区范围的大小，建立适当的测量坐标系，并对各地面直线依测量标准方向进行定位。测量中的标准方向是进行这项工作的依据。

6.1 直 线 定 向

6.1.1 直线定向的概念

在测量工作中，将确定地面直线与测量标准方向之间的角度关系的工作，称为直线定向。直线定向要解决两个问题，即选择标准方向和确定直线与标准方向之间的水平夹角。

6.1.2 标准方向

根据测区范围的大小，进行定向的标准方向主要有下列三种。

1. 真子午线方向

通过地球表面上某点的真子午线的切线方向，称为该点的真子午线方向，其北端所指示的方向称为真北方向。真北方向可通过天文测量的方法或陀螺经纬仪测定，一般用在大地区范围内的直线定向工作，如大地测量、天文测量等测量工作中。虽然各点的真子午线方向是指向真北和真南，然而在经度不同的点上，真子午线方向互不平行，都向两级收敛且会集于两级。

2. 磁子午线方向

通过地球表面上某点的磁子午线的切线方向，称为该点的磁子午线方向，其北端所指示的方向称为该点的磁北方向。磁北方向可通过罗盘仪测定，磁针在地球磁场的作用下，自由静止时其北端所指的方向，一般用于定向精度不高的工作中。同样，不同磁子午线上各点的磁子午线方向不同，也收敛于南北极。

3. 坐标纵轴方向

按高斯投影或其他方法建立平面直角坐标系后，以坐标纵轴北向作为标准方向，又称坐标北方向。我国采用高斯平面直角坐标系，其每一投影带中央子午线的投影为坐标纵轴方向，因此在该带内确定直线方向。如采用假定坐标系，则用假定的坐标纵轴作为标准方向。在一个小范围内的同一平面直角坐标系中，各点处的坐标纵轴方向是相同的。

6.1.3 直线定向的方法——方位角

测量工作中，常采用方位角来表示直线的方向。由标准方向的北端起，顺时针量至某直线的水平夹角，称为该直线的方位角。角值为 $0° \sim 360°$。根据标准方向的不同，方位角又分为真方位角、磁方位角和坐标方位角三种，如图 6-1 所示。

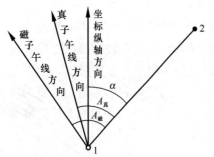

若以坐标纵轴方向为标准方向，则直线 12 的方位角 α 称为该直线的坐标方位角；若以过 1 点的真子午线方向为标准方向，则直线 12 的方位角 $A_真$ 称为该直线的真方位角；若以过 1 点的磁子午线方向为标准方向，则直线 12 的磁方位角 $A_磁$ 称该直线的磁方位角。几种方位角之间的关系如下：

1. 真方位角与磁方位角之间的关系

由于地磁的两极与地球的两极并不重合，因

图 6-1 三种方位角及其关系

此，过地面上某点的真子午线方向与磁子午线方向常不重合，两者之间的夹角称为磁偏角 δ，如图 6-2 所示。磁针北端在真子午线以东时称为东偏，偏于真子午线以西称为西偏。直线的真方位角与磁方位角之间可用式（6-1）换算

$$A_真 = A_磁 + \delta \tag{6-1}$$

式中，磁偏角 δ 值，东偏取正值，西偏取负值。我国磁偏角的变化在 $-10°$ 到 $+6°$ 之间。

2. 真方位角与坐标方位角之间的关系

中央子午线在高斯投影平面上是一条直线，作为该带的坐标纵轴，而其他子午线投影后为收敛于两极的曲线，如图 6-3 所示。图中地面 M、N 点的真子午线方向与中央子午线之间的夹角，称为该点真子午线与中央子午线的收敛角 γ（简称"子午线收敛角"）。在中央子午线以东地区，各点的坐标纵轴偏在真子午线的东侧，γ 取正值；在中央子午线以西地区，γ 为负值。某点的子午线收敛角 γ 可用该点的大地经纬度计算

$$\gamma = (L - L_0) \sin B \tag{6-2}$$

式中，L_0 为中央子午线的经度；L、B 为计算点的经纬度。

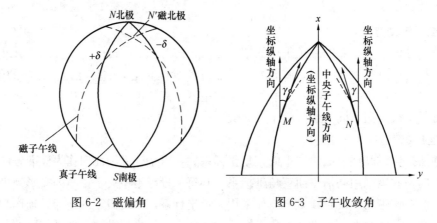

图 6-2 磁偏角　　　　　　　　　图 6-3 子午收敛角

真方位角与坐标方位角之间的关系，可用式（6-3）进行换算

$$A_{真} = \alpha + \gamma \tag{6-3}$$

3. 坐标方位角与磁方位角之间的关系

若已知某点的磁偏角 δ 与子午线收敛角 γ，则坐标方位角与磁方位角之间的换算式为

$$\alpha = A_{真} + \delta - \gamma \tag{6-4}$$

4. 象限角

直线的方向还可以用象限角表示。由标准方向的北端或南端量至某一直线的水平角称为象限角，用 R 表示，象限角的范围为 $0°\sim 90°$。为了确定不同象限中相同 R 值的直线方向，通常将直线的 R 的第一到第四象限分别用北东、南东、南西和北西表示的方位。象限角和方位角的关系如图 6-4 所示。

坐标方位角 α 与象限角 R 的关系如表 6-1 所示。

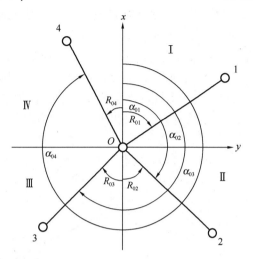

图 6-4 象限角与方位角的关系

象限角与坐标方位角之间的关系 表 6-1

象限	象限角与坐标方位角的关系
I	$\alpha = R$
II	$\alpha = 180° - R$
III	$\alpha = 180° + R$
IV	$\alpha = 360° - R$

6.2 坐标方位角的推算

6.2.1 正反坐标方位角

测量工作中的直线都是具有一定方向的，如图 6-5 所示。直线 12 的 1 点是起点，2 点是终点；通过起点 1 的坐标纵轴方向与直线 12 所夹的坐标方位角 α_{12}，称为直线 12 的正坐标方位角。过终点 2 的坐标纵轴方向与直线 21 所夹的坐标方位角，称为直线 12 的反坐标方位角（是直线 21 的正坐标方位角）。在同一高斯平面直角坐标系内，各点处坐标北方向均是平行的，所以一条直线的正、反坐标方位角相差 $180°$，即

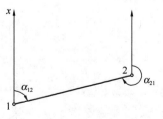

图 6-5 正、反坐标方位角

$$\alpha_{21} = \alpha_{12} \pm 180° \tag{6-5}$$

由于地面上各点的真（或磁）子午线收敛于两极，并不平行，致使直线的正真（或磁）方位角不与反真（或磁）方位角互差 $180°$，给测量计算带来不便，故在小地区测量工作中，直线的定向多采用坐标方位角。

6.2.2 坐标方位角的推算

为了整个测区坐标系统的统一，测量工作中并不直接测定每条边的方向，而是通过与已知点（其坐标值已知）的连测，观测相关的水平角和距离，以推算出各边的坐标方位角，计算直线边的坐标增量，而后再推算各待定点的坐标。

如图 6-6 所示，A、B 为两已知点，为确定 $B1$、12 两直线的坐标方位角，用经纬仪测定 B、1 两点处的水平角。图中沿前进方向 A-B-1-2 左侧的水平角称为左角，如 $\beta_{B(左)}$、$\beta_{1(左)}$；沿前进方向右侧的水平角称为右角，如 $\beta_{B(右)}$、$\beta_{1(右)}$。

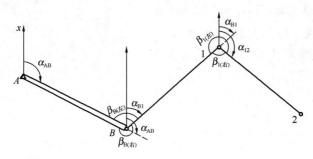

图 6-6　坐标方位角的推算

为计算 α_{B1}，在 B 点延长直线 AB 方向，设该方向与 $B1$ 方向间的夹角为 θ。可以看出，待求坐标方位角 α_{B1} 与已知坐标方位角 α_{AB} 之间相差 θ，而 θ 可据已测得的 B 点水平角 $\beta_{B(左)}$ 或 $\beta_{B(右)}$ 与 $180°$ 之差求得。据此，推算坐标方位角的公式为

$$\alpha_{B1} = \alpha_{AB} + \beta_{B(左)} \pm 180° \tag{6-6}$$

或

$$\alpha_{B1} = \alpha_{AB} - \beta_{B(右)} \pm 180° \tag{6-7}$$

用左角推算坐标方位角时，式中 $180°$ 前多取"$-$"号；用右角推算坐标方位角时，式中 $180°$ 前多取"$+$"号。要根据具体情况确定"$+$"还是"$-$"，使推算的方位角值在 $0°\sim360°$ 范围内。

观测上面规律可以写出观测左角时的方位角推算公式为

$$\alpha_{前} = \alpha_{后} + \beta_{左} - 180° \tag{6-8}$$

若观测右角时的方位角推算公式为

$$\alpha_{前} = \alpha_{后} - \beta_{右} + 180° \tag{6-9}$$

综合上式得出，推算方位角的一般公式为

$$\alpha_{前} = \alpha_{后} \pm \beta_{左(右)} \mp 180° \tag{6-10}$$

式中，β 为左角时取正号，右角时取负号。

6.3　坐标正算、反算

地面上任意两点在平面直角坐标系中的相对位置，如图 6-7 所示，可以用以下两种方法确定。

1. 直角坐标表示法

直角坐标表示法为用两点间的坐标增量 $\Delta x, \Delta y$ 表示。

2. 极坐标表示法

极坐标表示法为用两点间连线的坐标方位角 α 和水平距离 D 来表示。

6.3.1 坐标正算

两点间的平面位置关系由极坐标转化为直角坐标，称为坐标正算，即已知两点间的坐标方位角 α 和水平距离 D，计算两点间的坐标增量 $\Delta x, \Delta y$，其计算公式为

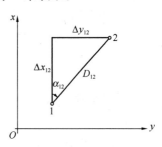

图 6-7 直角坐标与极坐标

$$\Delta x_{12} = x_2 - x_1 = D_{12} \cdot \cos\alpha_{12}$$
$$\Delta y_{12} = y_2 - y_1 = D_{12} \cdot \sin\alpha_{12}$$

(6-11)

上式中，$\sin$ 和 $\cos$ 函数值有正负号，因此算得的坐标增量同样有正、有负。坐标增量正、负号的规律见表 6-2。

坐标增量正、负号的规律　　　　　　表 6-2

象限	方位角范围	Δx	Δy
I	$0°\sim90°$	+	+
II	$90°\sim180°$	−	+
III	$180°\sim270°$	−	−
IV	$270°\sim360°$	+	−

6.3.2 坐标反算

两点间的平面位置关系由直角坐标转化为极坐标，称为坐标反算，即已知两点的直角坐标（或坐标增量 Δx，Δy），计算两点间的坐标方位角 α 和水平距离 D，其计算公式为

$$D_{12} = \sqrt{\Delta x_{12}^2 + y_{12}^2}$$
$$R_{12} = \arctan \left| \frac{y_2 - y_1}{x_2 - x_1} \right|$$

(6-12)

由于，坐标方位角值域为 $0°\sim360°$，反正切函数值域为 $-90°\sim90°$，两者不一致，计算坐标方位角时，计算器上得到的是象限角，实际应用时，应根据表 6-1 和表 6-2 将 R_{12} 换算为坐标方位角 α_{12}。

6.3.3 综合应用

如图 6-8 所示，A、B 为已知点，坐标值为 $x_A = 6048.265\text{m}$，$y_A = 3231.512\text{m}$；$x_B = 5802.635\text{m}$，$y_B = 3420.771\text{m}$。利用全站仪观测了水平角 $\beta = 98°25'38''$，水平距离 $D_{BC} = 51.283\text{m}$，试计算 C 点的坐标值。

（1）利用坐标反算公式，计算 α_{AB}

先计算坐标增量 $\Delta x_{AB} = -245.630\text{m}$，$\Delta y_{AB} = +189.512\text{m}$，根据表 6-2 可知，$\alpha_{AB}$ 位于第 II 象限。再计算象限角 R_{AB}

$$R_{AB} = \left| \arctan \frac{\Delta y_{AB}}{\Delta x_{AB}} \right| = 37°36'52'';$$ 根据表 6-1

可知，$\alpha_{AB} = 180° - R_{AB} = 142°23'08''$。

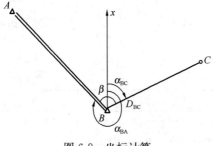

图 6-8 坐标计算

（2）根据公式（4-10）计算 α_{BC}

$$\alpha_{BC} = \alpha_{AB} + \beta - 180° = 60°48'46''$$

（3）利用坐标正算公式计算 $\Delta x, \Delta y$

$$\Delta x_{BC} = D_{BC} \cdot \cos\alpha_{BC} = +25.009\text{m}$$

$$\Delta y_{BC} = D_{BC} \cdot \sin\alpha_{BC} = +44.772\text{m}$$

则 C 点坐标为 $x_C = x_B + \Delta x_{BC} = 5827.644\text{m}$，$y_C = y_B + \Delta y_{BC} = 3465.543\text{m}$。

复 习 思 考 题

1. 直线定向的标准方向有哪几种？它们之间存在什么关系？坐标方位角 α 与象限角 R 之间转换关系是什么？

2. 已知直线 AB 的坐标方位角为 $155°36'24''$，试求该直线的反方位角。

3. 方位角推算时，如何确定左、右角？

4. 如图 6-9 所示，已知 $\alpha_{AB} = 168°36'$，求其余各边的坐标方位角。

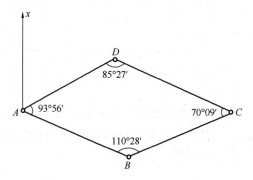

图 6-9　坐标方位角 1

5. 如图 6-10 所示，已知 $\alpha_{AB} = 257°24'36''$，观测的水平夹角 $\alpha = 93°24'38''$，$\beta = 158°36'18''$，$\gamma = 241°48'08''$，试求其他各边的坐标方位角。

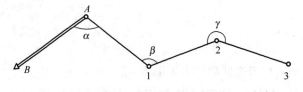

图 6-10　坐标方位角 2

6. 已知五个控制点的坐标数据如表 6-3 所示，求方位角 α_{12}、α_{13}、α_{14}、α_{15}。计算取位至秒（$''$）。

控制点坐标　　　　　　　　　　　　　　　　　　　　　　　　表 6-3

点名	1	2	3	4	5
x（m）	2357.234	2169.141	2518.483	2017.938	2483.333
y（m）	4218.273	4402.671	4319.275	4158.373	4093.565

7. 已知 A 点坐标为 $x_A = 3700.455m$，$y_A = 2431.782m$，$\alpha_{AB} = 55°51'26''$，$D_{AB} = 138.516m$，试求 B 点坐标。

8. 在某工程项目建设过程中，要利用测区附近已有控制点 A、B，测定现场待定点 C 的坐标。已知控制点坐标为 A（1546.200m，580.430m）、B（1428.350m，642.780m），在 B 点测得左侧转折角 $\angle ABC = 95°47'54''$，水平距离 $D_{BC} = 85.560m$。

（1）利用坐标反算公式计算直线 AB 坐标方位角 α_{AB}。

（2）利用坐标方位角推算公式计算直线 BC 的坐标方位角 α_{BC}。

（3）利用坐标方位角正算公式计算待定点 C 的平面坐标。

第 7 章 控 制 测 量

7.1 控 制 测 量 概 述

测绘工作遵循的基本原则是"从整体到局部""从高级到低级""先控制后碎部"。因此，无论是地形图测绘还是各种工程的施工测量，必须首先建立控制网，进行控制测量，然后在控制网的基础上再进行碎部测量或具体施工测设。

在测绘区域内，选定一些对测绘区域整体具有控制作用的点，称为控制点。这些控制点相互连接所构成的具有一定形状的几何图形，称为控制网。建立并测定控制点的平面坐标(x,y)和高程(H)的工作，称为控制测量。一般来讲，控制测量可分为平面控制测量和高程控制测量。

7.1.1 国家经典控制测量

1. 国家平面控制测量

我国的国家平面控制网采用逐级控制、分级布设的原则，按精度分为一、二、三、四等。先在全国范围内，沿经纬线方向布设一等网，作为全国平面控制的骨干。在一等网内再布设二等全面网，作为全国平面控制的基础。为了其他工程建设的需要，再在二等网的基础上加密三、四等平面控制网。建立平面控制网的经典方法有三角测量和导线测量。如图 7-1 所示，把选定的平面控制点 A、B、C、D、E、F 构成相互连接的三角形，观测所有三角形的内角，应至少已知一个点的坐标和一条直线的坐标方位角，并至少已知（或观测）一条边长作为起算边，通过计算就可获得各点之间的相对位置或各点的平面坐标。这种三角形的顶点称为三角点，构成的三角网状图形称为三角网，进行的这种控制测量称为三角测量。如图 7-2 所示，把选定的 1、2、3、4、5、6 点用折线连接起来，测量各边边长和各转折角，通过计算同样可以获得控制点的平面坐标。这种控制点称为导线点，进行这种控制测量称为导线测量。

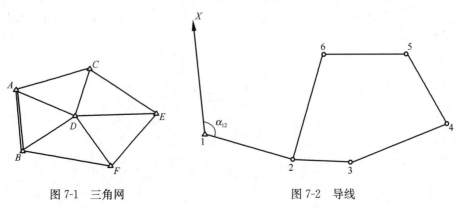

图 7-1　三角网　　　　　　　　图 7-2　导线

国家各级平面控制网是国家各种比例尺测图和工程建设的基本控制网，也为空间科学技术和军事提供精确的点位坐标、距离、方位等资料，并为研究地球形状和大小、地震与气象预报等科学研究提供重要资料。不同等级的国家平面控制网，图形结构、点位精度、点位密度等技术要求不同。图 7-3、图 7-4 为国家一、二等三角控制网的示意图。

2. 国家高程控制测量

在全国领土范围内，由一系列按国家统一规范测定高程的水准点构成的网称为国家水准网。测定国家水准网点高程的工作称国家高程控制测量。国家高程控制测量的经典方法是水准测量。在一些特殊区域也可以采用三角高程测量，但精度较水准测量低。

国家水准测量按逐级控制、分级布设的原则分为一、二、三、四等，如图 7-5 所示，其中一、二等水准测量用高精度水准仪和精密水准测量方法测量，其成果作为全国范围的高程控制和科学研究应用。三、四等水准测量除了用于国家高程控制网的加密外，在小地区用作建立首级高程控制网，为测绘地形图和各种工程建设提供高程起算数据。

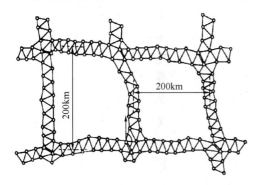 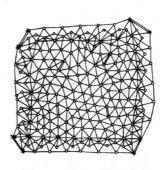 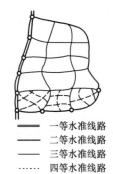

一等水准线路
二等水准线路
三等水准线路
四等水准线路

图 7-3　国家一等三角网（锁）　　图 7-4　国家二等控制网　　图 7-5　国家水准网

7.1.2　GNSS 控制测量

GNSS（Global Navigation Satellite System），又称全球卫星导航系统，是能在地球表面或近地空间的任何地点为用户提供全天候的三维坐标和速度以及时间信息的空基无线电导航定位系统。目前，能够全面提供导航定位的有 4 大卫星导航系统，包括美国的全球定位系统（GPS）、中国的北斗卫星导航系统（BDS）、俄罗斯的格洛纳斯卫星导航系统（GLONASS）和欧盟的伽利略卫星导航系统（GALILEO）。其中 GPS 是世界上第一个建立并用于导航定位的全球系统，BDS 是中国自主建设运行的全球卫星导航系统。

GPS 定位技术采用以地球质心为大地坐标系原点，建立三维直角坐标系，如图 7-6 所示，利用 GPS 接收机通过接受卫星导航信息可以确定地面点的三维直角坐标（X、Y、Z）或大地坐标（L、B、

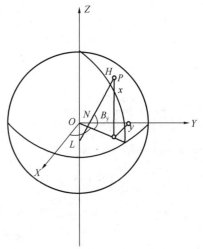

图 7-6　三维直角坐标与大地坐标

H），也可以通过坐标成果转换为高斯平面坐标（x, y）和水准高程（H）。

中国于 1989 年引进 GPS 定位技术，筹建中国的 GPS 控制网。国家质量技术监督局发布实施的《全球定位系统（GPS）测量规范》（2001 版）将 GPS 控制测量分为 AA、A、B、C、D、E 级。其主要技术要求如表 7-1 所示。

《全球定位系统（GPS）测量规范》主要技术要求   表 7-1

级别	固定误差（mm）	比例误差（×10^{-6}）	接收机型号	接收机台数	平均观测时段数	时段长度（min）	平均边长（km）
AA	≤3	≤0.01	双频	≥5	≥10	≥720	1000
A	≤5	≤0.1	双频	≥4	≥6	≥540	300
B	≤8	≤1	双频	≥4	≥4	≥240	70
C	≤10	≤5	双频/单频	≥3	≥2	≥60	10~15
D	≤10	≤10	双频/单频	≥2	≥1.6	≥45	5~10
E	≤10	≤20	双频/单频	≥2	≥1.6	≥40	0.2~5

各级 GPS 测量的用途：

AA 级主要用于全球性的地球动力学研究、地壳变形测量和精密定轨；

A 级主要用于区域性的地球动力学研究和地壳变形测量；

B 级主要用于局部变形监测和各种精密工程测量；

C 级主要用于大、中城市及工程测量的基本控制网；

DE 级主要用于中小城市、城镇、测图及工程测量等的控制网测量。

《全球定位系统城市测量技术规程》CJJ/T 73—2019 将城市或工程 GPS 控制测量划分二、三、四等和一级、二级。其主要技术要求如表 7-2 所示。

《全球定位系统城市测量技术规程》CJJ/T 73—2019 主要技术要求   表 7-2

级别	固定误差（mm）	比例误差（×10^{-6}）	接收机型号	接收机台数	平均观测时段数	时段长度（min）	平均边长（km）
二	≤10	≤2	双频/单频	≥3	≥2	≥90	9
三	≤10	≤5	双频/单频	≥3	≥2	≥60	5
四	≤10	≤10	双频/单频	≥2	≥1.6	≥45	2
一级	≤10	≤10	双频/单频	≥2	≥1.6	≥1.6	1
二级	≤15	≤20	双频/单频	≥2	≥1.6	≥1.6	<1

各等 GPS 控制测量和一级、二级 GPS 测量可用于城市各等级控制网测量，城市地籍控制网测量和工程控制网测量。

7.1.3 工程控制测量

一般来讲，在面积不超过 15km² 的区域内建立的控制网称小区域控制网。在这个范围内，水准面可视为水平面，可采用独立平面直角坐标系计算控制点的坐标。小区域控制网应尽可能与国家控制网或城市控制网联测，将国家或城市控制网的高级控制点作为小区域控制网的起算和校核数据。小区域控制网同样也包括平面控制网和高程控制网。

在一定的区域内为地形测图或工程测量建立的控制网所进行的测量工作称为工程控制测量。工程测量控制网的布设原则与国家控制网相同，工程测量中也可以直接应用国家控制测量成果，但由于种类繁多、测区面积悬殊的工程测量，国家控制测量的等级、密度等往往显得不适应。因此，在《工程测量标准》GB 50026—2020 中规定了工程测量控制网的布设方案和技术要求。

1. 工程平面控制测量

工程测量平面控制网与国家平面控制网相比有如下特点：1）工程测量控制网等级多；2）各等级控制网的平均边长较相应的国家网的边长短，即点的密度大；3）各等级控制网均可作为首级控制；4）各等级控制网分别作为首级控制网和加密网时，对其起算边的精度要求也不相同。《工程测量标准》GB 50026—2020 中对导线测量的技术要求见表 7-3。

导线测量的主要技术要求　　　　　　　　　　　　　　表 7-3

等级	附合导线长度 (km)	平均边长 (km)	测角中误差 (″)	测距中误差 (mm)	测距相对中误差	测回数 DJ1	测回数 DJ2	测回数 DJ6	方位角闭合差 (″)	导线全长相对闭合差
三等	14	3	1.8	20	$\leqslant\dfrac{1}{150000}$	6	10	—	$3.6\sqrt{n}$	$\leqslant\dfrac{1}{55000}$
四等	9	1.5	2.5	18	$\leqslant\dfrac{1}{80000}$	4	6	—	$5\sqrt{n}$	$\leqslant\dfrac{1}{35000}$
一级	4	0.5	5	15	$\leqslant\dfrac{1}{30000}$	—	2	4	$10\sqrt{n}$	$\leqslant\dfrac{1}{15000}$
二级	2.4	0.25	8	15	$\leqslant\dfrac{1}{14000}$	—	1	3	$16\sqrt{n}$	$\leqslant\dfrac{1}{10000}$
三级	1.2	0.1	12	15	$\leqslant\dfrac{1}{7000}$	—	1	2	$24\sqrt{n}$	$\leqslant\dfrac{1}{5000}$

2. 工程高程控制测量

根据《工程测量标准》GB 50026—2020 规定，在小区域或各种工程的高程控制测量，可分别采用二、三、四、五等四个等级的水准测量作为高程控制测量。其主要技术要求见表 7-4。

水准测量的主要技术要求　　　　　　　　　　　　　　表 7-4

等级	每千米高差中误差 (mm)	路线长度 (km)	水准仪的型号	水准尺	观测次数 与已知点联测	观测次数 附合或闭合	往返较差、附合或环线闭合差 平地 (mm)	往返较差、附合或环线闭合差 山地 (mm)
二等	2	—	DS1	因瓦	往返各一次	往返各一次	$4\sqrt{L}$	—
三等	6	≤50	DS1	因瓦	往返各一次	往一次	$12\sqrt{L}$	$4\sqrt{n}$
			DS3	双面		往返各一次		
四等	10	≤16	DS3	双面	往返各一次	往一次	$20\sqrt{L}$	$6\sqrt{n}$
五等	15	—	DS3	单面	往返各一次	往一次	$30\sqrt{L}$	—

水准点间的距离，一般地区应为 1～3km。工厂区应不大于 1km。一个测区至少应设立三个水准点，构成必要的检核。

在山区无法进行水准测量时，也可以在一定数量水准点的控制下，布设三角高程路线或三角高程网作为高程控制测量。

7.1.4 图根测量

直接为测图建立的控制网，称为图根控制网。图根控制网应尽可能与国家控制网、城市控制网或工程控制网相连接，形成统一的坐标系统。个别地区连接有困难时，也可以建立独立的图根控制网。图根点的密度和精度主要根据测图比例尺和测图方法来确定。表7-5是对平坦开阔地区、平板仪测图图根点密度所做的规定。对山地或通视困难，地物、地貌复杂地区，图根点密度可适当增大；而采用测距仪、全站仪、RTK 测图时，图根点密度要求可适当放宽。图根平面控制测量的主要技术要求见表7-5、表7-6。图根水准测量的技术要求参见第 3 章有关内容。

图根点密度要求 表 7-5

测图比例尺	1：500	1：1000	1：2000	1：5000
图幅尺寸（cm）	50×50	50×50	50×50	50×50
每图幅解析控制点个数	8	12	15	30

图根导线测量的主要技术要求 表 7-6

导线长度（m）	相对闭合差	边长	测角中误差（″）		DJ6测回数	方位角闭合差（″）	
			一般	首级控制		一般	首级控制
≤1.0	≤1/2000	≤1.5倍测图最大视距	30	20	1	$60\sqrt{n}$	$40\sqrt{n}$

7.2 导 线 测 量

7.2.1 导线测量概述

在测区内，将相邻控制点连接成直线而构成的折线，称为导线。导线的各个控制点，称为导线点。导线测量就是测定各导线边的距离和各转折角值，根据起算点坐标和起始边的坐标方位角，推算各导线边的坐标方位角，从而求算各导线点坐标的测量过程。

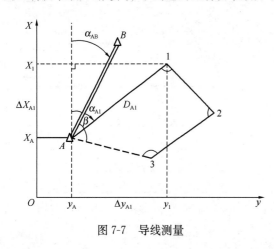

图 7-7 导线测量

如图7-7所示，A 为已知点，其平面坐标为 (x_A, y_A)，AB 为已知方向，其坐标方位角为 α_{AB}，1、2、3 分别为待测坐标 (x_i, y_i) 的导线点。为求其值，就必须观测两个观测值（称为必要观测）。为此，我们观测导线点 A 的转折角（水平角）β，据此可以计算出 A1 的方位角 α_{A1}。

$$\alpha_{A1} = \alpha_{AB} + \beta \qquad (7\text{-}1)$$

再观测 A1 的边长（指水平距离）D_{A1}。可以根据坐标增量计算公式算出 A、1 两点间的坐标值之差

$$\begin{cases} \Delta x_{A1} = D_{A1} \cos \alpha_{A1} \\ \Delta y_{A1} = D_{A1} \sin \alpha_{A1} \end{cases} \tag{7-2}$$

根据 A 点坐标可求 1 点坐标

$$\begin{cases} x_1 = x_A + \Delta x_{A1} \\ y_1 = y_A + \Delta y_{A1} \end{cases} \tag{7-3}$$

同理，可依次求出 2、3 两点的坐标值。

导线测量是工程平面控制测量的一种常用方法。特别是在地物比较复杂的建筑区、视线障碍物较多的隐蔽区和带状地区，常采用导线测量的方法。尤其是随着光电测距仪、全站仪的出现和 RTK 测绘技术的应用，大大降低了导线测量的工作量，提高了作业效率，因而使导线更加实用。

7.2.2 导线的布设形式

按照图 7-7 所示解决问题的思路，在一个有 n 个待定点的导线中，分别观测 n 个转折角（水平角）和 n 个边长（水平距离），即可求得各待定点的平面直角坐标 (x, y)。为了提高点位坐标精度，测量工作要求"时时有检验、处处有检核"，为此，可以将导线布设成有检核条件的路线形式。

1. 支导线

由一个已知点和一个已知方向出发，既不附合到另一个已知控制点，又不回到原起始点的导线，称为支导线。如图 7-9 所示，从已知点 C 出发的 4、5 两点为支导线点。因为支导线没有多余观测，缺乏检核条件，《工程测量标准》GB 50026—2020 规定支导线一般不超过 3 条边。

2. 闭合导线

起讫于同一已知点及方向的导线，称为闭合导线。如图 7-8 所示，导线从已知控制点 A 及已知方向 BA 出发，经过待定点 1、2、3、4，最后又回到起点 A，构成一个闭合的多边形。在图中，有 4 个待定，既有 8 个未知数，为此应有 8 个必要观测，而实际观测了 6 个转折角、5 个边长，多出 3 个观测值，从而产生了 3 个检核条件：一个角条件——内角和应满足多边形内角和定理；两个坐标条件——从 A 点出发最后回到 A 点的计算坐标 (x_A, y_A) 应该与其已知值相等。

3. 附合导线

布设在两已知点之间的导线，称为附合导线。如图 7-9 所示，导线从已知控制点 B 及

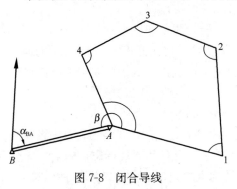

图 7-8 闭合导线

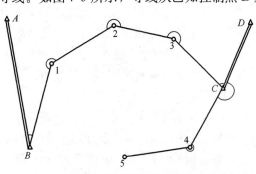

图 7-9 附合导线和直导线

其已知方向 AB 出发，经过待定点 1、2、3 等，最后附合到另一个已知控制点 C 及其已知方向 CD 上。与闭合导线相同，附合导线也有 3 个多余观测，从而产生 3 个检核条件。这种导线具有 2 个连接角，也称为具有两个连接角的附合导线。

附合导线还有两种情况：一是仅有一个连接角的附合导线，二是无连接角的附合导线（又称无定向导线）。

一个连接角的附合导线，如图 7-10 所示，导线从已知点 A 及其已知方向 MA 出发，经过待定点 1、2、3 等，最后附合到 B 点。与支导线相比，从已知点 A 的坐标到已知点 B 的坐标，多了两个坐标检核条件；与具有 2 个连接角的附合导线相比，少了一个已知方向，不能进行角度附合检查。

无连接角的附合导线，如图 7-11 所示，导线仅仅是从已知点 A 到已知点 B，两端均没有连接角。因为无已知方向和连接角，故无法正常推算各导线边的坐标方位角，也不能进行角度附合检查。但可以假定一个坐标方位角，先计算后改正。该导线布设形式同样具有两个坐标检核条件。

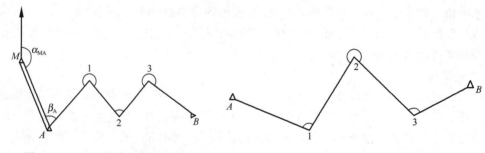

图 7-10　一个连接角的附合导线　　　　　图 7-11　无连接角的附合导线

7.2.3　导线测量外业

导线测量外业工作包括：踏勘选点、埋标、角度测量、边长测量，有的还需要联测。

1. 踏勘选点及埋标

在踏勘选点之前，应尽量到有关部门收集测区原有的地形图、已知控制点的坐标和高程、控制点点之记等成果资料，在图上拟定导线布设方案，然后按布设方案到实地踏勘、选点，并埋设标志。

现场踏勘选点时，应注意下列事项：

（1）点位应选在土质坚实之处，便于保存标志和安置仪器；

（2）相邻导线点间应通视良好，地势较平坦，以便于测角和量距；

（3）高等级导线点应便于加密低等级导线点，图根点应选在视野开阔、便于测图的地方；

（4）导线边长应大致相等，导线边长最长不超过平均边长的 2 倍，或相邻边长之比不超过 3 倍；

（5）导线点应均匀分布、密度合理，便于控制整个测区。

导线点位选定后，要埋设标志，并沿导线走向顺序编号，绘制导线略图。对等级导线点应按照规范埋设混凝土桩，如图 7-12（a）所示。为了便于保存和寻找标志，应量出导线点与附近固定地物的距离，并绘制成图，注明尺寸，称为点之记，如图 7-12（b）所示。

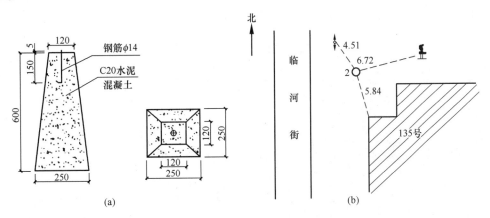

图 7-12　混凝土桩及其点之记

导线等级、点位地质条件、导线点的用途等不同，埋设标志也不同，详情参见《工程测量标准》GB 50026—2020。

2. 测角

角度测量一般使用 DJ6 或 DJ2 级经纬仪用测回法施测，也可以使用电子经纬仪或全站仪施测。导线转折角分为左角和右角，在导线前进方向左侧的水平角称为左角，右侧的水平角称为右角。测角过程中，或皆测导线左角，或皆测导线右角，对于闭合导线，应测量内角。角度测量的测回数、精度要求参见 7.1 节。

3. 量边

导线边长可以使用全站仪或光电测距仪测量，也可以使用检定过的钢尺丈量，钢尺量距应采用往返丈量法，往返丈量的相对误差不应大于 1/3000，特殊困难地区不大于 1/1000，地形有坡度时，注意倾斜改正。

4. 联测

导线与高级控制点连接，需要测出连接角和连接边。如图 7-13 所示，必须观测连接角 β_A、β_1 和连接边 D_{A1}，用来传递坐标方位角和坐标。对于独立导线（即附近无高级控制点），可用罗盘仪测定导线起始边的方位角（用磁方位角代替坐标方位角），并假定起始点的坐标作为起算数据。

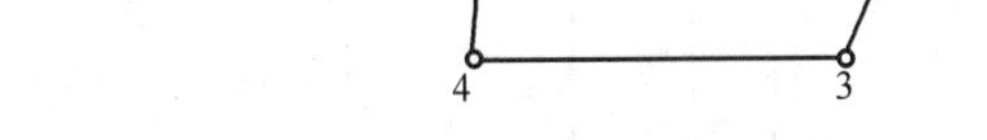

导线外业所测得的各种数据，应按照给定的记录表格认真填写、检核，作为观测的原始资料要注意妥善保管，避免丢失。

图 7-13　带有连接边的导线

7.2.4　导线测量的内业计算

导线测量内业是在外业工作的基础上，根据起算数据，对所测量的数据进行平差，解算各导线边的坐标方位角及坐标增量，最后求出各导线点的坐标。

导线内业计算之前，应全面检查导线测量外业记录及其成果是否符合精度要求。然后绘制导线略图，标注实测边长、转折角、连接角和起算数据，绘制并填写导线坐标计算表，参见表 7-7、表 7-8，以便于导线坐标计算，如图 7-14 所示。

表 7-7

闭合导线坐标计算表

点号	观测角(左角) ° ′ ″	改正数 ″	改正后角值 ° ′ ″	坐标方位角 ° ′ ″	距离 (m)	Δx	Δy	Δx′	Δy′	x	y	点号
1	2	3	4	5	6	7	8	9	10	11	12	13
B	连接角 216 43 39			77 31 24								B
A	75 31 12	+12	75 31 24	114 31 25	127.65	0.02 / −52.98	−0.02 / 116.13	−52.96	116.11	8426.05	2873.16	A
1	117 11 33	+12	117 11 39	10 02 49	209.78	0.04 / 206.56	−0.03 / 36.60	206.60	36.57	8373.09	2989.27	1
2	102 30 42	+12	102 30 54	307 14 34	106.84	0.02 / 64.66	−0.02 / −85.05	64.68	−85.07	8579.69	3025.84	2
3	84 10 57	+12	84 11 09	229 45 28	205.18	0.04 / −132.55	−0.03 / −156.62	−132.51	−156.65	8644.37	2940.77	3
4	160 34 36	+12	160 34 48	133 56 37	123.69	0.02 / −85.83	−0.02 / 89.06	−85.81	89.04	8511.86	2784.12	4
A				114 31 25						8426.05	2873.16	A
B										8426.05	2873.16	B
Σ	539 59 00	+60	540 00 00		773.14	+0.14 / −0.14	−0.12 / 0.12	0	0			

辅助计算

$f_\beta = \sum\beta_测 - \sum\beta_理$
$= 539°59'00'' - 540°00'00''$
$= -60''$

$f_{\beta容} = \pm60''\sqrt{n}$
$= \pm60''\sqrt{5}$
$= \pm134''$

$f_x = -0.14$m $f_y = 0.12$m

导线全长闭合差：

$f_D = \sqrt{f_x^2 + f_y^2} = \pm0.18$m

导线全长相对闭合差：

$K = \dfrac{f_D}{\sum D} = \dfrac{0.18}{773.14} = \dfrac{1}{4200}$

容许误差：$K_容 = \dfrac{1}{2000}$

具有两个连接角的附合导线坐标计算表

表 7-8

点号	观测角(左角) ° ′ ″	改正数 ″	改正后角值 ° ′ ″	坐标方位角 ° ′ ″	距离 (m)	坐标增量计算值 (m) Δx	Δy	坐标增量改正值 (m) Δx′	Δy′	坐标值 (m) x	y	点号
1	2	3	4	5	6	7	8	9	10	11	12	13
A				237 59 30						2666.703	1470.023	A
B	99 01 00	+6	99 01 06	157 00 36	225.85	0.05 −207.91	−0.04 88.21	−207.86	88.17	2507.69	1215.63	B
1	167 45 36	+6	167 45 42	144 46 18	139.03	0.03 −113.57	−0.03 80.20	−113.54	80.17	2299.83	1303.80	1
2	123 11 24	+6	123 11 30	87 57 48	172.57	0.03 6.13	−0.03 172.46	6.16	172.43	2186.29	1383.97	2
3	189 20 36	+6	189 20 42	97 18 30	100.07	0.02 −12.73	−0.02 99.26	−12.71	99.24	2192.45	1556.40	3
4	179 59 18	+6	179 59 24	97 17 54	102.48	0.02 −13.02	−0.02 101.65	−13.00	101.63	2179.74	1655.64	4
C	129 27 24	+6	129 27 30	46 45 24						2166.74	1757.27	C
D										2372.269	1975.805	D
Σ	888 45 18	+36	888 45 54		740.00	+0.15 −341.10	+0.14 541.78	−340.95	541.64			

辅助计算

$f_\beta = \alpha_{AB} + \Sigma\beta_测 - n \cdot 180° - \alpha_{CD}$

$= 237°59'30'' + 888°45'18'' - 1080° - 46°45'24''$

$= -36''$

$f_{β容} = \pm 60''\sqrt{n}$

$= \pm 60''\sqrt{6}$

$= \pm 147''$

$f_x = -0.15m \qquad f_y = 0.14m$

导线全长闭合差:

$f_D = \sqrt{f_x^2 + f_y^2} = \pm 0.21m$

导线全长相对闭合差:

$K = \dfrac{f_D}{\Sigma D} = \dfrac{0.21}{740.00} = \dfrac{1}{3500}$

容许误差: $K_容 = \dfrac{1}{2000}$

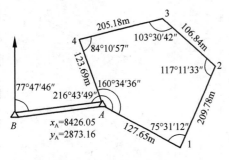

图 7-14　闭合导线略图

内业计算中对数据取位的要求：对于四等以下的小三角和导线，角值取至秒（"），边长取至毫米（mm）；对于图根级导线，角度取至秒（"），边长取至厘米（cm）。

1. 闭合导线计算

闭合导线测量中，由 3 个多余观测产生的 2 组 3 个条件，是导线外业观测成果是否合格的检核条件，也是内业平差的基本与核心工作。

（1）角度闭合差的计算

由于闭合导线本身构成一个多边形，其多边形各内角观测值之和符合"多边形内角和定理"，即

$$\sum \beta_{理} = (n-2)180° \tag{7-4}$$

观测过程中不可避免误差的存在，实测的内角和不等于理论值，故产生角度闭合差

$$f_\beta = \sum \beta_{测} - (n-2)180° \tag{7-5}$$

（2）角度闭合差的调整

各等级导线角度闭合差的容许值 $f_{容}$ 参见表 7-3 与表 7-6。如果 f_β 超过 $f_{容}$，则说明所测角度不符合要求，应重新观测。

若 $|f_\beta| \leqslant |f_{容}|$，可将角度闭合反符号平均分配到各观测角，即各观测角改正数

$$v_i = \frac{-f_\beta}{n} \tag{7-6}$$

填入表 7-7 中第 3 栏，各角度改正数之和应与角度闭合差等值反号，即

$$\sum v_i = -f_\beta \tag{7-7}$$

作为计算检核。

各观测角改正后角值

$$\beta'_i = \beta_i + v_i \tag{7-8}$$

填入表 7-7 中第 4 栏，经过改正后内角和应满足

$$\sum \beta'_i = (n-2)180° \tag{7-9}$$

以资检核。

（3）推算坐标方位角

根据起始边的已知坐标方位角及改正后的各观测角，按公式（6-6）或公式（6-7）推算其他各导线边的坐标方位角。即

$$\begin{cases} \alpha_{前} = \alpha_{后} + \beta_{左} - 180° \\ \alpha_{前} = \alpha_{后} - \beta_{右} + 180° \end{cases} \tag{7-10}$$

注意：推算各导线边坐标方位角时，坐标方位角应在 0°～360° 范围内。如果推算的某导线边坐标方位角为负值，应加上 360°；推算的某导线边坐标方位角大于 360°，应减

去 360°。

逐边推算各边坐标方位角，填入表 7-7 中第 5 栏。最后回到起始边检核，应满足

$$\alpha'_{AB} = \alpha_{AB} \tag{7-11}$$

作为计算检核。

（4）计算坐标增量

计算各导线边坐标增量的计算公式为

$$\begin{cases} \Delta x = D\cos\alpha \\ \Delta y = D\sin\alpha \end{cases} \tag{7-12}$$

按照公式（7-12）计算各导线边的坐标增量，并填入表 7-7 中第 7、8 栏。建议使用计算器的极坐标与直角坐标互换功能计算，但应注意：各种型号的计算器使用方法不同。

（5）坐标增量闭合的计算

闭合导线构成封闭的多边形，因此各边的纵、横坐标增量代数和的理论值应该为零，即

$$\begin{cases} \sum \Delta x = 0 \\ \sum \Delta y = 0 \end{cases} \tag{7-13}$$

受量边误差和角度闭合差调整后残余误差的影响，导致 $\sum \Delta y_{测}$、$\sum \Delta y_{测}$ 不一定等于零，从而产生纵坐标增量闭合差 $f_x = \sum \Delta x_{测}$ 和横坐标增量闭合差 $f_y = \sum \Delta y_{测}$，即

$$\begin{cases} f_x = \sum \Delta x_{测} \\ f_y = \sum \Delta y_{测} \end{cases} \tag{7-14}$$

如图 7-15 所示，由于坐标增量闭合差 f_x 和 f_y 的存在，使实测的闭合导线不能形成理论上封闭的多边形，而是出现了一个"缺口"，该缺口的长度称为导线全长闭合差，用 f_D 表示。坐标增量闭合差的几何意义就是导线全长闭合差在坐标轴上的投影。f_D 的大小可以用式（7-15）计算。

$$f_D = \sqrt{f_x^2 + f_y^2} \tag{7-15}$$

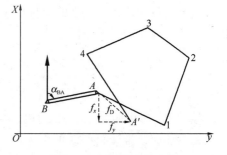

图 7-15　坐标增量闭合差

导线全长闭合差 f_D 的数值大小仅仅反映导线测量的绝对精度，还不能作为衡量导线测量整体精度的指标，为此我们计算导线全长相对闭合差（K），其含义为导线全长闭合差 f_D 与导线全长 $\sum D$ 的比值，并化为分子为 1 的分数形式，即

$$K = \frac{|f_D|}{\sum D} = \frac{1}{\dfrac{\sum D}{|f_D|}} \tag{7-16}$$

不同等级的导线全长相对闭合差的容许值参见表 7-3 和表 7-6。若 K 超过了容许值，则说明成果不合格，首先应检查内业计算有无错误，然后检查外业观测成果，必

要时返工重测；若 K 不超容许值，则说明精度符合要求，可以对纵、横坐标增量闭合差进行调整。

（6）坐标增量闭合差的调整

坐标增量闭合差调整的原则是：将 v_{x_i} 和 v_{x_i} 反符号按与边长成正比分配到各边的纵、横坐标增量中去。以 v_{x_i} 和 v_{y_i} 分别表示第 i 边的纵、横坐标增量改正值，即

$$v_{x_i} = -\frac{f_x}{\sum D}D_i$$
$$v_{y_i} = -\frac{f_y}{\sum D}D_i$$

(7-17)

将坐标增量改正数（取位到 cm）填入表 7-7 中的第 7、8 两栏坐标增量计算值的右上方。纵、横坐标增量改正值之和应满足

$$\sum v_{x_i} = -f_x$$
$$\sum v_{y_i} = -f_y$$

(7-18)

作为计算检核。

（7）计算改正后坐标增量

各导线边坐标增量加上对应的坐标增量改正值，即得各导线边改正后的坐标增量

$$\Delta x_i' = \Delta x_i + v_{x_i}$$
$$\Delta y_i' = \Delta y_i + v_{y_i}$$

(7-19)

填入表 7-7 中的第 9、10 两栏。

改正后纵、横坐标增量之代数和应分别为零，作为计算检核。即

$$\sum \Delta x_i' = 0$$
$$\sum \Delta y_i' = 0$$

(7-20)

（8）计算各导线点的坐标

计算出各导线边改正后的坐标增量，根据起始点的已知坐标，利用公式（7-3）依次推算出各导线点的平面坐标，即

$$x_{(i+1)} = x_i + \Delta x_i'$$
$$y_{(i+1)} = y_i + \Delta y_i'$$

(7-21)

填入表 7-7 中的第 11、12 两栏。

最后还应该推算起点 A 的坐标，其值应该与原有的坐标值相等，以资检核。即

$$x_A' = x_A$$
$$y_A' = y_A$$

(7-22)

2. 具有两个连接角的附合导线的内业计算

附合导线坐标计算的方法、步骤与闭合导线相类似。只是由于两者在布设形式上的不同，导致其几何条件的检核方法有所区别，进而体现在角度闭合差与坐标增量闭合差的计算上也稍有区别。下面着重介绍其不同点。

设有一附合导线，如图 7-16 所示，已知控制点 B、C 的坐标分别为 (x_B, y_B)、(x_C, y_C)，已知坐标方位角 α_{AB}、α_{CD}（或根据已知控制点 A、B、C、D 的坐标反算得出 α_{AB}、

α_{CD}）；观测了导线各转折角 β_B、β_1、β_2、β_3、β_4、β_C 和各导线边长 D_{B1}、D_{12}、D_{23}、D_{34}、D_{4C}。

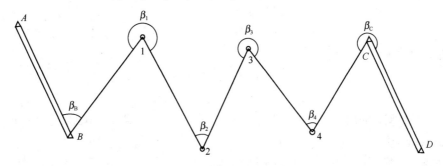

图 7-16　附合导线略图

（1）角度闭合差的计算

根据起始边已知坐标方位角 α_{AB} 及观测的转折角 β_i，利用公式（7-10）可以推算出各导线边直至终边 CD 的坐标方位角（注意：图 7-14 所示转折角为左角，选用适当公式推算）。

$$\alpha_{B1} = \alpha_{AB} + \beta_B - 180°$$
$$\alpha_{12} = \alpha_{B1} + \beta_1 - 180°$$
$$\alpha_{23} = \alpha_{12} + \beta_2 - 180°$$
$$\alpha_{34} = \alpha_{23} + \beta_3 - 180°$$
$$\alpha_{4C} = \alpha_{34} + \beta_4 - 180°$$
$$\alpha'_{CD} = \alpha_{4C} + \beta_C - 180°$$

将以上各式两边分别相加，并消去同类项，则有

$$\alpha'_{CD} = \alpha_{AB} + \sum \beta_{测} - 6 \cdot 180° \tag{7-23}$$

因此，可得观测左角时附合导线的角度闭合差计算公式

$$\alpha'_{CD} = \alpha_{AB} + \sum \beta_{左} - n \cdot 180° \tag{7-24}$$

同理可得观测右角时附合导线的角度闭合差计算公式

$$\alpha'_{CD} = \alpha_{AB} - \sum \beta_{右} + n \cdot 180° \tag{7-25}$$

由于测角误差的影响，通过上式计算得到的终边坐标方位角 α'_{CD} 与其已知值 α_{CD} 不相等，二者之差称为附合导线的角度闭合差 f_β，即

$$f_\beta = \alpha'_{CD} - \alpha_{CD} \tag{7-26}$$

（2）角度闭合差的调整

当用左角计算 f_β 时，将角度闭合差 f_β 反号平均分配到各角度观测值

$$v_i = -\frac{f_\beta}{n} \tag{7-27}$$

当用右脚计算 f_β 时，将角度闭合差 f_β 同号平均分配到各角度观测值

$$v_i = \frac{f_\beta}{n} \tag{7-28}$$

（3）坐标增量闭合差的计算

附合导线是布设在两个已知点之间，因此，各导线边的坐标增量代数和在理论上应该

等于始、终两点（B、C）的已知坐标增量，即

$$\sum \Delta x_{理} = (x_C - x_B)$$
$$\sum \Delta y_{理} = (y_C - y_B)$$

(7-29)

因此，纵横坐标增量闭合差为

$$f_x = \sum \Delta x_{测} - \sum \Delta x_{理} = \sum \Delta x_{测} - (x_C - x_B)$$
$$f_y = \sum \Delta y_{测} - \sum \Delta y_{理} = \sum \Delta y_{测} - (y_C - y_B)$$

(7-30)

附合导线的计算除了以上 3 点与闭合导线计算不同，其他各步骤的计算均相同。

3. 支导线的计算

支导线的布设结构简单，没有多余的观测条件，也不能形成检核条件。支导线的坐标计算步骤如下：

（1）根据已知边的坐标方位角和支导线的观测角，利用公式（7-10）推算各导线边的坐标方位角；

（2）根据推算的各导线边的坐标方位角和对应的导线边观测值，利用公式（7-12）计算各导线边的坐标增量；

（3）根据已知点坐标和各导线边的坐标增量，利用公式（7-21）计算各导线点的坐标。

4. 一个连接角的附合导线计算

一个连接角的附合导线坐标计算步骤如下：

（1）根据已知边的坐标方位角和导线的观测角，利用公式（7-10）推算各导线边的坐标方位角。

（2）根据推算的各导线边的坐标方位角和对应的导线边观测值，利用公式（7-12）计算各导线边的坐标增量。

（3）利用公式（7-29）和公式（7-30）计算坐标增量闭合差和坐标增量全长闭合差，并利公式（7-16）进行检核，合格之后利用公式（7-17）进行坐标增量闭合差调整。

（4）利用公式（7-19）计算改正后的坐标增量。

（5）根据已知点坐标和各导线边改正后的坐标增量，利用公式（7-21）计算各导线点的坐标。

5. 无连接角的附合导线（无定向导线）计算

如图 7-17 所示，由于这种导线两端没有连接角，故无法正常推算各导线边的坐标方位角，为此，可采用如下方法计算：

（1）如表 7-9 所示，假定导线边 A1 的方位角，并根据假定方位角 α_{A1} 的值推算后面各导线边的坐标方位角 α'_{ij}，并填入表 7-9 中第 3 栏。这种假定只会引起图形的旋转，不会引起点与点之间的相对位置变化。

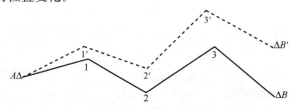

图 7-17　无定向导线示意图

表 7-9

无定向导线坐标计算表

点号	观测角（左角）° ′ ″	假定方位角 ° ′ ″	距离（m）	假定增量计算值（m）Δx′	Δy′	假定坐标值 x′	y′	改正后方位角 ° ′ ″	改正后坐标增量（m）Δx	Δy	坐标值（m）x	y	点号
1	2	3	4	5	6	7	8	9	10	11	12	13	14
A		20 00 00	51.79	48.67	17.71	5075.22	5111.60	9 09 39	−0.01 / 51.13	8.25	5075.22	5111.60	A
1	211 35 05	51 35 05	66.78	41.49	52.32	5123.89	5129.31	40 44 44	−0.01 / 50.59	−0.01 / 43.59	5126.34	5119.85	1
2	144 35 41	16 10 46	123.90	118.99	34.52	5165.38	5181.63	5 20 25	−0.01 / 123.36	−0.01 / 11.53	5176.92	5163.43	2
3	208 53 07	45 03 53	146.30	103.33	103.57	5284.37	5216.15	34 13 32	−0.01 / 120.97	−0.01 / 82.29	5300.27	5174.95	3
B						5387.70	5319.72				5421.23	5257.23	B
Σ			388.77	312.48	208.12				346.05	145.66			

辅助计算：

$\alpha_{AB} = 22°49'32''$

$\alpha_{AB}' = 33°39'53''$

$\delta = \alpha_{AB} - \alpha_{AB}' = -10°50'21''$

$f_x = +4\text{cm} \quad f_y = +3\text{cm}$

$f_D = \sqrt{f_x^2 + f_y^2} = 5\text{cm}$

$K = \dfrac{1}{7775} < \dfrac{1}{2000}$

（2）按支导线的计算步骤计算各点的坐标 (x'_i, y'_i)（包括 B 点，记作 B'），并填入表 7-9 中第 7、8 栏。

（3）利用坐标反算公式，计算得 $\alpha_{AB} = 22°49'36''$，$\alpha_{AB'} = 33°39'55''$，导线旋转角度 $\delta = \alpha_{AB} - \alpha_{AB'} = -10°50'19''$。

（4）利用下式对各导线边的假定方位角进行改正，改后填入表 7-9 中第 9 栏

$$\alpha_{ij} = \alpha'_{ij} + \delta \tag{7-31}$$

（5）后续计算步骤按一个连接角的附合导线计算。

7.3　全球导航卫星定位技术

7.3.1　概述

全球导航卫星定位系统是指利用空间运行的导航卫星，确定地面点位的定位技术。目前，可供利用的全球卫星导航系统有美国的 GPS 卫星定位系统、俄罗斯的 GLONASS 卫星导航系统和中国的北斗卫星导航系统以及欧洲的伽利略卫星导航系统。

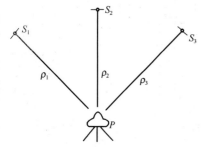

图 7-18　卫星定位原理

现代卫星导航定位技术的基本思路是，地面用户利用接收机在某一时刻同时接收三颗以上卫星信号，并利用卫星信号测算出地面点位 L_1 至三颗以上卫星的距离。同时，利用卫星信号中的卫星星历计算出卫星的空间坐标，据此利用空间后方距离交会法解算出地面定位 L_1 的坐标。

如图 7-18 所示，设在某时刻 t_1，在测站点 P 利用接收机同时测得 L_1 点至三颗卫星 S_1、S_2、S_3 的距离 ρ_1、ρ_2、ρ_3，再根据 t_i 时刻的卫星星历解算出卫星的三维坐标 (X^j, Y^j, Z^j)，$j = 1,2,3$，表示卫星的个数。利用距离交会法求解 P 的三维坐标 (X, Y, Z)，观测方程为

$$\begin{cases} \rho_1^2 = (X^1 - X)^2 + (Y^1 - Y)^2 + (Z^1 - Z)^2 \\ \rho_2^2 = (X^2 - X)^2 + (Y^2 - Y)^2 + (Z^2 - Z)^2 \\ \rho_3^2 = (X^3 - X)^2 + (Y^3 - Y)^2 + (Z^3 - Z)^2 \end{cases} \tag{7-32}$$

如果观测卫星的个数多于三个，则利用最小二乘法求解。

1. GPS 卫星定位系统

全球卫星定位系统（Global Positioning System，GPS 卫星定位系统）是 20 世纪 70 年代由美国陆海空三军联合研制的新一代空间卫星导航定位系统。其主要目的是为陆、海、空三大领域提供实时、全天候和全球性的导航服务，并用于情报收集、核爆监测和应急通信等一些军事目的。经过 20 余年的研究实验，到 1994 年 3 月，全球覆盖率高达 98% 的 24 颗 GPS 卫星星座已布设完成，如图 7-19 所示。现在是全球使用最普及的全球导航卫星定位系统。

GPS 卫星定位系统由三部分组成：空间部分——GPS 星座；地面控制部分——地面监控系统；用户设备部分——GPS 信号接收机。

GPS 定位技术具有高精度、高效率和低成本的优点，使其在各类大地测量控制网的加强改造和建立、工程测量、测图以及大型构造物的变形测量中得到了较为广泛的应用。

在我国，GPS 定位技术应用比较晚，但发展速度很快，广大测绘工作者在 GPS 应用基础研究和使用软件开发等方面取得了大量成果，全国许多省市都利用 GPS 定位技术建立了 GPS 控制网，我国 2000 坐标系统就大量采用了 GPS 测量成果。

GPS 卫星定位技术的应用不仅给测绘工作带来了技术革命，也给人们的生活带来了诸多便利，如图 7-20 所示。

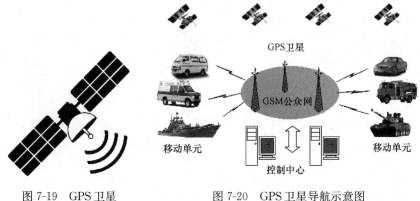

图 7-19　GPS 卫星　　　　　　图 7-20　GPS 卫星导航示意图

2. GLONASS 卫星导航系统

俄罗斯的 GLONASS 卫星导航系统是由苏联于 1982 年开始研发的，苏联解体后，俄罗斯继续该计划。GLONASS 卫星导航系统由卫星星座、地面监控系统和用户设备三部分组成。俄罗斯 1993 年开始独自建立国家的全球卫星导航系统，该系统于 2007 年开始运营，当时只开放俄罗斯境内卫星定位及导航服务。到 2009 年，其服务范围已经拓展到全球。

如图 7-21 所示，其系统组成、定位原理及基本功能类似于 GPS 卫星定位系统。

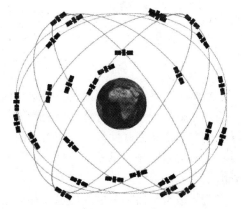

3. 北斗卫星导航系统（BDS）

北斗卫星导航系统（BDS）是中国自行研制的全球卫星导航系统，1994 年启动，2000 年底建成北斗一号系统，向中国提供服务；2012 年

图 7-21　GLONASS 卫星系统

底建成北斗二号系统，向亚太地区提供服务；2020 年 6 月建成北斗三号系统，向全球提供全天候、全天时、高精度的定位、导航和授时服务（图 7-22）。

BDS 由空间段、地面段和用户段三部分组成。

空间段：北斗卫星导航系统空间段计划由 35 颗卫星组成，包括 5 颗静止轨道卫星、27 颗中地球轨道卫星、3 颗倾斜同步轨道卫星。5 颗静止轨道卫星覆盖范围东经约 70°～

140°, 北纬 5°~55°; 中地球轨道卫星运行在 3 个轨道面上, 轨道面之间相隔 120°, 均匀分布。至 2012 年底, 北斗亚太区域导航正式开通时, 已为正式系统发射了 16 颗卫星, 其中 14 颗组网并提供服务, 分别为 5 颗静止轨道卫星、5 颗倾斜地球同步轨道卫星（均在倾角 55°的轨道面上）, 4 颗中地球轨道卫星（均在倾角 55°的轨道面上）。

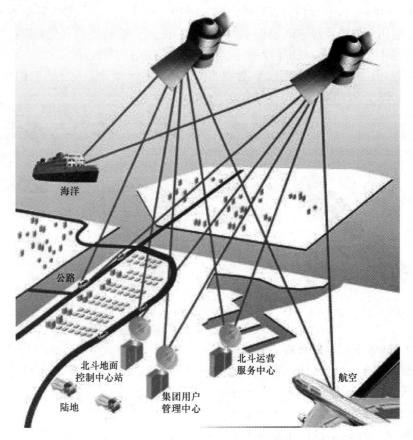

图 7-22　北斗双星定位示意图

地面段：系统的地面段由主控站、注入站、监测站组成。

主控站用于系统运行管理与控制等。主控站从监测站接收数据并进行处理, 生成卫星导航电文和差分完好性信息, 而后交由注入站执行信息的发送。

注入站用于向卫星发送信号, 对卫星进行控制管理, 在接受主控站的调度后, 将卫星导航电文和差分完好性信息向卫星发送。

监测站用于接收卫星的信号, 并发送给主控站, 可实现对卫星的监测, 以确定卫星轨道, 并为时间同步提供观测资料。

用户段：用于北斗卫星导航系统的信号接收机, 也可以是同时兼容其他卫星导航系统的接收机。接收机需要捕获并跟踪卫星的信号, 根据数据按一定的方式进行定位计算, 最终得到用户的经纬度、高度、速度、时间等信息。

服务范围：（1）亚太服务。2012 年 12 月 27 日起正式提供卫星导航服务, 服务范围涵盖亚太大部分地区, 南纬 55°到北纬 55°、东经 55°到东经 180°为一般服务范围。由于该正式系统继承了"北斗一号"的一些功能, 能在亚太地区提供无源定位技术所不能完成的服务，如短报文通信。

（2）全球服务。北斗卫星导航系统在 2020 年完成对全球的覆盖，为全球用户提供定位、导航、授时服务。

4. 伽利略卫星导航系统（Galileo）

伽利略卫星导航系统是由欧盟研制和建立的全球卫星导航定位系统，该计划于 1999 年 2 月由欧洲委员会公布，欧洲委员会和欧洲空局共同负责。系统由轨道高度为 23616km 的 30 颗卫星组成，其中 27 颗工作星，3 颗备份星。卫星轨道高度约 2.4 万 km，位于 3 个倾角为 56°的轨道平面内。2012 年 10 月，伽利略全球卫星导航系统第二批两颗卫星成功发射升空，太空中已有的 4 颗正式的伽利略系统卫星，可以组成网络，初步发挥地面精确定位的功能。

"伽利略"计划是欧洲自主、独立的全球多模式卫星定位导航系统，提供高精度、高可靠性的定位服务，实现完全非军方控制、管理，可以实现覆盖全球的导航和定位功能。伽利略卫星导航系统还能够和美国的 GPS 卫星定位系统、俄罗斯的 GLONASS 卫星导航系统实现多系统内的相互合作，任何用户将来都可以用一个多系统接收机采集各个系统的数据或者各系统数据的组合来实现定位导航的要求。

伽利略卫星导航系统可以发送实时的高精度定位信息，这是现有的卫星导航系统所没有的，同时，伽利略卫星导航系统能够保证在许多特殊情况下提供服务，如果失败也能在几秒钟内通知客户。与美国的 GPS 卫星定位系统相比，伽利略卫星导航系统更先进，也更可靠。

应用服务内容：

（1）基本服务，导航、定位、授时；

（2）特殊服务，搜索与救援（SAR 功能）；

（3）扩展服务，飞机导航和着陆系统中的应用铁路安全运行调度、海上运输系统、陆地车队运输调度、精准农业等。

7.3.2　GNSS 全球卫星定位系统定位原理

目前，面向全球提供定位服务的四个卫星导航定位系统，其原理是一样的。下面以 GPS 卫星定位原理为例介绍。

1. GPS 卫星定位系统的组成

如图 7-23 所示，GPS 卫星定位系统主要由三部分组成：由 GPS 卫星组成的空间星座部分；由若干地面站组成的地面监控部分和以接收机为主题的广大用户部分。三者既有独立的功能和作用，又是有机地组合而缺一不可的整体系统。

（1）空间卫星部分

空间卫星部分由 24 颗（其中 3 颗为备用卫星）GPS 卫星组成，如图 7-24 所示，平均分布在 6 个轨道面内，卫星轨道面相对赤道面的倾角为 55°，各轨道平面升交点的赤经相差 60°。卫星高度 20200km，运行周期为 11h58min。卫星通过天顶时，卫星可见时间约 5h，在地球表面上任何地点任何时刻，在高度角 15°以上，平均可观测到 6 颗卫星，最多可达 9 颗卫星。空间卫星的主要作用是接收地面注入站发送的导航电文和其他信号，以 L_1、L_2 两种载波向地面用户发送 GPS 导航定位信号，并用电文的形式提供卫星星历，以便用户接收使用。

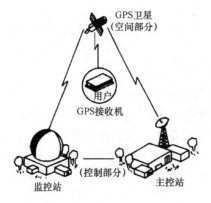

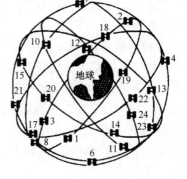

图 7-23　GPS 卫星定位系统的组成　　　　图 7-24　GPS 卫星星座

（2）地面监控部分

地面监控部分负责全球卫星定位系统的运营工作，监控卫星的运行状态，调整卫星的运行轨道，统一卫星运行时间，采集和处理各种信息。它包括主控站（1个）、监控站（5个）和注入站（3个）。

主控站设在美国的科罗拉多，主要任务是收集、处理本站和监测站收到的全部资料，编算每颗卫星的星历和 GPS 时间系统，将预测的卫星星历、钟差、状态数据以及大气传播改正和其他指令编制成导航电文传递给注入站。

监控站的主要任务是为主控站提供卫星的观测数据。每个监测站均用 GPS 接收机对每颗可见卫星每 6min 进行一次伪距观测和积分多普勒观测，采集气象等要素数据，并将数据传给主控站。

注入站主要是将主控站编制的导航电文注入相应卫星的存储器，为地面用户提供导航信息。

（3）用户部分

用户部分包括 GPS 接收机硬件、数据处理软件和微处理机及其终端设备等。GPS 接收机是用户部分的核心，如图 7-25 所示，一般由天线单元、主机单元和辅助单元组成。其主要功能是跟踪接收 GPS 卫星发射的信号，并进行交换、放大、解调和解算，以便测量出卫星信号从卫星到地面的传播时间；释放导航电文，实时计算出测站的三维位置，甚至三维速度和时间。GPS 接收机的基本类型分为导航型、授时型和测地型，测地型接收机主要用于精密大地测量、精密工程测量、各种级别的控制测量和测图；根据接收机的载波频率也可分为单频接收机（L_1）和双频接收机（L_1、L_2），双频接收机可以利用双频载波信号消除电离层对电磁波信号迟延的影响，在长基线（大于15km）定位中精度优于单频接收机。

2. GPS 卫星定位系统的定位特点

GPS 卫星定位系统以其高精度、全天候、高效率、多功能、

图 7-25　GPS 接收机及手簿　操作简单、应用广泛等特点在测绘领域得到广泛应用。

（1）定位精度高

GPS卫星定位系统相对定位精度在50km以内可达10^{-6}，$100\sim500$km可达10^{-7}，1000km以上可达10^{-9}，同类测量作业精度远远高于传统的测量作业模式。

（2）观测时间短

GPS卫星定位系统用于快速静态相对定位时，流动站与基准站不超过15km时，流动站观测时间只需$1\sim2$min；实时动态测量（RTK），流动站观测仅需1s。

（3）测站间无须通视

GPS测量不要求测站之间互相通视，只要保证测站上空无障碍能跟踪到足够的卫星数量即可（但为了便于后期控制点加密、施工测量等工作，应尽可能通视）。

（4）全天候作业

GPS观测不受天气变化的影响，可以在24h的任何时间观测。

（5）可提供三维坐标

经典的控制测量，平面控制测量和高程控制测量分开进行；GPS卫星定位系统则可精确地测量出观测点的三维坐标。

（6）操作简单

随着生产工艺和材料的不断改进，GPS接收机自动化程度越来越高，特别是现在的"一体机"，体积小、质量轻、操作简单，给测绘工作者带来极大的方便。

（7）功能多，应用广

GPS卫星定位系统即可测量定位、导航，也可以授时、测速，其应用由起初的军事、科研等工作一直延伸到我们的日常生活领域。

3. WGS-84坐标系统

卫星定位中常采用空间三维直角坐标系及其相应的大地坐标。WGS-84坐标系统就是以地球质心为坐标系原点的空间三维直角坐标系，坐标原点和坐标轴固化在地球上随同地球自转，便于描述地面点位的空间位置，也便于GPS观测成果的转化和应用。

WGS-84坐标系统的几何意义：原点位于地球的质心；Z轴指向BIH（国际时间局）1984.0定义的CTP（协议地球级）方向；X轴指向BIH1984.0的零子午面和CTP赤道的交点，Y轴与Z、X轴构成右手坐标系。

GPS单点定位的坐标以及相对定位中解算的基线向量均属于WGS-84坐标系。WGS-84坐标可用（X、Y、Z）表示，也可以用（L、B、H）表示，二者之间可以互相转换。WGS-84坐标也可以通过七参数转换公式、约束平差等方式转换为国家大地坐标或高斯平面坐标。

4. GPS卫星定位基本原理

GPS卫星定位关键是测出卫星到观测点的空间距离，利用距离交会的原理确定点位。依据测距的原理，其定位原理主要有伪距测量和载波相位测量。对于待定点来说，根据其运动状态可分为静态定位和动态定位，静态定位是指GPS接收机安置在观测点上连续观测一段时间，以确定观测点的三维坐标；动态定位则是指接收机处于运动状态，在运动中测定接收机点位的三维坐标。根据接收机的相对位置关系又可分为单点定位（绝对定位）和相对定位，单点定位是指一个接收机安置在观测点上来测定观测点的三维坐标；相对定位则是指两台接收机分别安置在两个观测点上，通过一定的观测时间同步观测一组卫星，

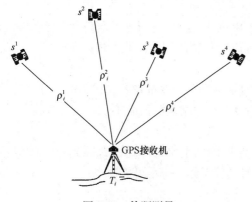

图 7-26　伪距测量

以确定两个点之间的相对位置。

（1）伪距测量

如图 7-26 所示，伪距测量主要是利用 GPS 接收机的码相关技术来测定卫星信号从卫星传播到接收机所用的传播时间 τ，τ 乘以卫星信号的传播速度 c，即为卫星到地面接收机的距离，即

$$\rho = \tau \cdot c \qquad (7\text{-}33)$$

实际上，传播时间 τ 在测定过程中含有卫星钟差和接收机钟差，以及信号在空间传播时电离层折射和对流层折射引起的时间延迟误差，因此，式（7-33）计算的距离并非卫星到地面接收机的真实距离，习惯上称之为"伪距"，用 ρ' 表示，与之相应的定位方法称为伪距测量。

为了测定 GPS 卫星信号的传播时间，需要在用户接收机内利用码相关技术来复制测距码信号，并通过接收机内的可调延时器进行相关处理，使得复制的信号码与接收到的相应信号码达到最大相关。为此，所调整的时间相移量便是卫星发射的测距码到达接收机天线的传播时间，即时间延迟。

假设在某一标准时刻 T_a 卫星发出一个信号，该瞬间卫星钟的时刻为 t_a；该信号到达接收机天线的标准时刻为 T_b，此时接收机时钟的读数为 t_b，则传播时间

$$\tau = t_b - t_a \qquad (7\text{-}34)$$

伪距为

$$\rho' = \tau \cdot c = (t_b - t_a)c \qquad (7\text{-}35)$$

由于卫星钟和接收机时钟与标准时间存在误差，设信号发射和接收时刻的卫星钟差和接收机的钟差分别为 δt_a 和 δt_b，则有

$$T_a = t_a + \delta t_a \\ T_b = t_b + \delta t_b \qquad (7\text{-}36)$$

如果再考虑信号在空间传播时电离层折射和对流层折射引起的时间延迟，分别用 δt_1 和 δt_2 表示

$$T_a = t_a + \delta t_a \\ T_b = t_b + \delta t_b + \delta t_1 + \delta t_2 \qquad (7\text{-}37)$$

将式（7-37）代入式（7-35），可得

$$\rho' = (t_b - t_a)c = (T_b - T_a)c - (\delta t_b - \delta t_a)c - (\delta t_1 + \delta t_2)c \qquad (7\text{-}38)$$

式中 $(T_b - T_a)$ 为测距码从卫星到接收机天线的实际传播时间，设空间电离层折射改正数为 $\delta\rho_1$、空间电离层折射改正数为 $\delta\rho_2$，则有

$$\begin{cases} \rho = (T_b - T_a)c \\ \delta\rho_1 = \delta t_1 \cdot c \\ \delta\rho_2 = \delta t_2 \cdot c \end{cases} \qquad (7\text{-}39)$$

将式（7-39）代入式（7-38）则有

$$\rho = \rho' + \delta\rho_1 + \delta\rho_2 + c\delta t_b - c\delta t_a \qquad (7\text{-}40)$$

式 (7-40) 即是伪距测量的基本观测方程，考虑到公式 (7-32)，则有

$$\rho'^j + \delta\rho_1^j + \delta\rho_2^j - c\delta t_a^j = \sqrt{(X_s^i - X)^2 + (Y_s^j - Y)^2 + (Z_s^j - Z)^2} - c\delta t_b \qquad (7-41)$$

式中，$j=1，2，3，4，\cdots$ 表示观测卫星的个数，$(X、Y、Z)$ 表示待定点的三维坐标，理论上讲，只要对三颗卫星进行伪距观测，便可求解待定点的坐标 $(X、Y、Z)$。实际上，在伪距测量方程中，把接收机的钟差改正数 δt_b 也当作未知数求解，因为，GPS 卫星的时钟是原子钟，以原子时的秒长为计时单位，秒长稳定，计时准确，即使有误差也可以通过模型公式进行改正。但原子钟造价高，为了降低成本，用户接收机仅配有一般的石英钟，难以用固定的模型公式改正，因此，常常作为未知数和待定的坐标一起求解。这就要求在伪距观测过程中至少同步观测四颗卫星，列出四维方程组，求解 4 个未知数 $(X、Y、Z、\delta t_b)$。当观测卫星个数 j 多于四个时，可用最小二乘法求解。

（2）载波相位测量

载波相位测量是以卫星信号的载体"波"为量测对象，GPS 卫星信号的 L_1、L_2 两种载波的波长分别为 $\lambda_1 = 19.032\text{cm}$、$\lambda_2 = 24.42\text{cm}$，如果能测出卫星信号从卫星到接收机天线有多少个整周期波长和不够一个周期的波长，则可求出卫星到接收机天线的距离，即

$$\rho = N\lambda + \Phi\lambda \qquad (7-42)$$

式中，N 为整周期未知数，Φ 为不够一个周期的观测相位。但考虑信号传播过程中同样受到卫星钟差、接收机钟差、电离层折射和对流层折射引起的延时误差的影响，式 (7-42) 中的 ρ 并不是卫星到达接收机天线的真实距离，而是"伪距"，即

$$\rho' = N\lambda + \Phi\lambda \qquad (7-43)$$

将式 (7-43) 代入式 (7-40) 可得

$$\Phi\lambda = \rho - \delta\rho_1 - \delta\rho_2 - c\delta t_b + c\delta t_a - N\lambda \qquad (7-44)$$

又 $\lambda = \dfrac{c}{f}$，式 (7-44) 两边同除 λ 可得

$$\Phi = \frac{f}{c}\rho - \frac{f}{c}\delta\rho_1 - \frac{f}{c}\delta\rho_2 - f\delta t_b + f\delta t_a - N \qquad (7-45)$$

式 (7-45) 即是载波相位测量的基本观测方程，考虑到公式 (7-32)，则有

$$N^j\lambda + \Phi^j\lambda + \delta\rho_1^j + \delta\rho_2^j - c\delta t_a^j = \sqrt{(X_s^i - X)^2 + (Y_s^j - Y)^2 + (Z_s^j - Z)^2} - c\delta t_b \qquad (7-46)$$

式中，$j=1，2，3，4，\cdots$ 表示观测卫星的个数，$(X、Y、Z)$ 表示待定点的三维坐标。

这里要解决的关键问题是不够一个周期的载波相位观测值 Φ 和整周期未知数 N。GPS 载波信号是一种周期性的正弦信号，相位测量可以测定不够一个周期的载波相位观测值 Φ，而整周期未知数 N 的确定却比较复杂。一般来讲，确定 N 的方法有以下几种：

1）伪距法

在进行载波相位测量的同时进行伪距测量，将伪距观测值减去不够一个周期的载波相位观测值后即可得到 $N\lambda$。但由于伪距测量观测值的精度不高，整周期未知数 N 也会有误差，应有较多的 $N\lambda$ 取平均值后才能获得正确的整周期未知数。

2）待定参数法（经典方法）

将整周期未知数 N 当作未知数来一并求解。理论上讲，N 应该是一个整数，但解算的结果往往不是整数，而是实数。短基线相对定位时，将求得的实数取整（通常采用四舍五入），并当作已知值重新计算；当基线较长时，误差的相关性降低，再将整周期未知数固定为某一个整数已经没有实际意义了。

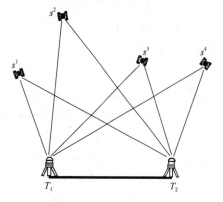

图 7-27　三差组合示意图

3）求差法

如图 7-27 所示，在相对定位测量模式中，常常利用载波相位观测值进行组合，两个接收机之间对同一颗卫星的载波相位观测值相减求差，叫作一次差（或单差），可以消去卫星钟差的影响；在一次差的基础上，再在两颗卫星间求二次差分，叫作二次差（或双差），可以消除接收机钟差的影响；在二次差的基础上，再在相邻的观测历元间求三次差分，叫作三次差（或三差），可以消除正周期未知数。

利用载波相位观测值的组合可以消去一系列误差的影响，有效提高点位精度，因此，载波相位测量应用更广，但是计算也更复杂。

7.3.3　GPS 网的图形设计

1. 基本概念

（1）观测时段（Observation Session）

测站上开始接收卫星信号到停止接收，连续观测的时间间隔，简称时段。

（2）同步观测（Simultaneous Observation）

两台或两台以上接收机同时对同一组卫星进行的观测。

（3）同步观测环（Simultaneous Observation Loop）

三台或三台以上接收机同步观测所获得的基线向量构成的闭合环。

（4）异步观测环（Independent Observation Loop）

由非同步观测获得的基线向量构成的闭合环。

2. GPS 网的设计原则

进行 GPS 网图形设计时，由于观测点同步观测时可以不通视，所以，图形设计具有较大的灵活性。影响 GPS 网图形设计的主要因素有：用户的要求、经费投入、时间限制、人力以及投入使用的接收机类型、数量和后勤保障条件等。图形设计时，除了要考虑以上因素，还要注意以下几个原则：

（1）各级 GPS 网一般逐级布设，在保证精度、密度等技术要求时可跨级布设。

（2）各级 GPS 网的布设应根据其布设目的、精度要求、卫星状况、接收机类型和数量、测区已有的资料、测区地形和交通状况以及作业效率等因素综合考虑，按照优化设计原则进行。

（3）各级 GPS 网最简异步观测环或附合路线的边数应不大于表 7-10 和表 7-11 的规定。

最简异步观测环或附合线路边数的规定					表 7-10
级别	A	B	C	D	E
闭合环或附合路线的边数（条）	5	6	6	8	10

闭合环或附合线路边数的规定					表 7-11
等级	二	三	四	一级	二级
闭合环或附合路线的边数	6	8	10	10	10

（4）各级 GPS 网点位应均匀分布，相邻点间距离最大不宜超过该网平均点间距的 2 倍。

（5）新布设的 GPS 网应与附近已有的国家高等级 GPS 点进行联测，联测点数不应少于 3 点。

（6）为求定 GPS 点在某一参考坐标系中坐标，应与该参考坐标系中的原有控制点联测，联测的总点数不应少于 3 点。在需用常规测量方法加密控制网的地区，D、E 级网点应有 1～2 方向通视。

（7）B 级网应逐点联测高程，C 级网应根据区域似大地水准面精化要求联测高程，D、E 级网可依具体情况联测高程。

（8）A、B 级网点的高程联测精度应不低于二等水准测量精度，C 级网点的高程联测精度应不低于三等水准测量精度，D、E 级网点按四等水准测量或与其精度相当的方法进行高程联测。

（9）B、C、D、E 级网布设时，测区内高于施测级别的 GPS 网点均应作为本级别 GPS 网的控制点（或框架点），并在观测时纳入相应级别的 GPS 网中一并施测。

3. GPS 网的布设形式

利用 GPS 定位系统进行测量时，特别是控制测量时，要依据国家有关的规范、规程或任务书（合同）的技术要求进行图形设计，然后选点、建标、制定外业观测计划、外业实施、数据预处理，最后平差计算。可见，GPS 网的图形设计是其中的重要环节。

根据不同的用途，GPS 网的图形布设通常有点连式、边连式、边点混合连接、网连式、三角锁连接、导线网形连接和星形布设等。

（1）点连式

点连式是指相邻同步图形之间仅有一个公共点连接。这种图形结构的几何强度很弱，没有或很少有非同步图形闭合条件，一般不单独使用。

如图 7-28 所示，图形中有 13 个定位点，构成 6 个闭合环，最少观测时段 6 个（同步环），没有异步观测环，也没有多余观测（不能进行异步检核）。图形中总基线 18 条，必要基线 12 条，独立基线 12 条，多余基线 0 条，重复边 0 条。因为没有多余基线和重复边，显然这种图形结构缺少必要的检核条件，故图形的几何强度很差。

（2）边连式

边连式是指同步图形之间有一条公共基线连接。

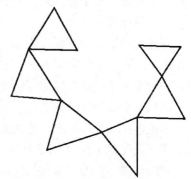

图 7-28 点连式图形

这种图形结构的几何强度较高，有较多的非同步图形闭合条件和重复边，在相同的仪器台数条件下，观测时段比点连式增加很多。

如图 7-29 所示，同样是 13 个定位点，只需要在图 7-28 的基础上增加 9 条边便构成新的图形结构。该图形中有 13 个观测时段，2 个异步观测环（斜线填充图形），总基线39 条，必要基线 12 条，独立基线 26 条，多余基线 14 条，重复边 12 条。可见，图 7-29 所示的边连式图形结构出现了较多的检核条件，图形几何强度和可靠性明显优于点连式。

（3）边点混合连接

边点混合连接是指相邻的同步图形之间既有点连接又有边连接，是点连式和边连式的有机结合，这样的图形结构既能保证 GPS 网的几何强度，提高网的可靠性，又能减少外业工作量，降低观测成本。

如图 7-30 所示，同样的 13 个定位点，在图 7-29 的基础上减少 2 条边便又构成了一个新的图形结构。该图形中有 11 个观测时段，2 个异步观测环（斜线填充图形），总基线数33 条，必要基线 12 条，独立基线 22 条，多余基线 10 条，重复边 8 条。边点混合连接有足够的检核条件，但外业工作量介于点连式和边连式之间，是一种较为理想的布网方案。

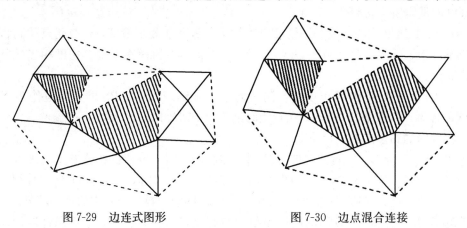

图 7-29　边连式图形　　　　　　　　图 7-30　边点混合连接

以上 13 个定位点还可以布设成其他形状的边连式图形结构或边点混合连接图形结构。同样的定位点可以可以布设成多种图形方案，在 GPS 网图形设计过程中要考虑各种因素进行方案优化，从中选择最合适的布网方案。

（4）网连式

网连式是指相邻的同步图形之间有两个以上的公共点连接，这种方法需要 4 台以上的接收机。这种密集的布网方案，它的几何强度和可靠性更高，但经费投入和需要的时间较多，一般适用于较高精度的控制测量。

（5）三角锁连接

用点连接或边连接组成连续发展的三角锁连接，如图 7-31 所示，此连接形式适用于狭长地区或线状工程的 GPS 布网，如铁路、公路、管线以及电力等工程的控制测量。

一般来讲，精度要求稍低时可选择图 7-31（a）所示布设形式，精度要求较高时可选择图 7-31（b）所示布设形式，控制点左右成对布设。

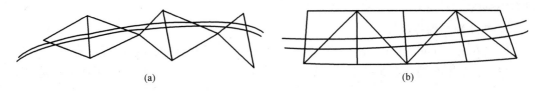

(a)   (b)

图 7-31　三角锁连接

（6）导线网形连接

将同步图形布设为直伸状，形如导线结构形式的 GPS 网，各独立边组成封闭状，形成非同步图形，用以检核 GPS 点的可靠性。此种布设形式适用于精度较低的 GPS 布网。这种布设形式也可以和点连式组合使用，如图 7-32 所示。

（7）星形布设

如图 7-33 所示，星形布设的几何图形比较简单，其直接观测边不构成任何闭合图形，但这种布网形式只需两台 GPS 接收机即可完成作业。一台可作为中心站，另一台可流动作业，不受同步条件的限制。由于方法简单，作业速度快，星形布设广泛应用于精度较低的控制测量、地籍测量、碎部测量等。

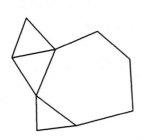 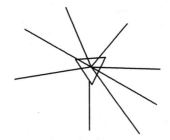

图 7-32　导线网形连接　　　　图 7-33　星形布设

7.3.4　GPS 测量的作业模式

随着科技进步和后处理软件的发展，目前已有多种方案可以测定两点之间的基线向量，其中较为普遍采用的作业模式有经典静态相对定位、快速静态相对定位、准动态相对定位和动态测量等，下面介绍几种最常用的作业模式。

1. 经典静态相对定位

作业方法：采用两台（或两台以上）接收机，分别安置在观测点上同步观测 4 颗以上卫星，观测时段 45min（或更长时间），如图 7-34 所示。

精度：基线的定位精度可达 $5mm+1\times10^{-6}\cdot D$，$D$ 为基线的长度（km）。

适用范围：各等级国家控制网、地壳运动监测网、精密工程控制网等。

注意事项：所有观测基线应组成一系列封闭图形，以利于外业检核，提高成果可靠度。并且可以通

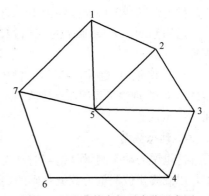

图 7-34　经典静态相对定位示意图

过 GPS 网平差，有利于进一步提高定位精度。

2. 快速静态相对定位

作业方法：在测区中部选择一个基准点，并安置一台接收机连续跟踪所有可见卫星；另一台接收机依次到各点流动设站，每站观测数分钟。如图 7-35 所示，实际上就是星形连接。

精度：流动站相对于基准点的基线中误差为 $5mm+1\times10^{-6}\cdot D$。

适用范围：控制网加密及低等级控制网的建立、工程测量、地籍测量和大批相距百米左右的点位定位。

注意事项：在观测时段内应确保有 5 颗以上卫星可供观测；流动点与基准点相距不应超过 20km；流动点上的接收机在搬站转移时，不必保持对所有卫星连续跟踪，可以关闭电源以降低能耗。

优缺点：优点是作业速度快、耗能低；缺点是两台接收机作业，构不成闭合图形，可靠性较差。

3. 准动态相对定位

作业方法：在测区内选择一个基准点，安置接收机连续跟踪所有可见卫星；将另一台流动接收机先置于 1 号点（图 7-36）观测数分钟；在保持对所有卫星连续跟踪不失锁的情况下，将流动接收机分别在 2、3、4、5……各点观测数秒钟。

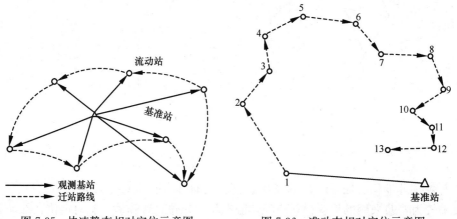

图 7-35 快速静态相对定位示意图　　　图 7-36 准动态相对定位示意图

精度：基线的中误差约为 1～2cm。

适用范围：开阔地区的加密控制测量、工程定位、碎部测量、剖面测量以及线路测量。

注意事项：应确保在各观测时段上有 5 颗以上卫星可供观测；流动站与基准点距离不应超过 20km；观测过程中流动接收机不能对卫星失锁，否则应在失锁的流动点上延长观测时间 1～2min。

4. 动态测量

这里说的动态测量是指实时动态（Real Time Kinematic，RTK）测量，RTK 测量技术是以载波相位测量为数据基础的实时差分 GPS 测量技术。前面提到的 GPS 测量模式是通过外业观测，然后将观测数据传输给计算机，借助计算机利用 GPS 解算软件进行后处理解算，得到待定点的三维坐标；如图 7-37 所示，RTK 测量技术则是在基准站上安置一台 GPS 接收机，对所有可见卫星进行连续观测，并将其观测数据通过无线电传输设备（信号发射塔或信号发射台），实时地发送给流动观测站。在流动观测站上，GPS 接收机在接收卫星信号的同时，通过无线电接收设备接收基准站传输的观测数据，然后根据相对定位原理进行差分计算，实时计算流动站的三维坐标。

RTK 测量技术定位精度可以达到亚厘米。一般情况下，流动站与基准站之间的距离不超过 15km。一个基准站可以匹配一个流动站作业，也可以匹配多个流动站作业。随着科技的进步，将会有更先进的 GPS 差分技术得到推广和应用。

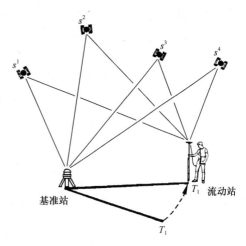

图 7-37　RTK 测量示意图

7.3.5　GPS 测量成果的转换

GPS 测量数据处理的基本流程是：数据采集⇒数据传输⇒预处理⇒基线结算⇒网平差。GPS 定位成果［包括单点定位的坐标、相对定位基线向量的自由网平差（也叫无约束平差）后的三维坐标］属于 WGS-84 坐标系，可以用（X、Y、Z）表示，也可以用（L、B、H）表示，二者之间可以相互转化。而实际工程应用的测量成果则属于某一国家坐标系（54 北京坐标系、80 西安坐标系或 2000 坐标系），为了便于工程应用，常常要将 GPS 测量成果转换为国家坐标系或地方独立坐标系中的坐标。

GPS 测量成果转换的方法比较多，这里简单介绍两种类型：

第一种类型是利用已知重合点的三维直角坐标进行坐标转换；

第二种类型是利用已知重合点的二维高斯平面坐标进行坐标转换。

1. 利用已知重合点的三维直角坐标进行坐标转换

（1）布尔萨七参数转换

布尔萨七参数转换模型公式为

$$X_{Di} = \Delta X + (1+k)R(\varepsilon_x)R(\varepsilon_y)R(\varepsilon_z)X_{Gi} \tag{7-47}$$

式中，$X_{Di} = (X_{Di}, Y_{Di}, Z_{Di})$ 为地面网点的坐标；$X_{Gi} = (X_{Gi}, Y_{Gi}, Z_{Gi})$ 为 GPS 网点的坐标；$\Delta X = (\Delta X, \Delta Y, \Delta Z)$ 为两个坐标系原点平移参数；k 为尺度变化参数；$R(\varepsilon_x)$、$R(\varepsilon_y)$、$R(\varepsilon_z)$ 为三个坐标轴旋转参数矩阵。

通常将 ΔX、ΔY、ΔZ、k、ε_x、ε_y、ε_z 称为坐标系间的转换七参数。

布尔萨七参数转换模型适用于两个不同的空间直角坐标系之间的坐标转换。坐标转换之前，需要预先求得转换七参数，为了求得七个转换参数，两个空间直角坐标系之间至少有三个已知重合点，利用重合点的两套坐标，采用平差的方法求得转换参数。求得七个转换参数后，再利用式（7-47）进行其他点的坐标转换。

（2）在 GPS 网的三维约束平差中进行坐标转换

GPS 基线向量网进行三维约束平差时（GPS 网与地面网三维联合平差原理相同），将地面网点的已知坐标、方位角和边长作为约束条件，平差之后即得到各 GPS 点的地面网坐标系（国家或地方坐标系）的坐标。转换模型较复杂，详情参阅专业书籍。

2. 利用已知重合点的二维高斯平面坐标进行坐标转换

（1）利用平面坐标系统之间的转换方法进行转换

这种二维坐标转换方法分两步：

1）将 GPS 点的大地坐标（L、B）按 WPS-84 坐标系参考椭球的参数和高斯正形投影公式（7-58）换算为高斯平面坐标（x_G、y_G）；

2）利用重合点（至少两个）的两套平面坐标值按平面坐标系统之间的转换方法将 GPS 点的高斯平面坐标转换为国家坐标系高斯平面坐标。转换模型如下：

$$\begin{cases} x_{D_i} = x_0 + x_{G_i} K \cos\alpha - y_{G_i} K \sin\alpha \\ y_{D_i} = y_0 + x_{G_i} K \sin\alpha + y_{G_i} K \cos\alpha \end{cases} \tag{7-48}$$

式中，（x_{G_i}、y_{G_i}）为 GPS 点的高斯平面坐标；（x_{D_i}、y_{D_i}）为国家坐标系中的高斯平面坐标；（x_0、y_0）为两个坐标系原点的平移参数；K 为尺度比参数；α 为坐标轴旋转角度参数。

为了计算方便，令 $P = K\cos\alpha$，$Q = K\sin\alpha$，式（7-48）可变为

$$\begin{cases} x_{D_i} = x_0 + x_{G_i} P - y_{G_i} Q \\ y_{D_i} = y_0 + x_{G_i} Q + y_{G_i} P \end{cases} \tag{7-49}$$

利用式（7-49）进行坐标转换之前，首先要利用 2 个已知重合点的两套坐标值求出转换参数（x_0、y_0、P、Q），然后按式（7-48）计算其他 GPS 点在国家坐标系中的平面坐标。如果重合点多于 2 个，则应用最小二乘法原理求解转换参数。

（2）在 GPS 网的二维约束平差中进行坐标转换

GPS 基线向量网进行二维约束平差时（GPS 网与地面网二维联合平差道理相同），先将 GPS 基线向量观测值及其方差阵转换到国家（或地方）坐标系的二维平面上，然后在国家（或地方）坐标系中进行二维约束平差。约束条件为地面网点的已知边长或坐标方位角，平差之后即得到各 GPS 点的地面网坐标系（国家或地方坐标系）的高斯平面坐标。详情参阅专业书籍。

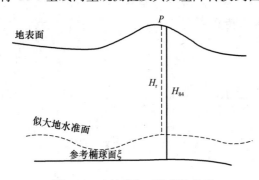

图 7-38 大地高与正常高的关系

3. 高程转换

GPS 测量成果如果用（L、B、H）来表示，其中 H 即是 GPS 点在 WPS-84 大地坐标系中的大地高程，为便于区分用"H_{84}"来表示，其几何意义为：地面点到参考椭球面的铅垂距离，如图 7-38 所示。而在实际应用中，地面点的高程常常采用正常高程系统，用"H_r"表示，其几何意义为：地面点到似大地水准面的铅垂距离，正常高 H_r 可以通过水准测量来确定。由于椭球面和似大地水准面是两个曲面，同一地面点的大地高 H_{84} 和正常高 H_r 之间存在一个差值，叫作高程异常（ξ）。三者之间存在如下关系：

$$H_r = H_{84} - \xi \tag{7-50}$$

或 $$\xi = H_{84} - H_r \tag{7-51}$$

椭球面和似大地水准面之间不平行，不同的地面点位，对应的高程异常（ξ）也不同。因此，要想通过 GPS 测定的大地高程 H_{84} 来求其对应点的正常高程 H_r，必须解决高程异常（ξ）。求解高程异常（ξ）常用的方法有：绘等值线图法、解析内插法、曲面拟合法等，详情可参考专业书籍。

7.4　距离改化与坐标换带 *[①]

7.4.1　距离改化

平面控制测量的坐标系统是建立在高斯平面上的，因此，地面上的观测成果（方向值、距离等）都应投影到高斯平面直角坐标系上。

1. 将距离改化到测区平均高程面

在采用独立平面直角坐标系的测区内进行的控制测量中，应将各测距边的边长改化到测区的平均高程面上，尤其在测区高差起伏较大时更应如此。如图 7-39 所示，地面上 A、B 两点，A 点处沿 AB 方向参考椭球体法截弧的曲率半径为 R_A，A 点高程为 H_A，B 点高程为 H_B，A、B 两点的平均高程为 H_m，测区平均高程为 H_P，将 AB 在其平均高程面上的距离 D_0 化为测区平均高程面上的距离 D，归化公式如下：

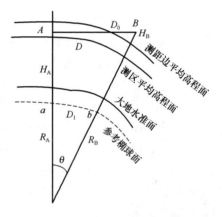

图 7-39　参考椭球面

$$D = D_0 \left(1 + \frac{H_P - H_m}{R_A}\right) \tag{7-52}$$

在一般工程测量中，当精度要求不高时，可将参考椭球面视为圆球，用 $R = 6371\text{km}$ 代替 R_A 代入式中计算。

2. 将距离改化到参考椭球面

图 7-39 中，若欲将 A、B 两点在其平均高程面上的距离归算为在参考椭球面上的距离 D_1，其公式如下：

$$D_1 = D_0 \left(1 - \frac{H_m + h_m}{R_A + H_m + h_m}\right) \tag{7-53}$$

式中，h_m 为测区大地水准面高出参考椭球面的高差。

在一般工程测量中，当精度要求不高时，忽略大地水准面与参考椭球的高差 h_m，并使地球为圆球，该式可简化为：

---

① ＊表示选读章节。

$$D_1 = D_0 \left(1 - \frac{H_m}{R_A + H_m}\right) \tag{7-54}$$

3. 将距离改化到高斯平面

高斯投影是保角投影，即投影前后的几何形状保持角度不变。经高斯投影建立的直角坐标系，除了中央子午线以外，线段投影到高斯平面上都要产生变形，离中央子午线越远变形越大，投影后的长度恒大于球面上的长度。

测距边在高斯平面上的长度 D_2，按式（7-55）计算：

$$D_2 = D_1 \left(1 + \frac{y_m^2}{2R_m^2} + \frac{\Delta y^2}{24R_m^2}\right) \tag{7-55}$$

式中，y_m 为测距边在高斯投影上的长度（m）；R_m 为测距边中点的平均曲率半径（m）；Δy 为测距边两端点近似横坐标的增量（m）。

在一般工程测量中，当精度要求不高时，该式可以简化为：

$$D_2 = D_1 \left(1 + \frac{y_m^2}{2R_m^2}\right) \tag{7-56}$$

在进行距离的改化时，应根据采用的坐标系统选用距离改化公式。当精度要求不高时，可在较小的测区内，计算出该测段的平均改化系数，合并到全站仪、测距仪的气象改正系数中，由仪器自动加以改正。

7.4.2 坐标换带

高斯投影所采用的分带方法使椭球上统一的球面坐标系变成了各自独立的平面直角坐标系。在处理不同投影带中点与点之间关系问题时，就需要把某些控制点在一个投影带的坐标，换算为另一个投影带的坐标，在投影边缘地区进行控制测量时，为了限制距离和面积的投影误差，也需要这种不同投影带之间的坐标换算。这种不同投影带之间的坐标换算，简称为换带。

坐标换带的方法有两种：一种是借助大地坐标的间接换带法；一种是两投影带平面坐标的直接换算法。这里只介绍间接换带法。

间接换带法就是利用高斯投影坐标公式，将一个投影带的平面直角坐标换算成椭球面上的大地坐标；再根据次大地坐标，换算成另一带的高斯平面直角坐标。

1. 地球椭球的基本元素

椭球的基本元素有：长半径 a、短半径 b、扁率 α、第一偏心率 e、第二偏心率 e' 等，各元素之间的关系为：

扁率 $\qquad\qquad\qquad\qquad \alpha = \dfrac{a-b}{a}$

第一偏心率 $\qquad\qquad\qquad e = \sqrt{\dfrac{a^2-b^2}{a^2}}$

第二偏心率 $\qquad\qquad\qquad e' = \sqrt{\dfrac{a^2-b^2}{b^2}}$

扁率反映了地球椭球扁平的程度。当 $\alpha = 0$ 时，椭球变为球；偏心率是子午椭球的焦点离中心的距离与椭球的长（短）半径的比值，它反映了椭球的扁平程度，偏心率越大，椭球越扁。

为了简化后面坐标换带的书写和运算，引入下列几个常用符号：

$$\begin{cases} c = \dfrac{b^2}{a} \\[2mm] t = \tan B \\[2mm] \eta = e' \cos B \\[2mm] W = \sqrt{1 - e^2 \sin^2 B} \\[2mm] N = \dfrac{a}{W} \\[2mm] M = \dfrac{a(1 - e^2)}{W^3} \end{cases}$$

式中，N 为卯酉圈曲率半径；M 为子午圈曲率半径。

2. 正算公式

正算公式即由大地坐标 L、B，求解高斯平面坐标 x、y 的公式，其形式如下：

$$\begin{cases} x = X + Nt\left[\dfrac{1}{2}m^2 + \dfrac{1}{24}(5 - t^2 + 9\eta^2 + 4\eta^4)m^4 + \dfrac{1}{720}(61 - 58t^2 + t^4)m^6 \right] \\[3mm] y = N\left[m + \dfrac{1}{6}(1 - t^2 + \eta^2)m^3 + \dfrac{1}{120}(5 - 18t^2 + t^4 + 14\eta^2 - 58\eta^2 t^2)m^5 \right] \end{cases} \quad (7\text{-}57)$$

式中，$m = (L - L_0)° \cdot \dfrac{\pi}{180°} \cdot \cos B$；$L_0$ 为轴子午线经度；B 单位为弧度；X 为从赤道起算的子午线弧长，计算公式如下

$X = a(1 - e^2)(A' \text{arc} B - B' \sin 2B + C' \sin 4B - D' \sin 6B + E' \sin 8B - F' \sin 10B + G' \sin 12B)$，式中

$$\begin{cases} A' = 1 + \dfrac{3}{4}e^2 + \dfrac{45}{64}e^4 + \dfrac{175}{256}e^6 + \dfrac{11025}{16384}e^8 + \dfrac{43659}{65536}e^{10} + \dfrac{693693}{1048576}e^{12} \\[3mm] B' = \dfrac{3}{8}e^2 + \dfrac{15}{32}e^4 + \dfrac{525}{1024}e^6 + \dfrac{2205}{4096}e^8 + \dfrac{72765}{131072}e^{10} + \dfrac{297297}{524288}e^{12} \\[3mm] C' = \dfrac{15}{256}e^4 + \dfrac{105}{1024}e^6 + \dfrac{2205}{16384}e^8 + \dfrac{10395}{65536}e^{10} + \dfrac{1486485}{8388608}e^{12} \\[3mm] D' = \dfrac{35}{3072}e^6 + \dfrac{105}{4096}e^8 + \dfrac{10395}{262144}e^{10} + \dfrac{55055}{1048576}e^{12} \\[3mm] E' = \dfrac{315}{131072}e^8 + \dfrac{3465}{524288}e^{10} + \dfrac{99099}{8388608}e^{12} \\[3mm] F' = \dfrac{693}{1310720}e^{10} + \dfrac{9009}{5242880}e^{12} \\[3mm] G' = \dfrac{1001}{8388608}e^{12} \end{cases}$$

arc 代表弧度。

3. 反算公式

反算即根据点的高斯平面坐标 x、y，求解其大地坐标 l、B。其形式如下：

$$\left\{\begin{array}{l} l = \dfrac{\rho}{\cos B_f}\left(\dfrac{y}{N_f}\right)\left[1 - \dfrac{1}{6}(1 + 2t_f^2 + \eta_f^2)\left(\dfrac{y}{N_f}\right)^2 + \dfrac{1}{120}(5 + 28t_f^2 + 24t_f^4 + 6\eta_f^2 + 8\eta_f^2 t_f^2)\left(\dfrac{y}{N_f}\right)^4\right] \\[4mm] B = B_f - \dfrac{\rho t_f}{2M_f}y\left(\dfrac{y}{N_f}\right)\left[1 - \dfrac{1}{12}(5 + 3t_f^2 + \eta_f^2 - 9\eta_f^2 t_f^2)\left(\dfrac{y}{N_f}\right)^2 + \dfrac{1}{360}(61 + 90t_f^2 + 45t_f^4)\left(\dfrac{y}{N_f}\right)^4\right] \end{array}\right.$$

$$(7\text{-}58)$$

式中，B_f 称为被求点的底点纬度；t_f、η_f、N_f、M_f 均为按 B_f 值计算的相应量。B_f 可用迭代法计算：

迭代初始值，令 $X = x$

$$B_f^0 = \frac{X}{a(1 + e^2)A}$$

以后各次迭代计算公式

$$B_f^{(i+1)} = B_f^i + \frac{X - F(B_f^i)}{F'(B_f^i)} \tag{7-59}$$

重复迭代直至 $B_f^{(i+1)} - B_f^i < 1 \times 10^{-8}$ 为止，一般情况下，迭代六次即可。式中

$$F(B_f^i) = a(1 - e^2)[A'\text{arc}B_f^i - B'\sin 2B_f^i + C'\sin 4B_f^i - D'\sin 6B_f^i$$
$$+ E'\sin 8B_f^i - F'\sin 10B_f^i + G'\sin 12B_f^i]$$

$$F'(B_f^i) = a(1 - e^2)[A' - 2B'\cos 2B_f^i + 4C'\cos 4B_f^i - 6D'\cos 6B_f^i$$
$$+ 8E'\cos 8B_f^i - 10F'\cos 10B_f^i + 12G'\cos 12B_f^i]$$

间接换带是一种以椭球面作为过渡面的相邻带平面坐标换算方法，具体计算过程如下：

（1）已知点 P 在某带（中央子午线为 L_0）的平面坐标为 $(x、y)$；取 $X = x$，利用迭代公式求出 B_f；

（2）根据已知的 y 和 B_f，利用反算公式计算出 l、B，并由 $L = L_0 + l$ 计算出 L 值；

（3）根据求得的 P 点大地纬度 B 和 L 在另一投影带（中央子午线为 L_0'）中的经度差 $l' = L - L_0'$ 之值，利用正算公式计算出在另一带内的高斯平面坐标 $(x、y)$。

复 习 思 考 题

1. 测绘地形图和施工放样为什么要建立控制网？控制网分为哪几种？

2. 导线布设形式有几种？各有何优缺点？在什么情况下采用？

3. 导线外业都有哪些工作？选点时应注意什么问题？

4. 某地区房地产开发，为测图布设首级控制网闭合导线，如图 7-40 所示，1 号点假定坐标（500.00，500.00），方位角 α_{12} 假定为 $132°50'00''$，观测成果为：$\beta_1 = 89°33'48''$、$\beta_2 = 73°00'12''$、$\beta_3 = 107°48'30''$、$\beta_4 = 89°36'30''$；$D_{12} = 129.34\text{m}$，$D_{23} = 80.18\text{m}$、$D_{34} = 105.22\text{m}$，$D_{41} = 78.16\text{m}$。请绘表计算各点坐标。

5. 某县规划修筑县级公路，为了线路勘测布设首级控制网附合导线，如图 7-41 所示，A、B、C、D 为已知点，已知点坐标值和边、角观测成果如表 7-12 所示，请绘表计算各点坐标。

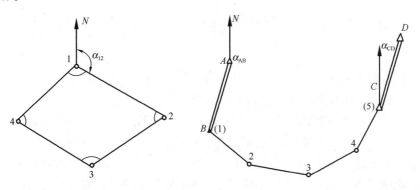

图 7-40　首级控制网闭合导线　　　图 7-41　首级控制网附合导线

已知点坐标值和边、角观测成果　　　　　　　　　表 7-12

已知点	x	y	观测成果			
			转折角		导线边（m）	
A	2507.69	1215.63	β_1	192°14′24″	D_{B2}	139.03
B	2299.83	1303.80	β_2	236°48′36″	D_{23}	172.57
C	2166.74	1757.27	β_3	170°39′36″	D_{34}	100.07
D	2361.47	1964.32	β_4	180°00′48″	D_{4C}	102.48
			β_5	230°32′36″		

6. 如图 7-41 所示，假如该首级控制网附合导线用全站仪直接测量各待定点的坐标，行走路线从 B 点出发至 C 点结束，测量结果如表 7-13 所示，请思考如何确定待定点的坐标。

测量结果　　　　　　　　　表 7-13

	2		3		4		C'	
	x	y	x	y	x	y	x	y
坐标值	2186.27	1383.98	2192.30	1556.34	2179.76	1655.64	2166.68	1757.29

7. GPS 卫星定位系统由哪几部分组成？各有什么功能？

8. GPS 网的布设形式有哪些？布网应注意什么问题？

第8章　地形图基本知识与应用

地物是指地面上有明显轮廓的固定性的自然物体和人工建筑的物体，如湖泊、河流、海洋、房屋、道路、桥梁等；地貌是地表高低起伏的形态，如山地、丘陵和平原等；地物和地貌的总称为地形。当测区较小时，可将地面上的各种地物、地貌沿铅垂线方向投影到水平面上，再按照一定的比例缩小绘制成图。在图上仅表示地物的平面位置的称为平面图；在图上除表示地物的平面位置外，还通过特殊符号表示地貌的称为地形图。若测区较大时，顾及地球曲率影响，采用专门的方法将观测成果编绘而成的图称为地图。此外，随着空间技术及信息技术的发展，又出现了影像地图和数字地图等，这些新成果的出现，不仅极大地丰富了地形图的内容，改变了原有的测量方式，同时，也为 GIS（地理信息系统）的完善并最终向"数字地球"的过渡提供了数据支持。

地形图的应用极其广泛，各种经济建设和国防建设，都需用地形图来进行规划和设计。这是因为地形图是对地表面实际情况的客观反映，在地形图上处理和研究问题，有时要比在实地更方便、迅速和直观；在地形图上可直接判断和确定出各地面点之间的距离、高差和直线的方向，从而使我们能够站在全局的高度来认识实际地形情况，提出科学的设计、规划方案。

8.1　地　形　图　比　例　尺

地形图上任意一线段的长度与地面上相应线段的实际水平长度之比，称为地形图比例尺。

8.1.1　比例尺的种类

1. 数字比例尺

数字比例尺一般用分子为 1 的分数形式表示。设图上某一线段的长度为 d，地面上相应线段的水平长度为 D，则该地形图比例尺为

$$\frac{d}{D} = \frac{1}{\frac{D}{d}} = \frac{1}{M} \tag{8-1}$$

式中，M 为比例尺分母。当图上 10mm 代表地面上 20m 的水平长度时，该图的比例尺即为 $\frac{1}{2000}$。数字比例尺也可书写成 1：2000，由此可见，比例尺分母实际上就是实地水平长度缩绘到图上的缩小倍数。

比例尺的大小以比例尺的比值衡量。比值越大（分母 M 越小），比例尺越大。为了满足经济建设和国防建设的需要，测绘和编制了各种不同比例尺的地形图，通常称 1：100

万、1：50 万、1：20 万为小比例尺地形图；1：10 万、1：5 万、1：2.5 万为中比例尺地形图；1：1 万、1：5000、1：2000、1：1000、1：500 为大比例尺地形图。工程建设中通常采用大比例尺地形图。

2. 图示比例尺

为了用图方便，以及减小由于图纸伸缩而引起的误差，在绘制地形图的同时，常在图纸上绘制图示比例尺。最常见的图示比例尺为直线比例尺。图 8-1 为 1：500 的直线比例尺，取 2cm 为基本单位，从直线比例尺上可直接读得基本单位的 1/10，估读到 1/100。

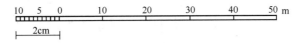

图 8-1 直线比例尺

8.1.2 地形图比例尺的选用

在城市建设的规划、设计和施工中，需要用到不同比例尺地形图，具体见表 8-1。

地形图比例尺的选用用途   表 8-1

比例尺	用途
1：10000	城市总体规划、厂址选择、区域布置、方案比较
1：5000	城市总体规划、厂址选择、区域布置、方案比较
1：2000	城市详细规划及工程项目初步设计
1：1000	建筑设计、城市详细规划、工程施工设计、竣工图
1：500	建筑设计、城市详细规划、工程施工设计、竣工图

8.1.3 比例尺精度

人们用肉眼能分辨的图上最小长度为 0.1mm，因此在图上量度或实地测图描绘时，一般只能达到图上 0.1mm 的精确性。我们把图上 0.1mm 所代表的实际水平长度称为比例尺精度。

比例尺精度的概念，对测绘地形图和使用地形图都有重要的意义。在测绘地形图时，要根据测图比例尺确定合理的测图精度。例如在测绘 1：500 比例尺地形图时，实地量距只需取到 5cm，因为即使量得再细，在图上也无法表示出来。在进行规划设计时，要根据用图的精度确定合适的测图比例尺。例如基本工程建设项目，要求在图上能反映地面上 10cm 的水平距离精度，则采用的比例尺不应小于 $\frac{0.1\text{mm}}{0.1\text{m}} = \frac{1}{1000}$。

表 8-2 为不同比例尺的精度，可见比例尺越大，其比例尺精度就越高，表示的地物和地貌越详细，但是一幅图所能包含的实地面积也越小，而且测绘工作量及测图成本会成倍地增加。因此，采用何种比例尺测图，应从规划、施工实际需要的精度出发，不应盲目追

求更大比例尺的地形图。

不同比例尺的比例尺精度　　　　　　表 8-2

比例尺	1∶500	1∶1000	1∶2000	1∶5000
比例尺精度（m）	0.05	0.10	0.20	0.50

8.2　地形图的分幅和编号

为了便于测绘、拼接、使用和保管地形图，需要将各种比例尺的地形图进行统一地分幅和编号。2012 年中华人民共和国国家质量监督检验检疫总局、中国国家标准化管理委员会发布了新的《国家基本比例尺地形图分幅和编号》GB/T 13989—2012 国家标准，自 2012 年 10 月 1 日起实施。地形图的分幅方法分为两类：一类是按规定的经差和纬差划分的经纬度分幅法，另一类是按坐标格网分幅的矩形分幅法。

8.2.1　地形图的分幅

1∶100 万地形图的分幅采用国际 1∶100 万地图分幅标准。每幅 1∶100 万地形图范围是经差 6°、纬差 4°；纬度 60°～76°为经差 12°、纬差 4°；纬度 76°～88°为经差 24°、纬差 4°（在我国范围内没有纬度 60°以上的需要合幅的图幅）。

1∶50 万～1∶5000 地形图的分幅。

1∶50 万～1∶5000 地形图均以 1∶100 万地形图为基础，按规定的经差和纬差划分图幅。

1∶50 万～1∶5000 地形图的图幅范围、行列数量和图幅数量关系见表 8-3。

1∶2000、1∶1000、1∶500 地形图的分幅。

（1）经、纬度分幅

1∶2000、1∶1000、1∶500 地形图宜以 1∶100 万地形图为基础，按规定的经差和纬差划分图幅。

1∶2000、1∶1000、1∶500 地形图经、纬度分幅的图幅范围、行列数量和图幅数量关系见表 8-3。

（2）正方形分幅和矩形分幅

1∶2000、1∶1000、1∶500 地形图亦可根据需要采用 50cm×50cm 正方形分幅和 40cm×50cm 矩形分幅。

8.2.2　地形图的图幅编号

1. 1∶100 万地形图的图幅编号

1∶100 万地形图的编号采用国际 1∶100 万地图编号标准。从赤道起算，每纬差 4°为一行，至南、北纬 88°各分为 22 行，依次用大写拉丁字母（字符码）A、B、C、…、V 表示其相应行号；从 180°经线起算，自西向东每经差 6°为一列，全球分为60列，依次用

1:100 万～1:500 地形图的图幅范围、行列数量和图幅数量关系　　表 8-3

比例尺		1:100万	1:50万	1:25万	1:10万	1:5万	1:2.5万	1:1万	1:5000	1:2000	1:1000	1:500
图幅范围	经差	6°	3°	1°30'	30'	15'	7'30"	3'45"	1'52.5"	37.5"	18.75"	9.375"
	纬差	4°	2°	1°	20'	10'	5'	2'30"	1'15"	25"	12.5"	6.25"
行列数量关系	行数	1	2	4	12	24	48	96	192	576	1152	2304
	列数	1	2	4	12	24	48	96	192	576	1152	2304
图幅数量关系 （图幅数量＝行数×列数）		1	4 (2×2)	16 (4×4)	144 (12×12)	576 (24×24)	2304 (48×48)	9216 (96×96)	36864 (192×192)	331776 (576×576)	1327104 (1152×1152)	5308416 (2304×2304)
			1	4 (2×2)	36 (6×6)	144 (12×12)	576 (24×24)	2304 (48×48)	9216 (96×96)	82944 (288×288)	331776 (576×576)	1327104 (1152×1152)
				1	9 (3×3)	36 (6×6)	144 (12×12)	576 (24×24)	2304 (48×48)	9216 (96×96)	82944 (288×288)	331776 (576×576)
					1	4 (2×2)	16 (4×4)	64 (8×8)	256 (16×16)	2304 (48×48)	9216 (96×96)	36864 (192×192)
						1	4 (2×2)	16 (4×4)	64 (8×8)	576 (24×24)	2304 (48×48)	9216 (96×96)
							1	4 (2×2)	16 (4×4)	144 (12×12)	576 (24×24)	2304 (48×48)
								1	4 (2×2)	36 (6×6)	144 (12×12)	576 (24×24)
									1	4 (2×2)	36 (6×6)	144 (12×12)
										1	4 (2×2)	16 (4×4)
											1	4 (2×2)

阿拉伯数字（数字码）1、2、3、…、60 表示其相应列号。由经线和纬线所围成的每一个梯形小格（图 8-2）为一幅 1∶100 万地形图，它们的编号由该图所在的行号与列号组合而成。同时，国际 1∶100 万地图编号第一位表示南、北半球，用"N"表示北半球，用"S"表示南半球。我国范围全部位于赤道以北，我国范围内 1∶100 万地形图的编号省略国际 1∶100 万地图编号中用来标志北半球的字母代码 N。

我国地处东半球赤道以北，图幅范围在经度 72°～138°、纬度 0°～56°内，包括行号 A、B、C、…、N 的 14 行、列号为 43、44、…、53 的 11 列。例如，北京某地的经度为东经 116°24′20″，纬度为 39°56′30″，则所在 1∶100 万比例尺图的图号为 J-50（图 8-2）。

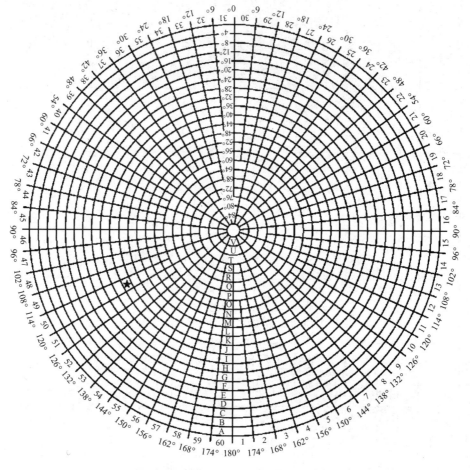

图 8-2　北半球 1∶100 万地形图分幅编号

2. 1∶50 万～1∶5000 地形图的图幅编号

（1）比例尺代码

1∶50 万～1∶5000 各比例尺地形图分别采用不同的字符作为其比例尺的代码（表 8-4）。

1∶50 万～1∶5000 地形图的比例尺代码　　　　　　　　　　表 8-4

比例尺	$\frac{1}{50万}$	$\frac{1}{25万}$	$\frac{1}{10万}$	$\frac{1}{5万}$	$\frac{1}{2.5万}$	$\frac{1}{1万}$	$\frac{1}{5000}$	$\frac{1}{2000}$	$\frac{1}{1000}$	$\frac{1}{500}$
代码	B	C	D	E	F	G	H	I	J	K

（2）图幅编号方法

1：50 万～1：5000 地形图的编号均以 1：100 万地形图编号为基础，采用行列编号方法。1：50 万～1：5000 地形图的图号均由其所在 1：100 万地形图的图号、比例尺代码和各图幅的行列号共十位码组成。1：50 万～1：5000 地形图编号的组成见图 8-3。

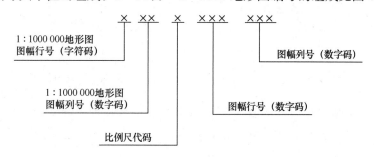

图 8-3　1：50 万～1：5000 地形图图幅编号的组成

【例 8-1】图 8-4 为 1：25 万比例尺地形图，写出斜线所示图幅的编号（图号）？

解：1：100 万比例尺地形图的图幅编号为 J50，1：25 万比例尺地形图代码为 C，则阴影所示图幅的图号为：J50C003003。

3. 1：2000、1：1000、1：500 地形图的图幅编号

（1）1：2000 地形图的图幅编号方法

1：2000 地形图经、纬度分幅的图幅编号方法应与 1：50 万～1：5000 地形图的图幅编号方法相同。亦可根据需要以 1：5000 地形图编号分别加短线，再加 1、2、3、4、5、6、7、8、9 表示。其编号示例见图 8-5，灰色区域所示图幅编号为 H49H192097-5。

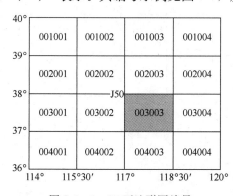

图 8-4　1：25 万地形图编号

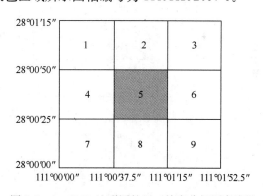

图 8-5　1：2000 地形图的经、纬度分幅顺序编号

（2）1：1000、1：500 地形图的图幅编号方法

1：1000、1：500 地形图经、纬度分幅的图幅编号均以 1：100 万地形图编号为基础，可采用行列编号方法，亦可采用正方形和矩形分幅方法。1：1000、1：500 地形图经、纬度分幅的图号由其所在 1：100 万地形图的图号、比例尺代码和各图幅的行列号共十二位码组成。1：1000、1：500 地形图经、纬度分幅的编号组成见图 8-6。

若采用正方形和矩形分幅的 1：2000、1：1000、1：500 地形图，其图幅编号一般采用图廓西南角坐标编号法，也可选用行列编号法和流水编号法。

1）坐标编号法

× ×× × ×××× ××××
1∶1000000地形图
图幅行号（字符码）
1∶1000000地形图
图幅列号（数字码）
比例尺代码
图幅行号（数字码）
图幅列号（数字码）

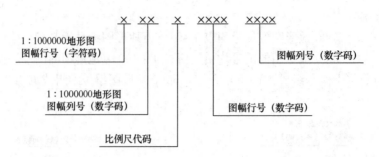

图 8-6 1∶1000、1∶500 地形图的经、纬度分幅编号组成

采用图幅西南角坐标公里数编号时，x 坐标公里数在前，y 坐标公里数在后，1∶2000、1∶1000 地形图取至 0.1km（如 10.2-21.0）；1∶500 地形图取至 0.01km（如 10.40-27.75）。

2）流水编号法

带状测区或小面积测区可按测区统一顺序编号，一般从左至右、从上至下用阿拉伯数字 1、2、3…确定，示例见图 8-7，灰色区域所示图幅编号为××-8（××为测区代号）。

3）行列编号法

行列编号法一般采用以字母（如 A、B、C…）为代号的横向从上到下排列，以阿拉伯数字为代号的纵列从左到右排列来编号，先行后列，示例见图 8-8，灰色区域所示图幅编号为 A-4。

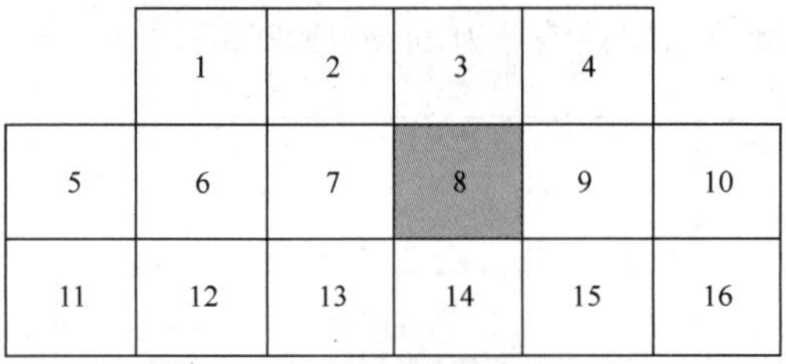

1 2 3 4
5 6 7 8 9 10
11 12 13 14 15 16

图 8-7 流水编号法

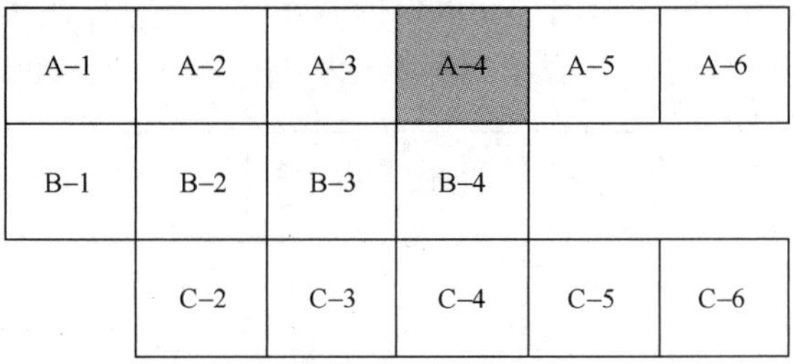

A–1 A–2 A–3 A–4 A–5 A–6
B–1 B–2 B–3 B–4
C–2 C–3 C–4 C–5 C–6

图 8-8 行列编号法

8.3 地形图图外注记

8.3.1 图名和图号

图名即本幅图的名称，可采用地名或企、事业单位名称等。为了区别各幅地形图所在的位置关系，每幅地形图上都编有图号。图号是根据地形图分幅和编号方法编定的。图名、图号标注在北图廓上方的中央，图名在上，图号在下。图名选择有困难时，可不注图名，仅注图号。

8.3.2 接图表

用于说明本幅图与相邻图幅的关系，供索引相邻图幅时用。通常是中间一格画有斜线

代表本图幅，四邻的八幅图分别标注图号或图名，并绘在图廓的左上方。此外，有些地形图还把相邻图幅的图号分别注在东、西、南、北图廓线中间，进一步说明与四邻图幅的相互关系。

8.3.3　图廓和坐标格网线

图廓是地形图的边界线，分内、外图廓。如图 8-9 所示，内图廓线即地形图分幅时的坐标格网经纬线。外图廓是距内图廓以外一定距离绘制的加粗平行线，起装饰作用。在内图廓外四角注有坐标值，并在内图廓线内侧，每隔 10cm 绘 5mm 的短线，表示坐标格网的位置。在图幅内绘有每隔 10cm 的坐标格网交叉点。图 8-9 中，西南图廓由南向北标注从北纬 46°50′ 起每隔 1′ 的纬线，从西向东标注从 128°45′ 起每隔 1′ 的经线。直角坐标公里格网左起第二条纵线的纵坐标为 22482km。其中 22 是该图所在投影带的带号，该格网线实际上与 x 轴相距 482km−500km＝−18km，即位于中央子午线以西 18km 处。图中南边第一条横向格网线 x＝5189km，表示位于赤道（y 轴）以北 5189km。

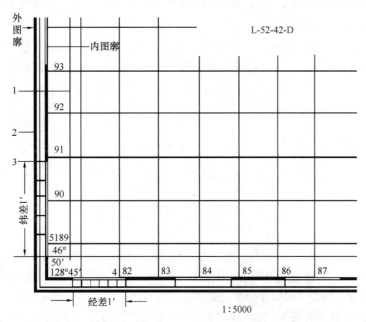

图 8-9　图廓和坐标格网线图

8.3.4　三北方向线及坡度尺

在中、小比例尺的南图廓线的右下方，还绘有真子午线、磁子午线和坐标纵轴（中央子午线）三个方向之间的角度关系，称为三北方向图，如图 8-10（a）所示。利用该关系图可对图上任一方向的真方位角、磁方位角和坐标方位角三者间作相互换算。

坡度尺用于在地形图上用图解的方法量测地面坡度时，绘在南图廓外直线比例尺的左边，如图 8-10（b）所示。坡度尺的水平底线下边注有两行数字，上行是用坡度角表示的坡度，下行是对应的倾斜百分率表示的坡度，即坡度角的正切函数值。

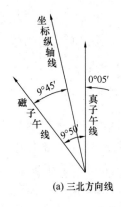 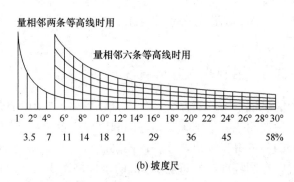

(a) 三北方向线　　　　　　　　(b) 坡度尺

图 8-10　三北方向线及坡度尺

8.3.5　投影方式、坐标系统、高程系统

每幅地形图测绘完成后，都要在图上标注本图的投影方式、坐标系统和高程系统，以备日后使用时参考。地形图都是采用正投影的方式完成的。坐标系统是指该幅图采用何种平面直角坐标系统完成的。如 1980 年国家大地坐标系、城市坐标系或独立平面直角坐标系。高程系统是指本图所采用的高程基准。如 1985 年国家高程基准系统或相对高程系统。以上内容均应标注在地形图外图廓左下方。

8.3.6　成图方法

目前地形图成图的方法主要有两种：航空摄影成图和野外数字测量成图。成图方法应标注在外图廓左下方。此外，还应标注测绘单位、成图日期等，供日后用图时参考。

8.4　地 形 图 图 式

在地形图上，对地物、地貌符号的样式、规格、颜色、使用以及地图注记和图廓整饰等都有统一规定，称为地形图图式。我国目前最新大比例尺地形图图式是由中华人民共和国国家质量检验检疫总局和中国国家标准化管理委员会发布，2018 年 5 月 1 日实施的《国家基本比例尺地形图图式 第 1 部分 1：500 1：1000 1：2000 地形图图式》GB/T 20257.1—2017（以下简称《地形图图式》），图式中的符号有三类：地物符号、地貌符号和注记符号。符号分类如表 8-5 所示。

地形图图式中符号分类　　　　　　　　　　　　表 8-5

分类名称	简要说明
定位基础	包括数学基础和测量控制点
水系	包括河流、沟渠、湖泊、水库、海洋、水利要素及附属设施等
居民地及设施	包括居民地、工矿、农业、公共服务、名胜古迹、宗教、科学观测站、其他建筑物及其附属设施等
交通	包括铁路、城际公路、城市道路、乡村道路、道路构筑物、水运、航道、空运及其附属设施等

分类名称	简要说明
管线	包括输电线、通信线、各种管道及其附属设施等
境界	包括国界、省界、地级界、县界、乡界、村界及其他界限等
地貌	包括等高线、高程注记点、水域等值线、水下注记点、自然地貌和人工地貌等
植被及土质	包括农林用地、城市绿地及土质等
注记	包括地理名称注记、说明注记和各种数字注记等

8.4.1　地物符号

地物的类别、形状和大小及其在图上的位置用地物符号表示。根据地物大小及描绘方法的不同，地物符号又可分为下列几种。

1. 依比例尺符号

地物依比例尺缩小后，其长度和宽度能依比例尺表示的地物符号，称为依比例尺符号。如房屋、运动场、湖泊、森林等，如表 8-6 所示，从 1 号到 12 号都是比例符号。

常见地物、地貌和注记符号　　　　　　　　　　　　　表 8-6

编号	符号名称	1:500	1:1000	1:2000
1	导线点　a. 土堆上的 I16、I23—等级、点号 84.46、94.40—高程 2.4—比高			
2	水准点 II—等级 京石 5—点名点号 32.805—高程			
3	卫星定位等级点 B—等级 14—点号 495.263—高程			
4	地面河流 a. 岸线（常水位线、实测岸线） b. 高水位线（高水界） 清江—河流名称			
5	沟渠 a. 低于地面的 b. 高于地面的 c. 渠首			

编号	符号名称	1:500	1:1000	1:2000
6	涵洞 a. 依比例尺的 b. 半依比例尺的			
7	干沟 2.5—深度			
8	池塘			
9	单幢房屋 a. 一般房屋 b. 裙楼 b1. 楼层分割线 c. 有地下室的房屋 d. 简易房屋 e. 突出房屋 f. 艺术建筑 混、钢—房屋结构 2、3、8、28—房屋层数 (65.2)—建筑高度 －1—地下房屋层数			
10	棚房 a. 四边有墙的 b. 一边有墙的 c. 无墙的			
11	架空房、吊脚楼 4—楼层 3—架空楼层 /1、/2—空层层数			
12	廊房（骑楼）、飘楼 a. 廊房 b. 飘楼			

续表

编号	符号名称	1：500	1：1000	1：2000
13	烟囱及烟道 a. 烟囱 b. 烟道 c. 架空烟道			
14	围墙 a. 依比例尺的 b. 不依比例尺的			
15	栅栏、栏杆			
16	地类界			
17	悬空通廊			
18	标准轨铁路 a. 地面上的 a1. 电杆 b. 高架的 c. 高速的 c1. 高架的 d. 建筑中的			
19	国道 a. 一级公路 a1. 隔离设施 a2. 隔离带 b. 二至四级公路 c. 建筑中的 ①、②—技术等级代码 （G305）、（G301）—国道代码及编号			

续表

编号	符号名称	1∶500　　　1∶1000　　　1∶2000		
20	街道 　a. 主干道 　b. 次干道 　c. 支线 　d. 建筑中的	a ———————— 0.35 b ———————— 0.25 c ———————— 0.15 d ⊔ ⊔ ⊔ ⊔ 0.15 　10.0　2.0		
21	内部道路	1.0 / 1.0		
22	过街天桥、地下通道 　a. 天桥 　b. 地道	a　　　b		
23	高压输电线架空的 　a. 电杆 35—电压（kV） 地面下的 　a. 电缆标 输电线入地口 　a. 依比例尺的 　b. 不依比例尺的	a ——35 　　4.0 a 圆 8.0　1.0　4.0 a b		
24	配电线 架空的 　a. 电杆 地面下的 　a. 电缆标 配电线入地口	a 　8.0 a 圆 8.0　1.0　4.0		
25	管道检修井孔 　a. 给水检修井孔 　b. 中水检修井孔 　c. 排水（污水）检修井孔 　d. 排水暗井 　e. 煤气、天然气、液化气检修井孔 　f. 热力检修井孔 　g. 工业、石油检修井孔 　h. 公安检修井孔 　i. 不明用途的井孔	a　2.0 ⊖ b　2.0 ⬙ c　2.0 ⊕ d　2.0 Ⓐ e　2.0 ⊖ f　2.0 ⊕ g　2.0 ⊕ h　2.0 ✪ i　2.0 ○		

编号	符号名称	1 : 500　　　1 : 1000　　　1 : 2000
26	国界 a. 已定界和界桩、界碑及编号 b. 未定界	
27	省界 a. 已定界 b. 未定界 c. 界标	
28	特别行政区界线	
29	等高线及注记 a. 首曲线 b. 计曲线 c. 间曲线 d. 助曲线 e. 草绘等高线 25—高程	
30	人工陡坎 a. 未加固的 b. 已加固的	
31	滑坡	
32	稻田 a. 田埂	
33	旱地	

编号	符号名称	1∶500	1∶1000	1∶2000
34	各种说明注记 a. 政府机关 b. 企业、事业、工矿、农场 c. 高层建筑、居住小区、公共设施		a　　　　市民政局 宋体(3.5) b　日光岩幼儿园　兴隆农场 宋体(2.5~3.5) c　　二七纪念塔　兴庆广场 宋体(2.5~3.5)	
35	性质注记		混凝土松咸 细等线体(2.0 2.5)	
36	地貌 山名、山梁、山峁、高地等		九顶山　　　骊山 正等线体(3.5 4.0)	

2. 半依比例尺符号

地物依比例尺缩小后，其长度能依比例尺而宽度不能依比例尺表示的地物符号，称为半依比例尺符号。如围墙、篱笆、电力线、通信线等，见表 8-6。

3. 不依比例尺符号

地物依比例尺缩小后，其长度和宽度不能依比例尺表示的地物符号，称为不依比例尺符号。如三角点、水准点、独立树、钻孔等，见表 8-6。不依比例尺符号的中心位置与该地物实地的中心位置的关系，随各种地物不同而异，在测绘及用图时应注意：

（1）圆形、正方形、三角形等几何图形的符号，如三角点、导线点、钻孔等，该几何图形的中心即代表地物中心的位置。

（2）宽底符号，如里程碑、岗亭等，该符号底线的中点为地物中心的位置。

（3）底部为直角形的符号，如独立树、加油站，该符号底部直角顶点为地物中心的位置。

（4）不规则的几何图形，又没有宽底和直角顶点的符号，如山洞、窑洞等，该符号下方两端点连线的中点为地物中心的位置。

8.4.2　地貌符号

地貌形态多种多样，一个地区可按其起伏的变化分为以下四种地形类型：地势起伏小，地面倾角在 3°以下，称为平坦地；地面高低变化大，倾角在 3°～10°称为丘陵地；高低变化悬殊，倾角在 10°～25°称为山地；绝大多数倾角超过 25°的称为高山地。地形图上表示地貌的主要方法是等高线。

1. 等高线的概念

等高线就是由地面上高程相同的相邻点所连接而成的闭合曲线。如图 8-11 所示，设有一座位于平静湖水中的小山，山顶与湖水的交线就是等高线，而且是闭合曲线，交线上各点高程必然相等（为 53m）；当水位下降 1m 后，水面与小山又截得一条交线，这就是高程为 52m 的等高线。依此类推，水位每降落 1m，水面就与小山交出一条等高线，从而得到一组高差为 1m 的等高线。设想把这组实地上的等高线铅直地投影到水平面 P 上去，并按规定的比例尺缩绘到图纸上，就得到一张用等高线表示该小山的地貌图。

2. 等高距和等高线平距

相邻等高线之间的高差，称为等高距，常以 h 表示。在同一幅图上，等高距是相同的。

相邻等高线之间的水平距离称为等高线平距，常以 d 表示。因为同一张地形图内，等高距是相同的，所以等高线平距 d 的大小直接与地面的坡度有关。如图 8-12 所示，地面上 CD 段的坡度大于 BC 段，其等高线平距 cd 就比 bc 小，相反，地面上 CD 段的坡度小于 AB 段，其等高线平距就比 AB 段大。也就是说，等高线平距愈小，地面坡度愈陡，图上等高线就显得愈密集；反之，则比较稀疏；当地面的坡度均匀时，等高线平距就相等。因此，根据等高线的疏密，可以判断地面坡度的缓与陡。

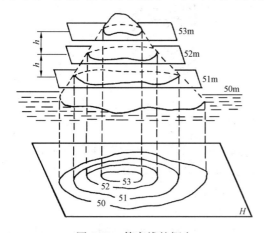
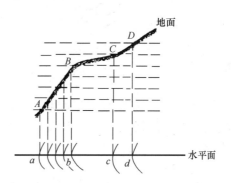

图 8-11　等高线的概念　　　　图 8-12　等高线平距与地面坡度的关系

从上述可以知道，等高距越小，显示地貌就越详尽；等高距越大，其所表示的地貌就越简略。但是事物总是一分为二的，等高距越小，图上的等高线越密，将会影响图面的清晰醒目。因此，在测绘地形图时，要根据测图比例尺、测区地面的坡度情况和按照国家规范要求选择合适的基本等高距，见表 8-7。

地形图的基本等高距（单位：m）　　　　　　　　　表 8-7

地形	1∶500	1∶1000	1∶2000	1∶5000
平坦地	0.5	0.5	1	2
丘陵	0.5	1	2	5
山地	1	1	2	5
高山地	1	2	2	5

3. 用等高线表示的几种典型地貌

地面上地貌的形态是多样的，对它进行仔细分析后就会发现：无论地貌怎样复杂，它们不外乎是几种典型地貌的综合。了解和熟悉用等高线表示的典型地貌的特征，将有助于识读、应用和测绘地形图。

（1）山头和洼地

图 8-13（a）为山头的等高线；图 8-13（b）为洼地的等高线。山头和洼地的等高线都是一组闭合曲线。在地形图上区分山地或洼地的准则是：凡内圈等高线的高程注记大于外圈者为山头，小于外圈者为洼地；如果等高线上没有高程注记，则用示坡线表示。

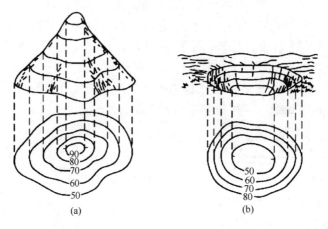

图 8-13　山头和洼地

示坡线就是一条垂直于等高线并指示坡度降落方向的短线。图 8-13（a），示坡线从内圈指向外圈，说明中间高、四周低，为一山丘。图 8-13（b），示坡线从外圈指向内圈，说明中间低、四周高，为洼地。

（2）山脊与山谷

山脊是顺着一个方向延伸的高地。山脊上最高点的连线称为山脊线。山脊的等高线表现为一组凸向低处的曲线，如图 8-14（a）所示。山谷是沿着一个方向延伸的洼地，位于两山脊之间。贯穿山谷最低点的连线称为山谷线。山谷等高线表现为一组凸向高处的曲线，如图 8-14（b）所示。

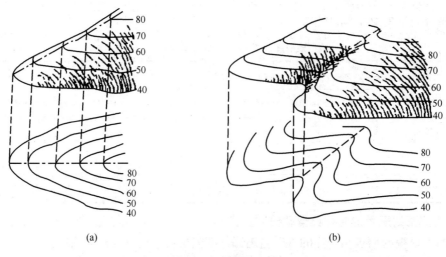

图 8-14　山脊和山谷

（3）鞍部

鞍部就是相邻两山头之间呈马鞍形的低凹部位，如图 8-15 所示。鞍部（S 点处）是两个山脊与两个山谷会合的地方，鞍部等高线的特点是在一圈大的闭合曲线内，套有两组小的闭合曲线。

（4）陡崖和悬崖

陡崖是坡度在 70°～90°的陡峭崖壁，有石质和土质之分。若用等高线表示，将非常密集或重合为一条线，因此采用陡崖符号来表示，如图 8-16（a）所示。

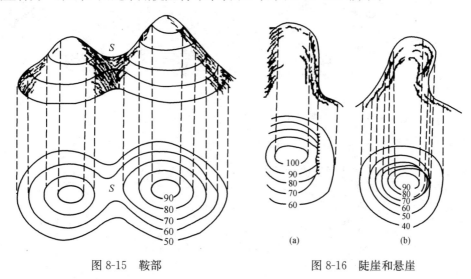

图 8-15   鞍部   图 8-16   陡崖和悬崖

悬崖是上部突出，下部凹进的陡崖。上部的等高线投影在水平面时，与下部的等高线相交，下部凹进的等高线用虚线表示，如图 8-16（b）所示。

还有某些特殊地貌，如冲沟、滑坡等，其表示方法参见地形图图式。

了解和掌握了典型地貌等高线，就不难读懂综合地貌的等高线图。图 8-17 为某地区综合地貌，读者可自行对照阅读。

4. 等高线的分类

（1）首曲线

从高程基准面起算，按地形图的基本等高距测绘的等高线称首曲线，又称基本等高线。首曲线用细实线描绘。

（2）计曲线

从高程基准面起算，每隔四条首曲线（当基本等高距采用 2.5m 时，则每隔三条）加粗一条的等高线，称为计曲线，又称加粗等高线。

（3）间曲线

为了显示首曲线表示不出的地貌特征，按 1/2 基本等高距描绘的等高线称间曲线，又称为半距等高线，图上用长虚线描绘，表示时可不闭合。

（4）助曲线

间曲线无法显示地貌特征时，还可以按 1/4 基本等高距描绘等高线，叫作辅助等高线，简称助曲线，图上用短虚线描绘，表示时可不闭合。

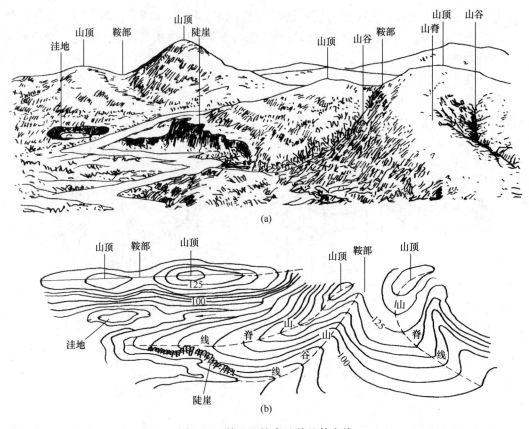

图 8-17　某地区综合地貌及等高线

5. 等高线的特性

（1）同一条等高线上各点的高程相等。

（2）等高线为闭合曲线，不能中断，如果不在本幅图内闭合，则必在相邻的其他图幅内闭合。

（3）等高线只有在悬崖、绝壁处才能重合或相交。

（4）等高线与山脊线、山谷线正交。

（5）同一幅地形图上的等高距相同，因此，等高线平距大表示地面坡度小；等高线平距小表示地面坡度大；平距相同则坡度相同。

8.4.3　注记符号

注记符号是用文字、数字或特定符号对地物和地貌进行说明与补充。它包括：（1）名称注记：如街道名、单位名、村镇名、山名、河流名等。（2）性质注记：如房屋建筑材料、道路路面铺设材料、管线用途、植被种类等。（3）数字注记：如高程注记、河流的深度、房屋的层数等。

1. 注记的排列方式

注记字列分为水平字列、垂直字列、雁行字列和屈曲字列，如图 8-18 所示。

（1）水平字列。由左至右，各字中心的连线成一直线，而且平行于南图廓。

（2）垂直字列。由上至下，各字中心的连线成一直线，且垂直于南图廓。

（3）雁行字列。各字中心连线应为直线且斜交于南、北图廓。

（4）屈曲字列。各字字边垂直或平行于线状地物，且依线状地物的弯曲形状而排列。

2. 注记的字向

注记的字向一般为正向，即字头朝向北图廓。对于雁行字列，如果字中心连线与南图廓交角小于等于 45° 时，则字向垂直于连线，由左至右注记；如果交角大于 45°，则字向平行于连线，由上至下注记。

图 8-18 注记

8.5 地 形 图 的 应 用

8.5.1 地形图的识读

地形图是测绘工作的主要成果，是包含了丰富的自然地理、人文地理和社会经济信息的载体，并且具有可量测、可定向等特点，在经济建设的各个方面有着广泛的应用，尤其在工程建设中，可借助地形图了解自然和人文地理、社会经济诸方面因素对工程建设的综合影像，使勘测、规划、设计能充分利用地形条件、优化设计和施工方案。利用地形图作为底图，可以编绘出一系列专题地图，如地质图、水文图、农田水利规划图、土地利用规划图、建设总平图、城市交通图和旅游图等。

地形图的识读是正确应用地形图的基础，这就要求能将地形图上每一种符号、注记的含义准确判读出来，地形图的识读，可按照先图外后图内、先地物后地貌、先主要后次要、先注记后符号的基本顺序，并参照相应的《地形图图式》逐一阅读。

1. 图外注记阅读

读图时，先了解所读图廓的图名、图号、接图表、比例尺、坐标系统、高程系统、等高距、测图时间、图式版式等内容，然后进行地形图内地物和地貌的识读。

2. 地物识读

根据地物符号和有关注记，了解地物的分布和地物的位置，因此，熟悉地物符号是提高识图能力的关键。如图 8-19 所示，图幅东南部有耀华新村和耀华小学，长冶公路从东南方穿过，路边有两个埋石图根导线点 12、13，并有低压电线；图廓西北部的小山头和山脊上有 73、74、75 三个图根三角点。

3. 地貌识读

根据等高线判读出山头、洼地、山谷、山坡、鞍部等基本地貌，并根据特定的符号判读出冲沟、悬崖、陡坎等特殊地貌，同时根据等高线的密集程度来分析地面坡度的变化情况。如图 8-19 所示，该图中从北向南延伸着高差约 15m 的山脊，西边有座十余米高的小

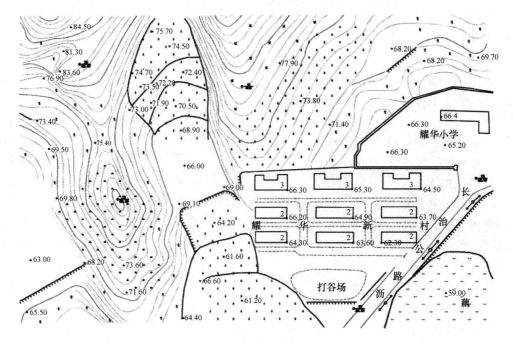

图 8-19　耀华新村地形图部分缩图

山，西北方向有个鞍部；地面坡度在 6°～25°，属于山地，另外有多处陡坎和斜坡。

在地形图上，除读出各种地物和地貌外，还应根据图上配置的各种植被符号或注记说明，了解植被的分布、类别特征、面积大小等。如图 8-19 所示，两山之间有水稻，东南角有藕塘，正北方向的山坡为竹林，紧靠竹林的是一片经济林，西南方向的小山头上是一片坟地，其余山坡是旱地。

按以上读图的基本程序和方法，可对一幅地形图获取全面的了解，以达到真正读懂地形图的目的，为用图打下良好的基础。

8.5.2　地形图的基本应用

1. 确定点的平面坐标

如图 8-20 所示，欲确定图上某点 A 的平面坐标，首先根据图廓坐标注记和 A 点的图上位置，绘出坐标方格 $abcd$；过 A 点分别作平行于 ab 和 ad 的直线，交 ab 于 g 点、交 ad 于 e 点；再按地形图比例尺（比例为 1:1000）量出 ag 和 ae 的长度。

$$ag = 66.3\text{m}$$
$$ae = 50.6\text{m}$$

则

$$x_A = x_a + ag = 5100 + 66.3 = 5166.3\text{m}$$
$$y_A = y_a + ae = 1100 + 50.6 = 1150.6\text{m}$$

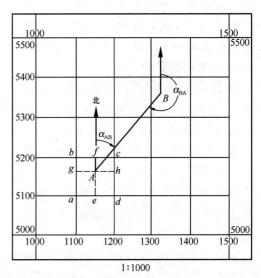

图 8-20　点的平面坐标

178

为了校核，还应量取 gb 和 ed 的长度。实际上，由于图纸保存或使用的过程中会产生伸缩变形，导致方格网中每个方格的长度往往不等于其理论长度 1，为使求得的坐标值更精确，可用下式进行计算

$$x_A = xa + \frac{l}{ab}ag$$

$$y_A = ya + \frac{l}{ad}ae \tag{8-2}$$

若地形图上绘有图示比例尺，可先用卡规精确地卡出 ag、ae，在图示比例尺上读取其长度，这样可基本消除因图纸变形所带来的影响。

2. 确定点的高程

地形图上任一点的地面高程，可根据邻近的等高线及高程注记确定。如图 8-21 所示，A 点位于高程为 51m 等高线上，故 A 点高程为 51m。若所求点不在等高线上，如图 8-21 中 B 点，可过 B 点作一条大致垂直并相交于相邻等高线的线段 mn。分别量出 mn 的长度 d 和 mB 的长度 $d1$，则 B 点的高程可按比例内插求得

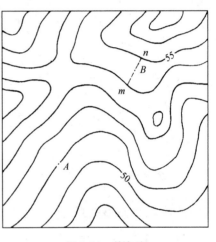

图 8-21　等高线

$$H_B = H_m + h_{mB} = H_m + \frac{d1}{d}h \tag{8-3}$$

式中，H_m 为 m 点的高程；h 为等高距，在图 8-21 中为 $1m$。

在图上求某点的高程时，通常可以根据相邻两等高线的高程目估确定。例如，图中 B 点的高程可估计为 54.6m，其高程的精度低于等高线本身的精度。规范中规定，在平坦地区，等高线的高程中误差不应超过 1/3 等高距；丘陵地区，不应超过 1/2 等高距；山区，不应超过一个等高距。由此可见，如果等高距为 1m，较平坦地区等高线本身的高程误差允许为 0.3m、丘陵地区为 0.5m、山区为 1m。所以可以用目估确定点的高程。

3. 确定直线的水平距离和坐标方位角

欲求 A、B 两点间的距离、坐标方位角，必须先用式（8-2）和式（8-3）求出 A、B 两点的坐标和高程，则 AB 直线的水平距离和坐标方位角可用坐标反算公式计算，即

$$D_{AB} = \sqrt{(x_B - x_A)^2 + (y_B - y_A)^2}$$

$$\alpha_{AB} = \arctan\left(\frac{y_B - y_A}{x_B - x_A}\right)$$

4. 确定直线的坡度

设地面两点 A、B 间的水平距离为 D_{AB}，高差为 h_{ab}，直线的坡度 i 为其高差与相应水平距离之比，即

$$i_{AB} = \frac{h_{AB}}{D_{AB}} = \frac{h_{AB}}{d_{AB} \cdot M}$$

式中，d_{AB} 为地形图上 A、B 两点间距离；M 为地形图比例尺分母。

坡度 i 常以百分数或千分数表示。$i_{AB} > 0$，表示上坡，$i_{AB} < 0$，表示下坡。应该注意到，虽然 A、B 两点是地面点，但 A、B 两点连线坡度不一定是地面坡度。

8.5.3 图形面积的量算

1. 坐标计算法

如图 8-22 所示，对多边形进行面积量算时，可在图上确定多边形各顶点的坐标（或以其他方法测得），直接用坐标计算面积。图中四边形 1234 的面积等于梯形 $3'344'$ 加梯形 $4'411'$ 的面积再减去梯形 $3'322'$ 和梯形 $2'211'$ 的面积，即

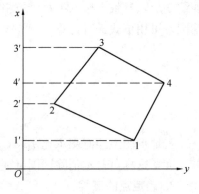

图 8-22 坐标法计算图形面积

$$A = \frac{1}{2} \mid (y_3 + y_4)(x_3 - x_4) + (y_4 + y_1)(x_4 - x_1) - (y_3 + y_2)(x_3 - x_2)$$

$$- (y_2 + y_1)(x_2 - x_1) \mid$$

整理后得

$$A = \frac{1}{2} \mid x_1(y_2 - y_4) + x_2(y_3 - y_1) + x_3(y_4 - y_2) + x_4(y_1 - y_3) \mid$$

若图形为 n 边形，则一般形式为

$$A = \frac{1}{2} \sum_{i=1}^{n} x_i(y_{i+1} - y_{i-1}) \tag{8-4}$$

若多边形各顶点投影于 y 轴，则有

$$A = \frac{1}{2} \sum_{i=1}^{n} y_i(x_{i+1} - x_{i-1}) \tag{8-5}$$

式中，n 为多边形边数。当 $n=1$ 时，y_{i-1} 和 x_{i-1}，分别用 y_n 和 x_n 代入。

可用两公式算出的结果互作计算检核。

对于轮廓为曲线的图形进行面积估算时，可采用以折线代替曲线进行估算。取样点的密度决定估算面积的精度，当对估算精度要求高时，应加大取样点的密度。该方法可实现计算机自动计算。

2. 透明方格纸法

如图 8-23 所示，要计算曲线内的面积，将一张透明方格纸覆盖在图形上，数出曲线内的整方格数 n_1 和不足整格的方格数 n_2。设每个方格的面积为 a（当为毫米方格时，$a = 1mm^2$），则曲线围成的图形实地面积为

$$A = \left(n_1 + \frac{1}{2}n_2\right)aM^2$$

式中，M 为比例尺分母。计算时应注意 a 的单位。

3. 平行线法

如图 8-24 所示，在曲线围成的图形上绘出间隔相等的一组平行线，并使两条平行线

与曲线图形边缘相切。将这两条平行线间隔等分得相邻平行线间距为 h。每相邻平行线之间的图形近似为梯形。用比例尺量出各平行线在曲线内的长度为 l_1、l_2、$\cdots$、l_n，则各梯形面积为

$$A_1 = \frac{1}{2}h(0 + l_1)$$

$$A_2 = \frac{1}{2}h(l_1 + l_2)$$

$$\cdots$$

$$A_n = \frac{1}{2}h(l_{n-1} + l_n)$$

$$A_{n+1} = \frac{1}{2}h(l_n + 0)$$

图形总面积为

$$A = A_1 + A_2 + \cdots + A_{n+1} = h(l_1 + l_2 + \cdots + l_n) = h\sum_{i=1}^{n} l_i$$

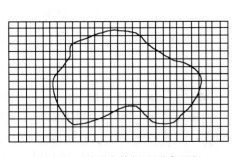
图 8-23　透明方格纸法围成面积

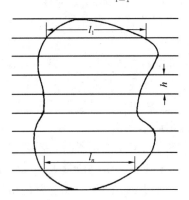
图 8-24　平行线法求面积

8.5.4　地形图的工程应用

1. 按设计线路设计纵断面图

在线路工程设计中，为了进行填挖土（石）方量的概算，合理地确定线路的纵坡，需要较详细地了解沿线方向的地形起伏情况，为此，可根据大比例尺地形图绘制该方向的纵断面图。

如图 8-25 所示，欲沿 MN 方向绘制断面图，先在图纸上或方格纸上绘 MN 水平线，过 M 点作 MN 垂线，水平线表示距离，垂线表示高程。水平距离一般采用与地形图相同的比例尺或选定的比例尺，称为水平比例尺；为了明显地表示地面的高低起伏变化情况，高程比例尺一般为水平距离比例尺的 10 倍或 20 倍。然后在地形图上沿 MN 方向线，量取交点 a、b、$\cdots$、i 等点至 M 点的距离，按各点的距离数值，依次在纵断面图中标出；在地形图上读取各交点高程，然后按高程比例尺确定各点在纵轴方向上的位置；最后将各相邻点用平滑曲线连接起来，即为 MN 方向的断面图（图 8-26）。

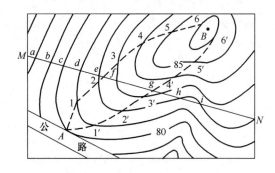

图 8-25 绘制纵断面图及按设计坡度选线

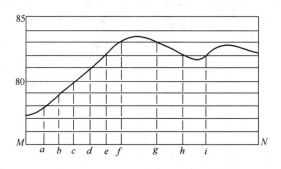

图 8-26 纵断面图

2. 按限制坡度在地形图上选线

线路中初步设计阶段，一般先在地形图上根据设计要求的坡度选择路线的可能走向，如图 8-25 所示。地形图比例尺为 1：2000，等高距为 1m，要求从 A 点到 B 点选择坡度不超过 7‰的线路。为此，先根据 7‰坡度求出相邻两等高线间的最小平距 $d = h/i = 1/0.07 = 14.3$m，1：2000 地形图上距离为 7.1mm，将分规卡成 7.1mm，以 A 为圆心，以 7.1mm 为半径作弧与 81m 等高线交于 1 点，再以 1 点为圆心作弧与 82m 等高线交于 2 点，依次定出 3、4、…、6 各点，直到 B 点附近，即得坡度不大于 7‰的线路。在该地形图上，用同样的方法还可定出另一条线路 A、$1'$、$2'$、…、$6'$，作为比较方案。

这只是选择线路的基本定量分析方法，最后确定这条线路，还需综合考虑地质条件、人文社会、工程造价、环境保护等众多因素。

3. 确定汇水面积

当道路跨越河流或沟谷时，需要修建桥梁或涵洞。桥梁或涵洞的孔径大小，取决于河流或沟谷的水流量，水的流量大小又取决于汇水面积。地面上某区域内雨水注入同一山谷或河流，并通过某一断面（如道路的桥涵），这一区域的面积称为汇水面积。汇水面积可由地形图上山脊线的界线求得，如图 8-27 所示，用山脊线（图中为虚线）与 AB 断面所包围的面积，就是桥涵 M 的汇水面积。

4. 平整场地中的土石方量计算

平整场地：将施工现场的自然地表按要求整理成一定高程的水平地面或一定坡度的倾斜地面的工作。

在场地平整工作中，为使填、挖土石方量基本平衡，常要利用地形图确定填、挖边界和进行填、挖土石方量的概算。场地平整有两种情况：其一是平整为水平场地；其二是整理为倾斜面。

平整场地方法：方格网法，该方法用于地形起伏不大的大面积场地平整的土石方估算。

如图 8-28 所示为某场地的地形图，假设要求将原地貌按填挖平衡的原则改造成水平面，土方量的计算步骤如下：

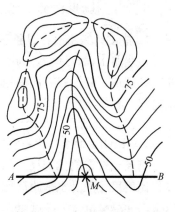

图 8-27 确定汇水面积图

（1）绘方格网并求格网点高程

在地形图上拟平整场地范围内绘方格网，方格网的边长主要取决于地形的复杂程度、地形图比例尺的大小和土石方估算的精度要求，一般为 10m×10m、20m×20m。根据等高线确定各方格顶点的高程，并注记在各顶点的上方，见图 8-28。

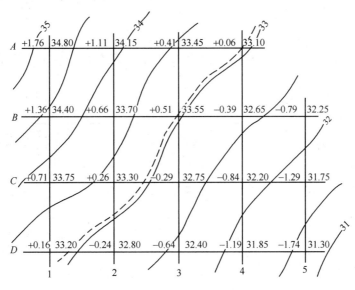

图 8-28　方格网法估算土石方量

（2）确定场地平整的设计高程

应根据工程的具体要求确定设计高程。大多数工程要求填、挖方量大致平衡，这时设计高程的计算方法是：先将每一个格 4 个顶点高程取平均值，再对各个方格的平均高程取平均值，即对各顶点高程取加权平均值为设计高程。从图 8-28 中可以看出，角点 A1、A4、B5、D1、D5 的高程只参加一次计算，边点 A2、A3、B1、…的高程参加两次计算，拐点 B4 的高程参加三次计算，中点 B2、B3、C2、…的高程参加四次计算，因此，设计高程的计算公式为

$$H_\text{设} = \frac{\sum H_\text{角} + 2\sum H_\text{边} + 3\sum H_\text{拐} + 4\sum H_\text{中}}{4n} \tag{8-6}$$

式中，n 为方格总数。

将图 8-28 中各顶点高程代入式（8-6）中，求出设计高程为 33.04m。在地形图中内插绘出 33.04m 等高线（图中虚线），即为不填不挖的施工边界线。

（3）计算填、挖高度

用格网顶点地面高程减设计高程即得每一格顶点的填、挖方的高度，即

$$h = H_\text{地} - H_\text{设} \tag{8-7}$$

式中，h 为"＋"表示挖深，为"－"表示填高，并将 h 值标注于相应方格顶点左上角。

（4）计算填、挖方量

填、挖方量是将角点、边点、拐点、中点的填、挖方高度（h），分别代表 1/4、2/4、3/4、1 方格面积（4）的平均填、挖方高度，即

$$V_角 = h_角 \times \frac{1}{4}A$$

$$V_边 = h_边 \times \frac{2}{4}A$$

$$V_拐 = h_拐 \times \frac{3}{4}A \qquad\qquad (8\text{-}8)$$

$$V_中 = h_中 \times A$$

将所得的填、挖方量分别相加，即得总的填、挖方量。填、挖土石方量计算见表 8-8。

土 石 方 量 计 算 表

表 8-8

点号	挖深（m）	填高（m）	所占面积（m²）	挖方量（m³）	填方量（m³）
A1	1.76		100	176	
A2	1.11		200	222	
A3	0.41		200	82	
A4	0.06		100	6	
B1	1.36		200	272	
B2	0.66		400	264	
B3	0.51		400	204	
B4		−0.39	300		−117
B5		−0.79	100		−79
C1	0.71		200	142	
C2	0.26		400	104	
C3		−0.29	400		−106
C4		−0.84	400		−336
C5		−1.29	200		−258
D1	0.16		100	16	
D2		−0.24	200		−48
D3		−0.64	200		−128
D4		−1.19	200		−238
D5		−1.74	100		−174
Σ				1488	−1494

复 习 思 考 题

1. 何谓比例尺的精度？它对用图和测图有什么挡导作用？

2. 依比例尺符号、半依比例尺符号和不依比例尺符号各在什么情况下应用？

3. 何谓等高线？何谓等高线距、等高线平距？等高线平距与地面坡度的关系如何？

4. 等高线有哪些特性？

5. 地形图和地籍图有何区别？

6. 地籍要素指的是什么？

7. 图 8-29 为某地 1：1000 在地图形局部，试在图中完成如下作业：

（1）求 A、B 两点的平面直角坐标和高程；

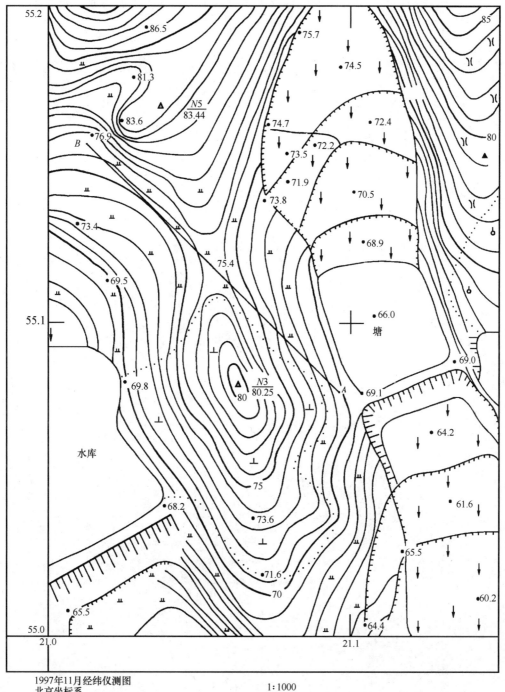

1997年11月经纬仪测图
北京坐标系
1985年国家高程基准，等高距1m
1988年版图式

1:1000

图 8-29　第 7 题图

（2）求直线 AB 的距离和坐标方位角；

（3）绘制直线 AB 间的纵断面图；

（4）计算水库在图中部分的面积；

（5）将自 B 点向东、向南各 40m 的范围平整成平地，确定场地高程，并估算填、挖方量。

第9章 大比例尺地形图测绘

9.1 数字化测图概述

测绘领域全站仪、GNSS 接收机、无人机等硬件及软件功能的完善和强大，航空摄影等遥感技术的不断发展，计算机、云计算和无线网络的广泛应用，使得数字化测图技术得到了快速发展。

现在地形图测绘采用野外实测时，利用全站仪或 GNSS 接收机等设备进行野外实测数据并自动记录，内业绘图时实测数据经过全站仪或 GNSS 接收机与计算机进行数据通信，经过计算机软件的编辑处理，将地形信息生成地形图，并以数字形式储存于硬盘、光盘等载体，这种借助计算机辅助成图的方法简称机助成图，所生成的地形图为数字地形图。数字地形图是用数字形式描述地形图要素的属性、定位和连接信息的数据集合，是存储在具有直接存取性能的介质上的数据文件，并能将其显示为由点、线、面等基本元素构成的地形图。数字地形图也可以通过绘图仪，按一定的比例尺绘制成纸质地形图来应用。数字地形图中的图形数据，完全保持地形测量时的实测精度。此外，随着空间技术及信息技术的发展，又出现了影像地图和数字地图等，这些新成果的出现，不仅极大地丰富了地形图的内容，改变了原有的测量方式，同时，也为 GIS（地理信息系统）的完善并最终向"数字地球"的过渡提供了数据支持。

9.1.1 数字化测图的定义

数字化测图由外业和内业两部分工作构成，它的作业流程是从地形数据采集与数据处理到成图和输出的过程，也可以理解成图形采集、图形处理、图形输出的过程。通常是根据数字化测图的流程来定义数字化测图，数字化测图是指采集地面上的地物、地貌要素的三维坐标以及描述其属性与相互关系的信息，录入计算机，借助于计算机绘图系统处理，显示、输出与传统地形图表现形式相同的地形图。广义的数字化测图又称为计算机成图，主要包括：地面数字测图、地图数字化成图、航测数字测图、计算机地图制图。在实际工作中，大比例尺数字化测图主要指野外实地测量即地面数字测图，也称全野外数字化测图。

9.1.2 数字化测图系统

数字化测图系统主要由地形数据采集系统、数据处理与成图系统、图形输出设备三部分组成，其作业过程与使用的设备和软件、数据源及图形输出的目的有关。所谓数字化测图系统（Digital Surveying and Mapping System）是以计算机为核心，以全站仪、GNSS 接收机、数字摄影测量仪、数字化仪等为数据采集工具，在外接输入、输出设备软、硬件的支持下，对地形的空间数据进行数据采集、输入、成图、绘图、输出、管理的测绘系统，如图 9-1 所示。根据作业内容不同，数字化测图系统可区分为：地面数字测图系统、基于影像的数字测图系统、基于现有地形图的数字成图系统。数字化测图系统的打印输出设备有绘图仪、打印机、显示器、投影仪等。

图 9-1 数字化测图系统

数字测图系统一般有三种：

（1）地面数字测图系统（全野外数字化测图系统），如图 9-2 所示。

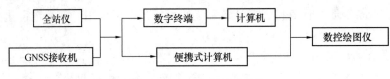

图 9-2 地面数字测图系统

（2）基于影像的数字测图系统，如图 9-3 所示。

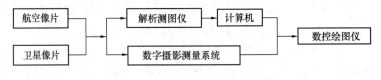

图 9-3 基于影像的数字测图系统

（3）基于现有地形图的数字成图系统，如图 9-4 所示。

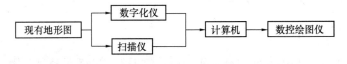

图 9-4 基于现有地形图的数字成图系统

9.1.3 数字化测图系统

常用的数字化测图成图软件：

（1）"数字地形地籍成图系统 CASS"——南方测绘仪器有限公司。

（2）"EPS 地理信息工作站"——北京清华山维新技术开发有限公司。

（3）"RDMS 数字测图系统"——武汉瑞得信息工程有限责任公司。

（4）"CitoMap 地理信息数据采集"——北京威远图公司。

（5）"SCSG200X 多用途数字测绘与管理系统"——广州开思测绘软件有限公司。

9.1.4 数字化测图系统

数字化测图的特点：

（1）点位精度高；

（2）自动化程度高；

（3）便于成果更新及保存；

（4）增加了地图的表现力；

（5）方便成果的深加工利用；

（6）可以作为 GIS 的重要信息源。

9.1.5　数字化测图系统

数字化测图数据格式：

（1）矢量数据：在直角坐标系中，用 x、y 坐标表示地图图形或地理实体的位置和形状的数据。

点实体：在二维空间中，用一对坐标（x，y）来确定位置。

线实体：可以认为是由连续的直线段组成的曲线，用坐标串的集合（x_1，y_1，x_2，y_2，…，x_n，y_n）来记录。

面实体：通常通过记录面状地物的边界来表现，因而有时也称为多边形数据。

（2）栅格数据：将空间分割成有规律的网格，每一个网格称为一个单元，并在各单元上赋予相应的属性值来表示实体的一种数据形式。

每一个单元（像素）的位置由它的行列号定义。

点实体由一个栅格像元来表示。

线实体由一定方向上连接成串的相邻栅格像元表示。

面实体（区域）由具有相同属性的相邻栅格像元的块集合来表示。

9.2　数　据　编　码

对数据进行编码在计算机的管理中非常重要，数据编码是计算机处理绘图数据的关键。可以利用编码来识别每一个数据记录，可以方便地进行信息分类、检索等操作。数据编码是表示读物属性与连接关系的有一定规则的符号串。对于一个测点，有了其三维坐标、数据编码，就具备了计算机自动成图的必要条件。

9.2.1　数据编码基本内容

点序号；

地物要素编码——地物特征码、地物属性码、地物代码；

连接关系码——连接点号、连接序号、连接线型；

面状地物填充码。

9.2.2　国家标准地形要素分类与编码

《基础地理信息要素分类与代码》GB/T 13923—2006、《城市基础地理信息系统技术标准》CJJ/T 100—2017 对大比例尺为 1：500、1：1000、1：2000 的代码位数规定为 6 位，代码每一位均用 0～9 表示，如图 9-5 所示。

大类：1—定位基础，2—水系，3—居民地及设施，4—交通，5—管线，6—境界与政

图 9-5　6 位代码分类

区，7—地貌，8—植被与土质，如表 9-1 所示，例如：310301，是建成房屋。

分类代码表　　　　　　　　　　　　　　　　　　表 9-1

分类代码	要素名称	1：500　1：1000　1：2000	1：100000～1：5000	1：1000000～1：250000
300000	居民地及设施	√	√	√
310000	居民地	√	√	√
310100	城镇、村庄			√
310101	首都			√
310102	特别行政区			√
……	……			
310200	街区		√	
310300	单幢房屋、普通房屋	√		√
310301	建成房屋	√		
310302	建筑中房屋	√		
310400	突出房屋	√	√	
……	……			

9.2.3　编码方案

1. 全要素编码

要求对每个碎部点都要进行详细的说明。通常是由若干个十进制数组成。其中每一位数字都按层次分，都具有特定的含义，如图 9-6 所示。全要素编码的优点是各点编码具有唯一性，计算机好识别与处理，缺点是外业编码记忆困难。

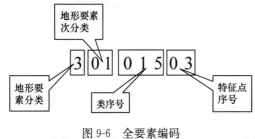

图 9-6　全要素编码

2. 块结构编码

点号用四位数字表示，地形编码参考图式分类，3 位数/4 位数表示要素分类编码。例如，100 代表测量控制点类，102 代表水准点等，300 代表居民地类等。

连接点记录与碎部点相连接的点号，连接线型中的数字 1 代表直线，数字 2 代表曲线，数字 3 代表圆弧，空值为独立点。

每个地物编码和图式符号及属性都编写在一个图块中。使用块结构编码的代表软件有清华山维 EPSW 电子平板、武汉中地 MAPSUV。

3. 二维编码

为了满足 GIS 图形分析的需要，对《基础地理信息要素分类与代码》GB/T 13923—2022所规定的地形要素代码进行扩充，反映图形的框架线、轴线、骨架线、标识点等。二维一般由 6～7 位代码组成，5 位主编码，2 位副编码。这种编码的缺点是编码记忆困难，不能适应不同地物的交叉观测。广州开思测绘软件采用了这种编码方案。

4. 简编码（也称为野外操作码或简码）

简编码就是在野外作业时仅输入简单的提示性编码，经内业简码识别后，自动转换为程序内部码。这种简编码容易记忆，输入简单，可以根据用户需要进行自定义简码。南方测绘仪器有限公司开发的数字地形地籍成图系统 CASS 软件（简称南方 CASS 软件）的有码作业就是这种简编码的作业模式。

简编码可区分为：类别码、关系码和独立符号码 3 种，每种只由 1～3 位字符组成。

（1）类别码：亦称地物代码或野外操作码，是按一定的规律设计的，不需要特别记忆，见表 9-2。

（2）关系码：连接关系码，共有 4 种符号："＋""－""A＄"和"P"，描述测点间的连接关系。其中"＋"表示连接线依测点顺序进行；"－"表示连接线依相反方向顺序进行连接，"P"表示绘平行体；"A＄"表示断点识别符，见表 9-3。

（3）独立符号码：对于只有一个定位点的独立地物，用 A×× 表示，如 A14 表示水井，A70 表示路灯等，见表 9-4。

<table>
<tr><td colspan="2" align="center">类别码表</td><td align="right">表 9-2</td></tr>
</table>

类型	符号码及含义
坎类（曲）	K(U)＋数（0—陡坎，1—加固陡坎，2—斜坡，3—加固斜坡，4—垄，5—陡崖，6—干沟）
线类（曲）	X(Q)＋数（0—实线，1—内部道路，2—小路，3—大车路，4—建筑公路，5—地类界，6—乡、镇界，7—县、县级市界，8—地区、地级市界，9—省界线）
垣栅类	W＋数（0，1—宽为 0.5m 的围墙，2—栅栏，3—铁丝网，4—篱笆，5—活树篱笆，6—不依比例围墙，不拟合，7—不依比例围墙，拟合）
铁路类	T＋数［0—标准铁路（大比例尺），1—标（小），2—窄轨铁路（大），3—窄（小），4—轻轨铁路（大），5—轻（小），6—缆车道（大），7—缆车道（小），8—架空索道，9—过河电缆］
电力线类	D＋数（0—电线塔，1—高压线，2—低压线，3—通信线）
房屋类	F＋数（0—坚固房，1—普通房，2——般房屋，3—建筑中房，4—破坏房，5—棚房，6—简单房）
管线类	G＋数［0—架空（大），1—架空（小），2—地面上的，3—地下的，4—有管堤的］
植被土质	拟合边界
不拟合边界	H—数［0—旱地，1—水稻，2—菜地，3—天然草地，4—有林地，5—行树，6—狭长灌木林，7—盐碱地，8—沙地，9—花圃］
圆形物	Y＋数［0 半径，1—直径两端点，2—圆周三点］
平行体	P＋［X(0—9)，Q(0—9)，K(0—6)，U(0—6)…］
控制点	C＋数（0—图根点，1—埋石图根点，2—导线点，3—小三角点，4—三角点，5—土堆上的三角点，6—土堆上的小三角点，7—天文点，8—水准点，9—界址点）

例如：K0——直折线型的陡坎，U0——曲线型的陡坎，W1——土围墙

　　　　T0——标准铁路（大比例尺），Y012.5——以该点为圆心半径为 12.5m 的圆

关系码表
表 9-3

符号	含义
＋	本点与上一点相连，连线依测点顺序进行
－	本点与下一点相连，连线依测点顺序相反方向进行
$n+$	本点与上 n 点相连，连线依测点顺序进行
$n-$	本点与下 n 点相连，连线依测点顺序相反方向进行
p	本点与上一点所在地域平行
np	本点与上 n 点所在地域平行
$+A\$$	断点标识符，本点与上点连
$-A\$$	断点标识符，本点与下点连

独立符号码表
表 9-4

符号类别	编码及符号名称				
水系设施	A00 水文站	A01 停泊场	A02 航行灯塔	A03 航行灯桩	A04 航行灯船
	A05 左航行浮标	A06 右航行浮标	A07 系船浮筒	A08 急流	A09 过江管线标
	A10 信号标	A11 露出的沉船	A12 淹没的沉船	A13 泉	A14 水井
居民地	A16 学校	A17 废气池	A18 卫生所	A19 地上窑洞	A20 电视发射塔
	A21 地下窑洞	A22 窑	A23 蒙古包		
公共设施	A68 加油站	A69 气象站	A70 路灯	A71 照射灯	A72 喷水池
	A73 垃圾台	A74 旗杆	A75 亭	A76 岗亭、岗楼	A77 钟楼、鼓楼、城楼
	A78 水塔	A79 水塔烟囱	A80 环保监测点	A81 粮仓	A82 风车
	A83 水磨房、水车	A84 避雷针	A85 抽水机站	A86 地下建筑物天窗	
……	……				

采用简编码法进行外业地物数据采集作业时，需要在仪器或手簿中输入地物简编码（野外操作码），输入简编码时应注意以下几点事项：

① 对于地物测量的第一点，操作码＝地物代码。如图 9-7 中"28（F1）"的 28 第一次测这个房屋的点号，F1 是普通房屋地物代码。

② 连续观测同一地物时，操作码不再是地物代码，操作码为"＋"或"－"。如图 9-7 中"29（＋）"的 29 是再次测量这个房屋的点号，＋是操作码，代表从 29 号点与 28 号点相连接，连接方向是 28 号点到 29 号点。若是"29（－）"则代表从 29 号点与 28 号点相

连接，连接方向是从 29 号点到 28 号点。

③ 交叉观测不同地物时，操作码为"$n+$"或"$n-$"。其中 n 表示该点应与以上 n 个点前面的点相连（$n=$ 当前点号－连接点号－1，即跳点数）。如图 9-7 中"31（1+）"的 31 是再次测量这个房屋的点号，1+代表从 31 号点开始隔一个点与 29 号点相连接，连接方向是从 29 到 31。若是"31（1－）"则代表从 31 号点开始隔一点与 29 号点相连接，连接方向是 31 号点到 29 号点。

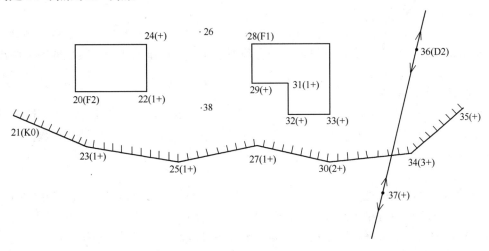

图 9-7　标注简编码的草图

④ 观测平行体时，操作码为"p"或"np"。如图 9-8 所示，"32（7P）"代表从 32 号点开始绘出与隔 7 个点后的 24 号点所绘地物相平行的同样地物。

⑤ 若要对同一点赋予两类代码信息，应重测一次或重新生成一个点，分别赋予不同的代码。如图 9-9 所示，"61（＋）"既是一般房屋的一个角点，也是围墙的起点，此时重新赋予围墙的地物代码"70（W0）"，这两个点重合，但有不同的地物代码。

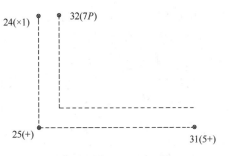

图 9-8　标注平行信息简码草图

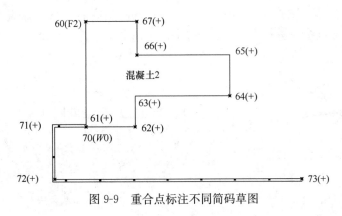

图 9-9　重合点标注不同简码草图

9.3 全野外数字化测图的准备工作

数字化测图数据采集的方法有四种：数字测记法；电子平板测绘法；航测数字测图法；地图数字化法。其中数字测记法和电子平板测绘法是全野外数字化测图的主要方法，本节重点讲述全野外数字化测图的基本过程。

1. 资料的准备

测图作业之前，应搜集测区已有的地形图资料、控制资料及其他相关资料。并对工作草图做好准备，对已有相近比例尺地图进行裁剪，作为工作草图底图，其次准备现场作业时绘制草图所用的图纸。

2 仪器设备的准备

全野外数字化测图使用的仪器主要是全站仪或 GNSS 接收机以及配套的棱镜、对中杆、电池、充电器、数据线等设备，还有对讲机等用来通信的设备，以及进行数据处理及绘图的笔记本电脑或台式计算机、绘制草图的草图本等。

3. 人员的准备

数字测记法的人员准备包括观测员、领尺员、跑尺员，其中领尺员负责现场绘制草图和室内利用计算机通过绘图软件绘制地形图，是作业的核心成员。电子平板测绘法的人员准备包括观测员、电子平板（便携机）操作员、跑尺员，其中电子平板操作员负责现场初步成图和室内最终编辑成图，是作业的核心成员。

4. 测区划分

当多个作业组同时进行测绘作业时，需要将测图划分为多个作业区，数字化测图通常以道路、河流、沟渠、山脊等明显线状地物为界线将测图划分为若干个作业区。在进行地籍测量时一般以地籍子区为单位划分作业区。分区的原则是各区之间的数据（地物）尽可能地独立（不相关），各自测绘各作业区边界的路边线或河流线。

5. 图根控制测量

图根控制测量一般采用 GNSS 测量方法或基于 CORS 站或单基站的 GNSS-RTK 的测量方法进行控制测量，也可以通过布设单一导线和结点导线网的形式进行控制测量。在空间比较狭小或树木及建筑物遮挡比较严重的区域，由于卫星信号比较弱，适合布设导线或结点导线网，然后用辐射法或"一步测量法"进行控制测量，提高外业作业效率。辐射法就是在某一通视良好的等级控制上，用极坐标测量方法，一次测定周围几个图根点，如图 9-10 所示。"一步测量法"就是将图根导线与碎部测量同时进行外业观测，内业平差计算时控制点与碎部点统一进行平差计算，如图 9-11 所示。

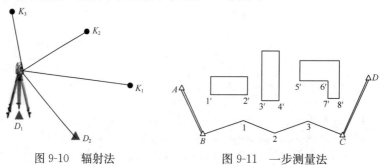

图 9-10 辐射法   图 9-11 一步测量法

根据国家《1：500　1：1000　1：2000 数字地形图测绘规范》DB33/T 552—2014 要求，每平方公里范围内应该至少布设 4 个图根控制点，见表 9-5。

图根控制点（包括已知高级点）的个数　　　　　　　　　　　　　　表 9-5

测图比例尺	图根点密度（个/km²）
1：2000	4
1：1000	16
1：500	64

9.4　全野外数字化测图数据采集方法

全野外数字化测图就是测定碎部点的平面位置和高程。地形图的质量在很大程度上取决于能否正确合理地选择地形点。地形点应选在地物或地貌的特征点上，地物特征点就是地物轮廓的转折、交叉等变化处的点及独立地物的中心点。地貌特征点就是控制地貌的山脊线、山谷线和倾斜变化线等地形线上的最高、最低点，坡度和方向变化处、山头和鞍部等处的点。地形点的密度主要取决于地形的复杂程度，也取决于测图比例尺和测图的目的。测绘不同比例尺的地形图，对碎部点间距有不同的限定。

数字化测图过程中数据采集的内容应包含地形要素的定位信息、连接信息、属性信息，这三种信息称为绘图信息。其中定位信息也称为几何信息，是地形点的三维坐标 $(X，Y，H)$；连接信息是指地形点的连接点号、连接线型等；属性信息是指地形点的特征和地物属性的信息。连接信息与属性信息又称为非几何信息。

9.4.1　数字测记法

数字测记法又分为无码作业和有码作业两种方式。用全站仪或 GNSS 接收机的 RTK 作业模式进行地形特征点的三维坐标数据采集，无码作业用草图法记录该地形点的连接信息和属性信息，有码作业用简编码记录该地形点的连接信息和属性信息。

1. 全站仪数据采集

（1）安置仪器：在测站上安置全站仪（对中、整平），量取仪器高，如图 9-12 所示。

（2）测站设置：文件名、测站点点号、仪器高、测站坐标。

（3）后视定向：输入后视点点号、后视点坐标、后视点镜高，瞄准后视点并测量，根据后视点坐标进行后视检查，如图 9-13 所示。

（4）碎部点坐标采集：输入棱镜高，瞄准碎部点棱镜，进行碎部点三维坐标采集，如图 9-14 所示。

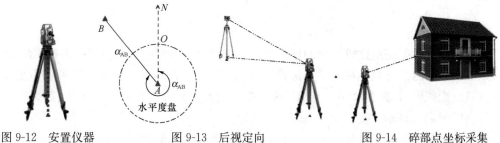

图 9-12　安置仪器　　　　　　　图 9-13　后视定向　　　　　　图 9-14　碎部点坐标采集

（5）绘制草图

无码作业：在现场绘制工作草图，标明碎部点点号及连接关系、地物相关位置、地貌特性线、地理名称和说明注记，如图 9-15 所示。也可以绘制无码作业记录格式草图，如图 9-16 所示。

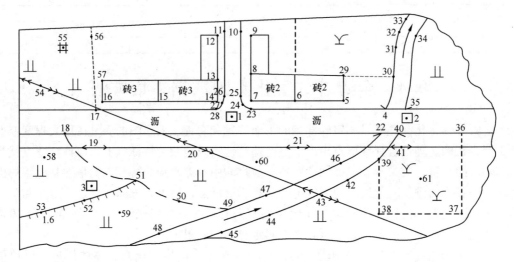

图 9-15　无码作业工作草图

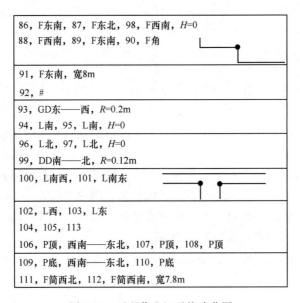

图 9-16　无码作业记录格式草图

有码作业：对于相对比较简单的地物测绘，可以采用有码作业的方式。数据采集时现场对照实地地物测绘过程，在电子手簿或全站仪上输入地物点由 1 位或 2 位字符组成的简编码（野外操作码），并在草图上点号后面的括号内标明野外操作码，如图 9-17 所示。后期经计算机识别后自动连接，初步成图。

（6）结束测站工作：重复（4）、（5）两步，直到完成一测站所有碎部点测量。

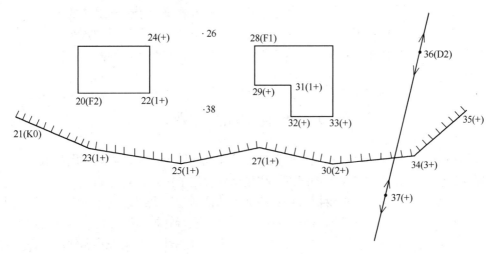

图 9-17　标注简编码草图

2. GNSS-RTK 数据采集

（1）参数设置：网络或蓝牙连接，建立项目，CORS 站或单基站的参数设置，投影参数设置，坐标系转换参数设置，并检查所有设置正确。

（2）碎部点坐标采集：输入对中杆的高度，进行碎部点三维坐标数据采集。

（3）绘制草图：与全站仪数据采集绘制草图过程相同。

（4）结束数据采集工作：重复（2）、（3）两步，直到完成所有碎部点测量工作。

9.4.2　电子平板测绘法

首先在笔记本电脑当中安装好测图软件（例如 CASS 软件），准备好控制点坐标文件，全站仪与笔记本电脑测图软件里通信参数设置要一致，笔记本中安装好全站仪数据传输驱动程序，选择正确的全站仪型号及通信端口。在测站点上安置全站仪，笔记本电脑或 PDA 用数据线与全站仪连接，控制点坐标输入全站仪，仪器和电脑分别进行设站、定向工作，全站仪照准地形点，计算机控制全站仪测角和测距，在笔记本电脑或 PDA 展点，根据屏幕右侧菜单编辑成图。如果测量某地物还没有测完，就去测量另外一个地物，那么之后可根据多测尺方法继续测量该地物。中断地物测量时，要利用"多镜测量"功能设置测尺，待要继续测量该地物时再利用"多镜测量"中测尺转换功能，在多个测尺之间进行切换。利用多镜测量时直接驱动全站仪测点，自动连接已加入测尺名的未完成地物符号。一般如果地物比较复杂或使用多名跑尺员时，都要用多镜测量。当测量房屋时，要注意立尺的顺序，必须按顺时针或逆时针方向进行立尺。在测图过程中，为防止意外发生应该每隔几十分钟存一下盘，即使在中途因电脑没电或特殊情况出现死机，也不会丢失前面测过的数据绘制的地形图。当系统驱动全站仪测距过程中想要中断操作时，Windows 受系统的时钟控制，由系统向全站仪发出测距指令后 20～40s 时间还没完成测距，将自动中断操作，并弹出通信超时的提示窗口。

采用电子平板的作业模式测图时，首先要准备好测站的工作，然后再进行碎部点的数据采集，测地物就在屏幕右侧菜单中选择相应图层中的地物符号，根据命令区的提示进行操作即可将地物点的坐标测量出来并展示在屏幕上，并在屏上绘制出对应的地物符号，实现所测所得。电子平板测图，真正做到了内外业一体化，测图的质量和效率都超过了传统的人工白纸成图，适合在城镇里任务量不大的作业项目，在数字测图的外业实测时主要采用数字测记法进行作业。

9.5 地物和地貌测绘

地物和地貌的测绘，包括外业数据采集和内业成图两个过程。内业成图的流程，一般先绘制地物，再绘制地貌，展绘控制点，质量检查，地形图拼接，分幅。

每天外业观测结束后，需要把采集的碎部点数据通过数据线或蓝牙传输到计算机中进行存储。有时会根据绘图软件的需要，对数据的格式进行转换，满足绘图软件对数据的识别和使用。对数据文件和图形文件的命名要有一定的规律性，方便查找和使用，并及时做好备份，以防文件损坏或丢失。在绘图的过程中，要时时对图形文件进行存盘，防止正在编辑的图形由于软件异常退出或停电等意外原因部分丢失。

任何复杂的几何图形都是由基本图形元素组成的。一切图形都可以分解为点、线、面三种图形要素，其中点是最基本的图形要素。计算机绘图程序必须首先对图形元素进行定位，然后按照各点连接关系及指定属性参数来绘制完成图形。

在首次绘制地形图时，打开绘图软件，设置好需要的相关参数，如图外注记的内容、地物充填间距、高程点的小数位数等参数。绘图时首先设定绘图比例尺，然后确定计算机屏幕显示区大小，把碎部点点号展示在屏幕上。也可以直接展示碎部点点号，通过放大或缩小屏幕显示区看到所有展出的碎部点。根据外业草图上的描述，选择软件里对应的地物符号，根据屏幕上相对应的碎部点点号相互连接，逐个绘制地物。绘图时可以选择点号定位成图，在命令行输入点号或用鼠标捕捉点号进行定位；也可以选择坐标定位成图，在命令行输入坐标进行定位。无论选择哪种方式定位成图，都要时时关注命令行的提示，根据提示完成一个完整地物的绘制。

9.5.1 地物测绘

在测绘地形图时，地物测绘的质量主要取决于是否正确合理地选择地物特征点（轮廓转折点），如房角、道路边线的转折点、河岸线的转折点、直线端点、曲线上的曲率变化点、电杆等独立地物的中心点等，如图 9-18 所示。主要的特征点应独立测定，一些次要特征点可采用量距、交会、推平行线等几何作图方法绘出。

1. 居民地及附属设施测绘

根据测图比例尺，对特征点进行综合取舍，外部轮廓要准确测绘。1：1000 或更大的比例尺测图，实地轮廓逐个测绘，房屋以房基角为准立镜测绘。绘制房屋时，按建筑材料和质量分类予以属性注记，并注记楼房层数。有些房屋凹凸转折较多且转折角为直角时，可适当间隔测定外部轮廓点，然后按其几何关系用推平行或垂直直线的方法画出其轮廓线；对于圆形建筑物可测定其中心并量其半径绘图；或在其外廓测定三点，然后用曲线绘出外廓。一般规定，建筑凸凹在图上小于 0.4mm（简单房屋小于 0.6mm）时可用直线连接。但在 1：500 比例尺的地形图上，主要地物轮廓凹凸大于 0.2mm 时应在图上表示出

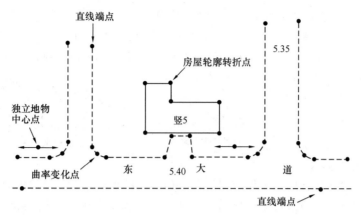

图 9-18　地物特征点

来。对于散列式居民地、独立房屋应分别测绘。城墙、围墙及永久性的栅栏、篱笆、铁丝网、活树篱笆等均应实测。

2. 独立地物测绘

独立地物是判定方位、确定位置、指定目标的重要标志，必须准确测绘并按规定的符号正确予以表示。

测绘独立地物时，对于没有范围线的独立地物测量其底部轮廓中心位置的坐标，有范围线的独立地物测量范围线的位置和形状。并在其内部中心点处绘制相应的独立符号。

3. 交通测绘

铁路测绘应立尺于一侧铁轨的中心线上，对于 1∶1000 或更大比例尺地形图测绘，根据测绘铁轨的位置，依比例绘制铁路符号，标准轨距为 1.435m，并注记轨道顶面高程。

公路测绘应实测路面位置，并测定道路中心高程。公路、街道一般在边线上取点立尺，并量取路的宽度或在路两边取点立尺。当公路弯道有圆弧时，至少要测取起、中、终三点，并用圆滑曲线连接。公路、街道按路面材料划分为水泥、沥青、碎石、砾石等，以文字注记在图上，路面材料改变处应实测其位置并用点线分离。

其他道路测绘，对于宽度在图上小于 0.6mm 的小路，选择路中心线立尺测定，并用半比例符号表示。有围墙、垣栅的公园、工厂、学校、机关等内部道路，除通行汽车的主要道路外均按内部道路绘出。

桥梁测绘：铁路桥、公路桥应实测桥头、桥身和桥墩位置，桥面应测定高程。桥面上的人行道图上宽度大于 1mm 应实测。

4. 管线测绘

永久性的电力线、通信线路的电杆、铁塔位置均应实测。

居民地、建筑区内的电力线、通信线可不连线，但应在杆架处绘出连线方向。电杆上有变压器时，变压器的位置按其与电杆的相应位置绘出。

地面上的、架空的、有地基的管道应实测并注记输送的物质类型。当架空的管道直线部分的支架密集时，可适当取舍。

地下管线检修井测定其中心位置按类别以相应符号表示。

5. 水系的测绘

水系均应实测，河流图上宽度小于 0.5mm、沟渠实际宽度小于 1m（1∶500 测图时小于 0.5m) 时，不必测绘其两岸，只要测出其中心位置即可。

湖泊的边界经人工整理、筑堤、修有建筑物的地段是明显的，在自然耕地的地段大多不太明显，测绘时要根据具体情况和用图单位的要求来确定，以湖岸或水崖线为准。在湖岸线不太明显或没法确定时，可采用调查平水位的边界或根据农作物的种植位置等方法来确定。

水渠应测注渠边和渠底高程，时令河应测注河底高程，堤坝应测注顶部及坡脚高程。泉、井应测注泉的出水口及井台高程，并根据需要注记井台至水面的深度。

6. 植被与土质测绘

植被与土质包括农林用地、城市绿地及土质等。植被测量时，要测定其边界。要测出农村用地的范围，并区分出稻田、旱地、菜地、经济作物和水中经济作物区等。沼泽地、沙地、岩石地、盐碱地等也要进行测绘其边界，配置规定符号。

绘制植被时范围绘制完成后要充填对应的植被符号，对于数目的种类要加以注记，必要时树高树径也要加以注记。同一地段生长有多种植物时，植被符号可配合表示，但不要超过三种（连同土质符号）。如果种类很多，可舍去经济价值不大或数量较少的。符号的配置应与实地植被的主次和稀密情况相适应。表示植被时，除疏林、稀疏灌木林、迹地、高草地、草地、半荒草地、荒草地等外，一般均应表示地类界。配置植被符号时，不要截断或压盖地类界和其他地物符号。植被范围被线状地物分割时，在各个隔开部分内，至少应配置一个符号。若边界与道路、河流、栅栏等重合时，则可不绘出地类界，但与境界、高压线等重合时，地类界应移位表示。田埂的宽度在图上大于 1mm（1：500 测图时大于 2mm）时用双线描绘，田块内要测注有代表性的高程。

7. 境界测绘

境界线应测绘至县和县级以上。乡与国营农、林、牧场的界线应按需要进行测绘。两级境界重合时，只绘高一级符号。

9.5.2 地貌测绘

碎部点应选在最能反映地貌特征的山脊线、山谷线等地形线上。如山顶点、鞍部点、山脊线和山谷线、山坡上坡度变化处、山脚线、陡崖边缘等坡度变化及方向变化处，如图 9-19 所示。根据这些特征点高程绘制等高线。

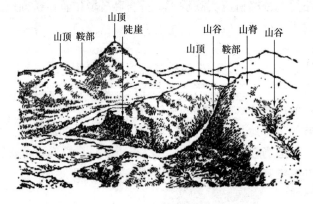

图 9-19　地貌特征

1. 地形点的测定方法

地形点必须测定其极坐标及高程或三维坐标 (X,Y,H)，草图上标明平面点位，并注记点号。并把山脊线、山谷线或山脚线各自的点与点之间用一定的临时性线条标明（例如，用点划线表示山脊线，用虚线表示山谷线），用临时性符号标明山头和鞍部等，以便于正确绘制等高线。

当用全站仪进行地貌采点时，可以用一站多镜的方法进行。一般在地形线上要有足够密度的点，特征点也要尽量测到。野外数据采集，由于测站离测点距离比较远，观测员与立镜员或领尺员之间通常用对讲机保持联系。在一个测站上所有的碎部点测完后，要找一个已知点重测进行测站检核，以检查施测过程中是否存在因误操作、仪器碰动或出故障等原因造成的错误。

2. 地形点的分布和间距

除了必须正确选定地形特征点，如山头、鞍部、山脊线和山谷线上方向或坡度变化处的点之外，对于坡度变化较小或平坦地面上，以及方向也没有变化的地形线上，每隔一定的距离，也要测定地形点，保证地形点有一定的密度，使其满足规范规定间距且均匀分布，如表 9-6 所示，这样才能较精确地绘制等高线，真实反映地貌的分布形态。

<table>
<tr><td colspan="2" align="center">地形点间距规定</td><td align="right">表 9-6</td></tr>
</table>

比例尺	地形点间距（m）
1∶500	15
1∶1000	30
1∶2000	50

不能用等高线表示的特殊地貌，如悬崖、峭壁、土坎、冲沟等，按图式规定的符号表示，并测量上沿及下沿的高程，如图 9-20 所示。

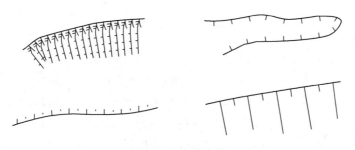

图 9-20　特殊地貌

绘制等高线时，首先用复合线绘制出地形线，根据数据文件建立数字地面模型（DTM）。数字地面模型有规则格网和不规则格网两种形式。通常采用不规则格网（TIN）的形式建立数字地面模型。在建立数字地面模型时要考虑地线性参与建模，同时也要考虑到陡坎的比高，这样建立的模型更加真实。然后根据草图的描述，对模型进行局部修改。选择适合的等高距和样条曲线，生成等高线，并对等高线的计曲线加以注记，字头朝向高处。对于穿过道路、房屋、河流、池塘、陡坎、高程注记点等处的等高线进行修剪。山顶、鞍部、凹地等不明显处等高线应加绘示坡线。城市建筑区和不便于绘等高线的地方，可不绘等高线，如图 9-21 所示。图面上高程注记需要有一定的密度，通常是在 10cm 见方的格内有 5～20 个点。根据比例尺算，1∶500 地形图，实地大约 15m 有一个高程注记点（1∶1000，间隔大约 30m）。

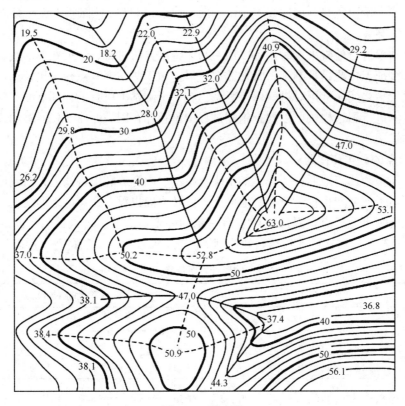

图 9-21　等高线

复习思考题

1. 测图前有哪些准备工作？控制点展绘后，怎样检查其正确性？

2. 试述用经纬仪测绘法，在一个测站上测绘地形图的工作步骤？

3. 图 9-22 为某山头碎部测量结果，山脊线用虚线表示，山谷线用细实线表示。试勾

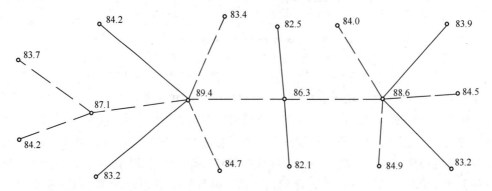

图 9-22　某山头碎部测量结果

绘等高距 1m 的等高线。

4. 试述全站仪数字测图的方法与步骤。

5. 航摄像片与地形图的差别有哪些？

6. 航测成图的方法有哪些？

7. 摄影测量为什么要进行野外作业？航测外业的工作内容有哪些？

第 10 章　施工测量基本工作

10.1　施 工 测 量 概 述

10.1.1　施工测量的目的和内容

各种工程在施工阶段所进行的测量工作称为施工测量。施工测量的目的是把设计的建（构）筑物的平面位置和高程，按设计要求以一定的精度测设在地面上，设置标志作为施工的依据，并在施工过程中进行一系列的测量工作，以衔接和指导各工序间的施工。

施工测量工作贯穿于整个施工过程中，其内容包括：

（1）施工前施工控制网的建立；

（2）建筑物定位和基础放线；

（3）工程施工中各道工序的细部测设，如基础模板的测设、工程砌筑和设备安装的测设工作；

（4）工程竣工时，为了便于以后管理、维修和扩建，还必须编绘竣工图；有些高大或特殊的建筑物在施工期间和运营管理期间要进行沉降、水平位移、倾斜、裂缝等变形观测。

总之，施工测量贯穿于施工的全过程。

10.1.2　施工测量的特点

施工测量的精度主要取决于建（构）筑物的结构、材料、性质、用途、大小和施工方法等。一般情况下，高层建筑物的测设精度高于低层建筑物；钢结构建筑物的测设精度高于钢筋混凝土结构建筑物；装配式建筑物的测设精度高于非装配式建筑物；工业建筑物测设精度高于民用建筑物等。

施工测量工作与工程质量及施工进度有着密切的联系。测量人员必须了解设计的内容、性质及其对测量工作的精度要求，熟悉图纸上的平面和高程数据，了解施工的全过程，并掌握施工现场的变动情况与施工组织计划相协调，使施工测量工作能够与施工密切配合。同时，土木工程施工技术、管理人员，也要了解施工测量的工作内容、方法及需要，为施工测量工作的开展创造必要的条件（包括时间、场地、物资等），进行必要的指导、协调、检查工作，使测量工作更好地配合施工。

施工场地多为地面与高空各工种交叉作业，并有大量的土方填挖，地面情况变动很大，再加上动力机械及车辆来往频繁，因此各种测量标志必须埋设稳固且在不易破坏的位置，应做妥善保护并经常检查，如有破坏应及时恢复。

10.1.3　施工测量的原则

施工现场有各种建（构）筑物，且分布广，又不是同时开工兴建。为了保证各个建（构）筑物的平面位置和高程都符合设计要求，施工测量和测绘地形图一样，也遵循"从整体到局部，先控制后碎部"的原则，即首先在建（构）筑物场地上建立统一的施工控制网，然后根据控制网测设建（构）筑物的平面位置和高程。测量工作的检核工作也很重要，必须采用各种不同的方法加强外业和内业的检核工作。

10.1.4　施工测量的准备工作

在施工测量之前，应建立健全测量组织和检查制度。核对设计图纸和数据，如有不符之处要向监理或设计单位提出，进行修正，然后对施工现场进行实地踏勘，根据实际情况编制测设详图，计算测设数据并拟定施工测量方案。对施工测量所使用的仪器、工具应进行检验与校正，否则不能使用。工作中必须注意人身和仪器的安全，特别是在高空和危险地区进行测量时，必须采取妥善的防护措施。

10.2　测设的基本工作

测设工作是根据工程设计图纸上待建的建（构）筑物的轴线位置、尺寸及其高程，计算出待建的建（构）筑物的轴线交点与控制点（或原有建筑物的特征点）之间的距离、角度、高差等测设数据，然后以控制点为依据，将建（构）筑物的特征点（或轴线交点）在实地标定出来，以便施工。

测设工作的实质是点位的测设。测设的基本工作包括水平距离的测设、水平角的测设和高程的测设。

10.2.1　水平距离的测设

水平距离的测设是从地面上一个已知点出发，沿给定的方向，量出已知（设计）的水平距离，在地面上定出另一端点的位置。其测设方法如下：

1. 钢尺测设水平距离

如图 10-1 所示，A 为地面上已知点，D 为设计的水平距离，要在 AB 方向上测设出水平距离 D，以定出 B 点。具体方法是将钢尺的零点对准 A 点，沿 AB 方向拉平钢尺，在尺上读数为 D 处插测钎或吊垂球，以定出一点。为了校核，将钢尺的零端移动 10～20cm，同法再定一点，当两点相对误差在容许范围（1/5000～1/3000）内，取其中点作为 B 点的位置。

2. 全站仪测设水平距离

如图 10-2 所示，安置全站仪于 A 点，瞄准已知方向。沿此方向移动棱镜位置，使仪器显示值略大于测设的距离 D，定出 B' 点。在 B' 点安置棱镜，测出水平距离 $D' = L\cos\alpha$（全站仪可自动解算），求出 D' 与应测设的已知水平距离 D 之差 $\Delta D = D - D'$。根据 ΔD 在实地可通过小钢尺沿已知方向改正 B' 至 B 点，并在木桩上标定其点位。为了检核，应将棱镜安置于 B 点，再实测 AB 的水平距离，与设计值 D 比较，若不符合要求，应再次进行改正，直到测设的距离符合限差要求为止。

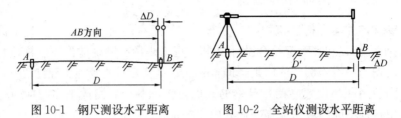

图 10-1　钢尺测设水平距离　　　　图 10-2　全站仪测设水平距离

10.2.2　水平角的测设

水平角测设是根据已知（设计）水平角值和地面上已知方向，在地面上标定出另一方向。

1. 一般方法

如图 10-3(a) 所示，设 AB 为地面上的已知方向，欲从 AB 向右测设一个已知角 β，定出 AC 方向。具体作法是在 A 点安置经纬仪，盘左瞄准 B 点，并置水平度盘读数为 $0°00'00''$，转动照准部，当度盘读数为 β 时，在视线方向上定出 C_1 点；盘右，同法在地面上定出 C_2 点，如果两点不重合，取其中点为 C，则 $\angle BAC$ 即为测设的 β 角。此方法亦称盘左、盘右分中法。

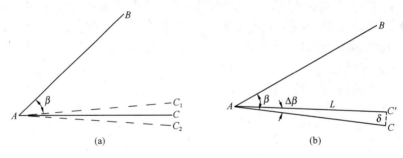

(a)　　　　　　　　　　　　　　(b)

图 10-3　水平角测设方法

2. 精密方法

当水平角测设的精度要求较高，按一般方法测设难以满足要求时，则采用此法。如图 10-3(b)所示，安置经纬仪于 B 点，先用盘左测设 β 角，定出 C' 点，然后用测回法对 $\angle BAC'$ 观测 2～3 测回，求出其平均角值 β'，该值如果比 β 小 $\Delta\beta$，则根据 AC' 边长 L 用 $\Delta\beta$ 计算改正支距 δ

$$\delta = L\tan\Delta\beta \approx L\frac{\Delta\beta}{\rho} \tag{10-1}$$

从 C' 点沿 AC 的垂直方向向外量取 δ 以定出 C 点，则 $\angle BAC$ 即为测设的角。若 β 比 β' 大 $\Delta\beta$，则向内量 δ 定 C 点。

【例 10-1】 设 $\Delta\beta = 30''$，$AC' = 60.000$m。

则　　　　　　　　　　$\delta = L\tan\Delta\beta = 60 \times \dfrac{30''}{206265''} = 0.009$m

当前，随着科学技术的日新月异，电子全站仪的智能化水平越来越高，能同时放样水平角和水平距离，若采用电子全站仪放样，可以自动显示需要修整的距离和移动方向。

10.2.3　高程的测设

高程的测设是根据已知水准点的高程，在地面上标定出某设计高程的位置。测设时，先安置水准仪于水准点与待测设点之间，根据水准仪测得的视线高程 $H_{视}$ 和设计高程 $H_{设}$，求出前视应读数 $b_{应}$

$$b_{应} = H_{视} - H_{设} \tag{10-2}$$

然后以此水平视线和 $b_{应}$ 读数，上、下移动水准尺，标定设计高程位置。

【例 10-2】如图 10-4 所示，欲根据 2 号水准点的高程 $H_2 = 203.058\text{m}$，测设某建筑物室内地坪 B 点的设计高程（±0.000）$H_{设} = 203.670\text{m}$ 的位置，可按以下步骤进行：

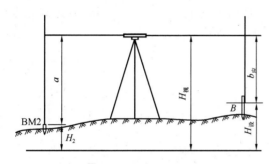

图 10-4　高程测设方法

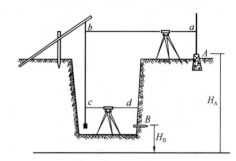

图 10-5　高程的传递

（1）安置水准仪于水准点 2 和 B 点之间，后视 2 点水准尺，设后视读数 $a = 1.808\text{m}$；

（2）计算视线高程及 B 点上的应读数

$$H_{视} = H_2 + a = 203.058 + 1.808 = 204.866\text{m}$$

$$b_{应} = H_{视} - H_{设} = 204.866 - 203.670 = 1.196\text{m}$$

（3）在 B 点处打木桩，将水准尺立在木桩侧面并上下移动，当前视读数正好为 1.196m 时，在桩侧面沿尺底画一横线，即为室内地坪的设计高程（±0.000）的位置。常用红油漆画一倒立三角形"▼"，其上边线与尺底横线重合，并注明±0.000 标高，以便使用。如果地面坡度变化较大，无法将设计高程标在桩上时，可测设出距±0.000 标高为整 dm 的标高线并注明在桩上。

当开挖较深的基坑或吊装吊车轨道时，由于水准尺长度有限，可用钢尺将高程传递到基坑或吊车梁上所设的临时水准点，再以此水准点测设所求各点高程。图 10-5 为向竖井传递高程的示意图。在基坑中悬吊一根钢尺，在尺下端吊以重锤，将水准仪分别安置在地面和井内，并读取 a、b、c、d 读数，则可根据水准点 A 的高程 H_A，计算出 B 点的高程 H_B。即

$$H_B = H_A + a - (b - c) - d \tag{10-3}$$

同法可向高处传递高程。为了检核，可采用改变悬吊位置，再用上述方法测设，两次较差不应超过±3mm。

10.2.4　已知坡度线的测设

坡度测设是根据附近水准点的高程、设计坡度和坡度线端点的设计高程，用高程测设

方法将坡度线上各点设计高程标定在地面上的测量工作，常用于场地平整工作及管道、道路等线路工程中。

如图 10-6 所示，A、B 为坡度线的两端点，其水平距离为 D，设 A 点的高程为 H_A，要沿 AB 方向测设一条坡度为 i_{AB} 的坡度线。测设方法如下：

（1）根据 A 点的高程、坡度 i_{AB} 和 A、B 两点间的水平距离 D，计算出 B 点的设计高程。

$$H_B = H_A + i_{AB} \cdot D$$

（2）按测设已知高程的方法，在 B 点处将设计高程 H_B 测设于 B 桩顶上，此时，直线 AB 即构成坡度为 i_{AB} 的坡度线。

为了施工方便，每隔一定距离 d（一般取 $d=10\text{m}$）打一木桩，并要求在桩上标定出设计坡度为 i 的坡度线。现沿 AB 方向打下一系列木桩 1，2，3，…。在 AB 之间测设坡度线定桩的方法，可以根据地面坡度大小，选用下面两种方法：

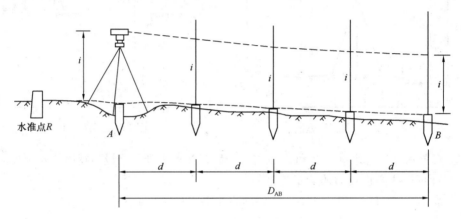

图 10-6　已知坡度线的测设

1. 水准仪法

（1）将水准仪安置在 A 点上，使基座上的一个脚螺旋在 AB 方向线上，其余两个脚螺旋的连线与 AB 方向垂直。量取仪器高度 i，用望远镜瞄准 B 点的水准尺，转动在 AB 方向上的脚螺旋，使十字丝中丝对准 B 点水准尺上等于仪器高 i 的读数，此时仪器的视线与设计坡度线平行。

（2）在 AB 方向线上测设中间点，分别在 1，2，3，…木桩上立水准尺，使各木桩上水准尺的读数均为仪器高 i，这样各桩顶的连线就是欲测设的坡度线。

2. 经纬仪法

如果设计坡度较大，超出水准仪脚螺旋所能调节的范围，可采用经纬仪测设，其测设方法如下：

（1）在 A 点安置经纬仪，对中整平，量取仪器高 i。

（2）在 B 点竖立水准尺，用望远镜照准水准尺，使得中横丝在水准尺上截取的读数大致为 i 时，旋转望远镜的微动螺旋直至望远镜的视线准确对准 B 点水准尺上读数为 i，制动照准部和望远镜，此时视线即平行于设计坡度线。

（3）在中间位置 1，2，3，…木桩处竖立水准尺，视线在水准尺上的读数为 i 时，在尺下打下桩，这样桩顶连线即为测设的坡度线。

10.3　点的平面位置的测设

测设点的平面位置的方法有直角坐标法、极坐标法、角度交会法、距离交会法、角度与距离交会法等。应综合考虑控制网的形式、控制点的分布情况、地形情况、现场条件，以及测设精度要求等因素确定合适的测设方法。

10.3.1　直角坐标法

直角坐标法是根据直角坐标原理，利用纵、横坐标之差，测设点的平面位置。适用于施工控制网为建筑方格网或建筑基线的形式，且量距方便的建筑施工场地。

【例 10-3】如图 10-7 所示，A、B、C、D 为建筑方格网点，1、2、3、4 为需测设的某厂房四个角点，其中 1 点的设计坐标值为 $x_1 = 620.000\text{m}$，$y_1 = 530.000\text{m}$，其测设方法及步骤如下：

（1）根据 A、1 两点的坐标，计算纵、横坐标增量

$$\Delta x_{A1} = x_1 - x_A = 620.000 - 600.000$$
$$= 20.000\text{m}$$
$$\Delta y_{A1} = y_1 - y_A = 530.000 - 500.000$$
$$= 30.000\text{m}$$

（2）安置经纬仪于 A 点，瞄准 B 点，沿视线方向测设 Δy_{A1}（30.000m），定出 $1'$ 点。

（3）在 $1'$ 点安置经纬仪，瞄准 B 点，向左测设 90°角，得 $1'$ 1 方向线，沿此方向测设 Δx_{A1}（20.000m），即得 1 点在地面上的位置。同法可测设厂房其余各点位置。

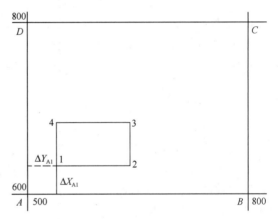

图 10-7　直角坐标法测设厂房角点

（4）检查建筑物 4 个角是否等于 90°，各边长度是否等于设计长度，若满足设计或相关规范要求，则测设合格，否则应查明原因重新测设。

10.3.2　极坐标法

极坐标法是根据水平角和水平距离测设地面点平面位置的方法。适用于量距方便，且待测设点距控制点较近的施工场地。

如图 10-8 所示，P 为欲测设的待定点，A、B 为已知点。为将 P 点测设于地面，首先按坐标反算公式计算测设用的水平距离 D 和坐标方位角 α_{AB}、α_{AP}

$$D_{AP} = \sqrt{(x_P - x_A)^2 + (y_P - y_A)^2}$$

$$\alpha_{AB} = \arctan \left| \frac{y_B - y_A}{x_B - x_A} \right|$$

（10-4）

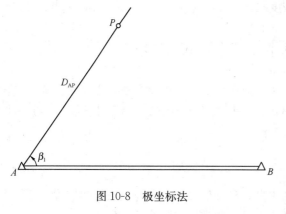

图 10-8 极坐标法

$$\alpha_{AP} = \arctan \left| \frac{y_P - y_A}{x_P - x_A} \right| \quad (10\text{-}5)$$

使用式（10-4）和式（10-5）时，需根据坐标增量的符号判断直线方向的象限，才能正确地求出方位角。

测设用的水平角可按下式求得

$$\beta_1 = \alpha_{AB} - \alpha_{AP} \quad (10\text{-}6)$$

【例 10-4】已知 $x_A = 348.758$m，$y_A = 433.570$m，$x_P = 370.000$m，$y_P = 458.000$m，$\alpha_{AB} = 103°48'48''$，计算测设数据 β_1，D_{AP}。

$$\alpha_{AP} = \arctan \left| \frac{458.000 - 433.570}{370.000 - 348.758} \right| = 48°59'34''$$

$$\beta_1 = \alpha_{AB} - \alpha_{AP} = 103°48'48'' - 48°59'34'' = 54°49'14''$$

测设时，在 A 点安置经纬仪，瞄准 B 点，测设 β_1 角（注意方向），定出 AP 方向，沿此方向测设距离 D_{AP}，即可定出 P 点在地面上的位置。

各种型号的全站仪均设计了极坐标法测设点的平面位置的功能，可将测站点、后视点、待定点的坐标输入全站仪，由全站仪自动解算测设数据并进行测设。

10.3.3 角度交会法

角度交会法是根据测设两个水平角度定出的两直线方向，交会出点的平面位置的方法。适用于待测设点距控制点较远，且量距较困难的施工场地。

如图 10-9 所示，A、B 为已知点，P 为待定点。测设前，根据式（10-5）、式（10-6）计算测设数据 β_1、β_2。测设时，分别在两已知点 A、B 上安置经纬仪，测设水平角 β_1、β_2，定出两个方向，其交点就是 P 点的位置。

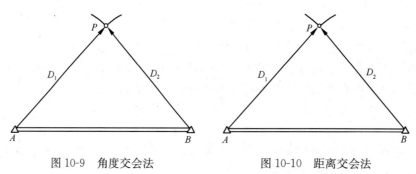

图 10-9 角度交会法   图 10-10 距离交会法

10.3.4 距离交会法

距离交会法是根据测设两个水平距离，交会出点的平面位置的方法。适用于待测设点至控制点的距离不超过一尺段长，且地势平坦、量距方便的施工场地。

如图 10-10 所示，A、B 为已知点，P 为待定点。根据式（10-4）计算测设距离 D_{AP}、D_{BP}。测设时，分别用两把钢尺将零点对准 A、B 点，同时拉紧并摆动钢尺，两尺读数分

别为 D_{AP}、D_{BP} 时的交点即为 P 点。

10.3.5　角度与距离交会法

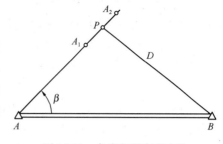

角度与距离交会法是根据测设一个水平角度和一个水平距离，交会出点的平面位置的方法。角度与距离交会法综合了角度交会法和距离交会法的优点，适用于待定点至一个已知点间便于量距的场地。

图 10-11　角度与距离交会法

如图 10-11 所示，A、B 为已知点，P 为待定点。根据式（10-4）～式（10-6）计算测设距离 β、D。测设时，安置经纬仪于 A 点，测设水平角 β，在实地标出 AP 的方向线 A_1A_2；在 B 点以 B 为圆心，以 D_{BP} 为半径画弧线与 A_1A_2 相切出 P 点。

10.3.6　全站仪坐标放样

全站仪实际测量数据为距离、水平角度和天顶距，由于自身具备计算和存储功能，可以通过计算获得所测点的直角坐标数据和极坐标数据。

下面介绍一下极坐标放样方法：

首先，全站仪架设在已知点 A 上，对中、整平后输入测站数据（测站点 A 坐标，仪器高，目标高和后视点 B 坐标），后视定向可通过输入测站点和后视点坐标后照准后视点进行设置。然后输入放样点 P 的二维或三维坐标，全站仪瞄准任意位置的棱镜测量后，仪器会显示出该棱镜位置与放样点位置的差值（$\Delta\alpha$，ΔS，Δz），α 为测站点与放样点之间的方位角（即水平角读数），S 为测站点与放样点之间的斜距，z 为测站点值目标点的天顶距。然后将照准部向左或向右旋转，使 $\Delta\alpha=0$，放样点即在设计的方向线上；通过测设距离，移动棱镜向前向后，直到 $\Delta S=0$；同理测设使得 $\Delta z=0$，即完成点位的放样。

10.3.7　GNSS(RTK) 放样

RTK 定位技术是将基准站的相位观测数据及坐标信息通过数据链方式实时传送给动态用户，动态用户将接收到的数据同自采集的观测数据进行实时差分处理，从而获得动态用户的实时三维位置。动态用户再将实时位置与设计值相比较，进而指导放样。

GNSS(RTK) 作业的流程方法：

1. 收集测区的控制点资料

收集测区的控制点资料，包括控制点坐标系，控制点的坐标、等级，中央子午线等。

2. 工程项目参数设置

根据 GPS（RTK）接收机软件的要求，应输入的参数有：项目名称、当地坐标系的椭球参数、中央子午线经度、放样点设计坐标等。

3. 求定测区转换参数

GPS（RTK）测量是在 WGS-84 坐标系中进行的，而各种工程测量及定位是在当地坐标或国家 2000 坐标等坐标系上进行的，需要根据不同的坐标系进行参数转换。

4. 野外作业

GPS（RTK）接收机根据 GPS 信号及与基准站相同的坐标转换参数将 WGS-84 坐标转换为当前施工坐标，根据待放样点号，将放样点实时显示、接收，可将实时位置与设计值比较，从而达行准确放样的目的。

10.4 坐 标 系 统 转 换

在建筑工程中，为便于进行建筑物的放样，常采用坐标轴与建筑物主轴线相一致或平行的施工坐标系（亦称建筑坐标系）。如图 10-12 所示，在建筑场地上，通常把施工坐标轴设为 A、B 轴，若已知施工坐标系原点 O 的测量坐标 $(x_0，y_0)$，其 A 轴的测量坐标方位角为 α。设 P 点的施工坐标为 $(A_P，B_P)$，可按下式将其换算为测量坐标 $(x_P，y_P)$

$$x_P = x_0 + A_P\cos\alpha - B_P\sin\alpha$$
$$y_P = y_0 + A_P\sin\alpha + B_P\cos\alpha \tag{10-7}$$

用矩阵表示为：

$$\begin{bmatrix} x_P \\ y_P \end{bmatrix} = \begin{bmatrix} x_0 \\ y_0 \end{bmatrix} + \begin{pmatrix} \cos\alpha & -\sin\alpha \\ \sin\alpha & \cos\alpha \end{pmatrix} \begin{bmatrix} A_P \\ B_P \end{bmatrix} \tag{10-8}$$

如已知 P 点的测量坐标，则可按下式将其换算为施工坐标

$$A_P = (x_P - x_0)\cos\alpha + (y_P - y_0)\sin\alpha$$
$$B_P = (y_P - y_0)\cos\alpha - (y_P - y_0)\sin\alpha \tag{10-9}$$

用矩阵表示为：

$$\begin{bmatrix} A_P \\ B_P \end{bmatrix} = \begin{bmatrix} x_P - x_0 \\ y_P - y_0 \end{bmatrix} + \begin{pmatrix} \cos\alpha & \sin\alpha \\ -\sin\alpha & \cos\alpha \end{pmatrix} \tag{10-10}$$

由于建筑工程中大量使用点的施工坐标，通常将控制点的测量坐标换算为施工坐标。

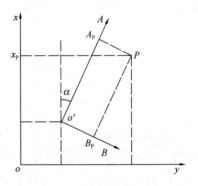

图 10-12 施工坐标与测量
坐标的换算

【例 10-5】 图 10-12 中，已知某建筑场地上施工坐标系原点 O' 的测量坐标 $x_0 = 4503.264\text{m}$，$y_0 = 5678.647\text{m}$，其 A 轴的测量坐标方位角为 $\alpha = 12°36'06''$。控制点 P 点的测量坐标为 $x_P = 4668.745\text{m}$，$y_P = 5846.675\text{m}$，将其换算为施工坐标。

$$A_P = (x_P - x_0)\cos\alpha + (y_P - y_0)\sin\alpha = 198.154\text{m}$$
$$B_P = (y_P - y_0)\cos\alpha - (x_P - x_0)\sin\alpha = 127.877\text{m}$$

复 习 思 考 题

1. 试述施工测量的目的和基本工作内容。

2. 施工测量有哪些特点？

3. 如何用一般方法测设水平角？

4. 已测设直角 $\angle AOB$，并用多个测回测得其平均角值 $90°00'48''$，又知 OB 的长度为 150.000m，问在垂直于 AB 方向上，B 点应该向何方向移动多少距离才能得到 $90°00'00''$

的角?

5. 利用高程为 220.256m 的水准点 A，测设高程为 221.100m 的室内±0.000 标高。设用一木杆立在水准点上时，按水准仪水平视线在木杆上画一条线，问在此杆上什么位置再画一条线，才能使水平视线对准此线时木杆底部就是±0.000 标高位置?

6. 点的平面位置的测设方法有哪些? 各在什么情况下采用?

7. 施工场地上已知测量控制点 A、B，其坐标分别为：$x_A = 449.537$m、$y_A = 809.815$m，$x_B = 350.035$m、$y_B = 995.350$m；欲将 A 点安置经纬仪以极坐标法测设待定点 P，P 点设计坐标为：$x_P = 420.000$m、$y_P = 800.000$m，计算测设数据，并画出测设示意图。

8. 某建筑场地上，施工坐标系的原点 O' 的测量坐标为 $x_0 = 3246.200$m，$y_0 = 6534.500$m，施工坐标系 A 轴的测量坐标方位角 $\alpha = 23°04'35''$。已知 P 点施工坐标：$A_P = 200.000$m，$B_P = 300.000$m，试将其转换为测量坐标。

9. 地面上 A 点的高程为 50.52m，AB 之间的水平距离为 120m。现要求在 B 点打一木桩，使 AB 两点间的坡度为 -1%。试计算用水准仪测设 B 桩所需的数据。

第11章 建筑施工测量

11.1 建筑施工控制测量

施工测量必须遵循"先控制后碎部"的原则，因此施工以前，要在建筑场地上建立统一的施工控制网。

工程勘测阶段建立的测图控制网在控制点的分布、密度和精度等方面一般难以满足施工测量的要求；而且由于场地填挖施工，测图控制点往往会被破坏。因此，在施工之前，应在建筑场地重新建立专门的施工控制网，以供建筑物的施工放样和变形观测等使用。相对于测图控制网而言，施工控制网具有控制范围小、控制点密度大、精度要求高、使用频繁等特点。

施工控制网分为平面控制网和高程控制网。

11.1.1 平面控制测量

施工平面控制网应根据建筑物的设计形式和场地特点进行布设。当建筑物占地面积不大、结构简单时，只需布设一条或几条基线作为平面控制，称为建筑基线。在大中型建筑施工场地上，如建筑物布置整齐，施工控制网多用正方形或矩形格网组成，称为建筑方格网。当建筑物几何形状复杂或建立建筑基线（或建筑方格网）有场地困难时，可以布设导线（或导线网）或 GNSS 网作为施工测量的平面控制。

场区平面控制网应根据工程规模和工程需要分级布设。根据我国现行《工程测量标准》GB 50026—2020 要求，对于建筑场地面积大于 $1km^2$ 的工程项目或重要工业区，应建立一级及以上精度等级的平面控制网；对于建筑场地面积小于 $1km^2$ 的工作项目或一般建筑区，可建立二级精度的平面控制网。

1. 建筑基线

建筑基线的布置应根据建筑物的分布、场地的地形和原有测量控制点的情况而定。

建筑基线应靠近主要建筑物并与其主要轴线平行或垂直，以便采用直角坐标法进行施工测设。通常建筑基线可布设成三点直线形、三点直角形、四点丁字形和五点十字形（图 11-1）。

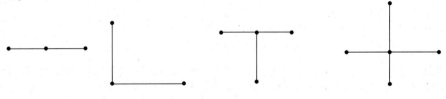

图 11-1　建筑基线

相邻建筑基线主点之间应该通视良好；为了便于检查点位，基线主点数目不应少于 3 个，纵横基线应严格垂直，各角应为直角（或平角），其不符值不应超±24″。建筑基线主点间应相互通视，边长为 100～400m，基线点间距离与设计值相比较，其不符值不应大于 1/10000；点位应便于保存。

建筑基线的测设一般根据现场原有的测量控制点采用极坐标法测设，测设之前要将基线主点施工坐标换算成测量坐标。

2. 建筑方格网

建筑方格网的布置，应根据建筑设计总平面图上各建筑物、构筑物、道路及各种管线的布设情况，结合现场的地形情况拟定（图 11-2）。布置时应先选定建筑方格网的主轴线，方格网的主轴线应布设在厂区的中部，并与主要建筑物的基本轴线平行；然后再布置方格网，方格网的形式可布置成正方形或矩形。当场区面积较大时，常分两级。首级可采用"十"字形、"口"字形或"田"字形，然后再加密方格网。当场区面积不大时，尽量布置成全面方格网。

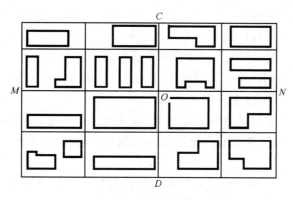

图 11-2　建筑方格网

建筑方格网布置应符合《工程测量标准》GB 50026—2020 要求。例如，对于一级控制网，水平角测角中误差应不大于±5″；边长一般为 100～300m，边长测量的相对精度应不大于 1/30000。

建筑方格网测设过程可分为两个步骤：主轴线测设、方格网详细测设。测设过程一般为：首先根据主轴线交会出方格网的 4 个角点，构成基本方格网（主方格网），再以主方格网点为基础，采用内分法加密其余方格网点。若对施工测量精度要求较高，应采用归化放样法测设建筑方格网。

方格点点位标石应牢固埋设于土质坚实、不受施工影响且便于长期保存之处。

11.1.2　高程控制测量

建筑场地上的高程控制采用水准网，一般布设成两级，首级为整个场地的高程基本控制，应布设成闭合环线、附合路线或结点网，尽量与国家水准点联测；水准点应布设在场地平整范围以外土质坚实之处，并埋设永久性标志；水准点的个数，不应少于 2 个。以首级控制为基础，布设成闭合、附合水准路线的加密控制，加密点的密度应尽可能满足安置一次仪器即可测设出所需的高程点，其点可埋设成临时标志，也可在方格网点桩面上中心点旁边设置一个突出的半球标志。

一般情况下，建筑场地高程控制应不低于四等水准测量精度水平。对于连续生产的车间、下水管道或建筑物间高差关系要求严格的建筑场地以及大中型施工项目场区，高程测量精度应不低于三等水准要求。

11.2 建 筑 施 工 测 量

民用建筑指的是住宅、办公楼、食堂、俱乐部、医院和学校等建筑物。施工测量的任务是按照设计的要求，根据设计图纸及数据把建筑物的位置和高程标定于实地，并配合施工以保证工程质量。

11.2.1 建筑物定位

1. 主轴线的测设

建筑物主轴线是建筑物细部放样的依据。施工前，应先在建筑场地上测设出建筑物的主轴线。根据建筑物的布置情况和施工场地实际条件，建筑物主轴线可布置成三点直线形、三点直角形、四点丁字形及五点十字形等各种形式。主轴线的布设形式与作为施工控制的建筑基线相似（图 11-1）。无论采用何种形式，主轴线的点数不得少于 3 个。

（1）根据建筑红线测设主轴线

在城市建设中，新建建筑物均由规划部门规定建筑物的边界位置，由规划部门批准并测设的具有法律效力的建筑物边界线，称为建筑红线。建筑红线一般与道路中心线相平行。

图 11-3 中，Ⅰ、Ⅱ、Ⅲ三点设为地面上测设的场地边界线拐点，其连线Ⅰ、Ⅱ、Ⅲ称为建筑红线。建筑物的主轴线 AO、OB 就是根据建筑红线测设的。由于建筑物主轴线和建筑红线平行或垂直，所以用直角坐标法来测设主轴线就比较方便。当 A、O、B 三点在地面上标定出后，应在 O 点安置经纬仪，检查 $\angle AOB$ 是否等于 90%。OA、OB 的长度也要进行实际测量检验，如误差不在容许范围内，即可作合理的调整。

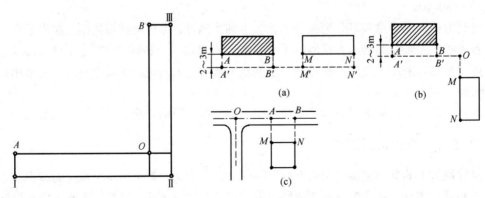

图 11-3 根据建筑红线测设主轴线　　　　图 11-4 根据现有建筑物测设主轴线

（2）根据现有建筑物测设主轴线

在已有建筑群内新建或扩建时，设计图上通常给出拟建的建筑物与已有建筑物或道路中心线的关系数据，建筑物主轴线就可根据给定的数据在现场测设。

图 11-4 为几种常见的情况，画有斜线的为已有建筑物，未画斜线的为拟建的建筑物。拟建房屋轴线 MN 在已有建筑物墙角 AB 所对应轴线的延长线上。测设直线 MN 的方法如下：先作 AB 的垂线 AA' 及 BB'，并使 $AA'=BB'=l(2\sim3\text{m})$，然后在 A 处安置经纬仪作 $A'B'$，得延长线 $M'N'$，并使 $M'N'=D+d$ 即 12000＋370mm（D 为两建筑物外墙皮间距离，d 为拟建建筑物外墙轴线与外墙皮的距离），测设出 M' 点，使 $M'N'$ 的距离等于总平面图上建筑物轴线间的轴线总长（21300mm），测设出 N' 点：再在 M'、N' 两点分别安置经纬仪并测设 90°角，分别沿垂线方向量取 $l+d=l+370\text{mm}$ 可得 M、N 两点，其连线 MN，即为所要确定的直线。图 11-4(b) 是按上法，定出 O 点后转 90°，根据有关数据定出 MN 直线。图 11-4 中，拟建的多层建筑物平行于原有的道路中心线，其测设方法是先定出道路中心线位置，然后用经纬仪测设垂线量距，定出拟建建筑物的主轴线。

（3）根据建筑基线（方格网）测设主轴线

在施工现场为建筑基线或建筑方格网控制时，可根据建筑物各角点的坐标，利用直角坐标法测设建筑物主轴线。

2. 定位测量

（1）建筑物角桩测设

建筑物的定位，就是把建筑物外廓各轴线交点（即角桩）测设在地面上。角桩测设可依据建筑红线或与已有建筑位置关系完成；如现场已有建筑方格网或建筑基线时，可直接采用直角坐标法进行定位。

利用这些角桩，根据平面图可以进行轴线及其他细部放样。

（2）轴线控制桩与龙门板的设置

建筑物定位以后，所测设的角桩在开挖基础时将被破坏。施工时为了能方便地恢复各轴线的位置，一般是把轴线引测到开挖影响范围之外的安全地点，并作好标志。引测轴线的方法有两种：轴线控制桩法和龙门板法。

轴线控制桩设置在基槽外基础轴线的延长线上，作为开槽后各施工阶段确定轴线位置的依据。轴线控制桩离基础外边线的距离根据施工场地的条件而定。如果附近有已建的建筑物，也可将轴线投设在建筑物的墙上。

龙门板法适用于一般小型的民用建筑物，为了方便施工，在建筑物四角与隔墙两端基槽开挖边线以外约 1.5～2.0m 处钉设龙门桩。桩要钉得竖直、牢固，桩的外侧面与基槽平行。根据建筑场地的水准点，用水准仪在龙门校上测设建筑物±0.000 标高线。根据±0.000 标高线把龙门板钉在龙门桩上，使龙门板的顶面在一个水平面上，且与±0.000 标高线一致。用经纬仪将各轴线引测到龙门板上，如图 11-5 所示。

11.2.2 基础施工测量

1. 条形基础和扩大基础施工测量

（1）基槽（坑）开挖边线放样

基础开挖前，根据轴线控制桩龙门板的轴线钉将建筑轴线测设于地面；确认无误后，按照设计的基础形式和基础宽度，并顾及基础挖深应放坡的尺寸，在地面上用白灰放出基槽（坑）开挖边线。

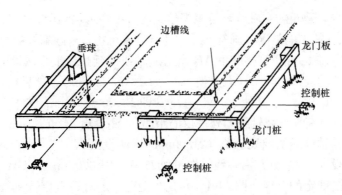

图 11-5　龙门板法施工

（2）基槽（坑）高程控制

开挖基槽时，不得超挖基底，要随时注意挖土的深度，当基槽挖到离槽底 0.3～0.5m 时，用水准仪在槽壁上每隔 3～5m 和拐角处测设距槽（坑）底设计高程为整 dm 的水平桩，作为控制挖槽（坑）深度和修平槽（坑）底的依据，如图 11-6 所示。水平桩测设高程容许误差为±10mm。槽（坑）底清理好后，依据水平桩在槽（坑）底测设顶面恰为垫层标高的木桩，用以控制垫层的标高。

（3）垫层上轴线的投测

垫层打好后，根据轴线控制桩或龙门板上的轴线钉，用经纬仪将轴线投测到垫层上，然后在垫层上用墨线弹出基础边线，以便砌筑或支模板浇筑基础。

2. 桩基础施工测量

目前，在各种建筑工程的基础形式中，桩基础的应用最为普遍，如图 11-7 所示。桩基础的作用在于将上部建筑结构的荷载传递到深处承载力较大的持力层中。桩基础可分为预制桩和灌注桩两种：预制桩，就是利用打桩机将在预制场中预制好的桩振冲打入设计位置而形成桩基础；灌注桩，就是在桩位上用钻机钻孔，然后在钻孔内放入钢筋骨架再灌注混凝土而筑成桩基础。大截面灌注桩采用螺旋钻机成孔，小截面灌注桩采用沉管振冲成孔。桩基础施工中的测量工作主要有：桩的平面位置的测设、灌入深度的测设。

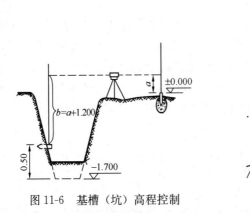

图 11-6　基槽（坑）高程控制　　　　图 11-7　桩基础

（1）桩位测设

根据轴线控制桩或龙门板上的轴线钉，将建筑物各轴线测设到地面上；经检查各轴线并确认测设无误后，根据桩位平面图，测设每个轴线上各桩的平面位置。由于桩机移动时会破坏地面上钉设的木桩，通常可采用在桩位上用钢钎打 200～500mm 深的孔，在孔中灌入白灰以保存桩位。在测设时，要注意分清不同的桩位布置形式，在测设外墙或施工缝等处特殊轴线上桩位时，要注意桩位标注尺寸的意义，还要注意不要颠倒了尺寸关系，如图 11-8 所示。定出的桩位之间尺寸必须再进行一次检核。

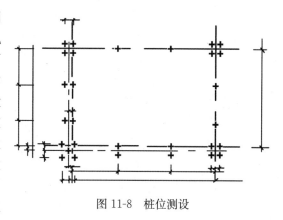

图 11-8　桩位测设

（2）灌入深度测设

根据施工场地上已测设的 ±0.000 标高，测定桩位的地面标高，通过桩顶设计标高、设计桩长即可计算出该桩应灌入的深度。

桩的铅直度一般可由桩机本身控制，必要时可用经纬仪进行校准。

（3）承台（地梁）施工测量

在预制桩和小截面灌注桩基础中，均采用在群桩上设置承台，或在一条轴线上的各单桩上设置地梁。其施工测量方法和条形基础、扩大基础基本相同。

11.2.3　主体施工测量

1. 轴线投测

为了确保建筑物的安全，对建筑物的垂直度有严格的要求。为此，必须保证建筑各层轴线严格一致。如在《高层建筑混凝土结构技术规程》JGJ 3—2010 中要求：竖向误差在本层内不得超过 ±3mm，全楼累积误差根据建筑总高不同分别加以限制，最大累积误差不得超过 ±30mm。

建筑物地下部分完工后，根据建筑基线或建筑方格网，检校、测设建筑物主轴线控制桩，将各轴线放样到完工的地下结构顶面和侧面上，将 ±0.000 标高线放样到地下结构顶部的侧面上。首层主体结构依据主轴线和标高线进行放样。随着施工的进行、楼层结构的升高，逐层向上进行轴线投测和标高传递，作为各施工层放样的依据。

轴线投测方法在楼层较低时比较简单，可以直接在楼层轴线端点位置，如楼板或柱边沿处，悬吊垂球进行。当楼层较高时，常用经纬仪引桩投测法和激光铅垂仪投测法，下面分别介绍这两种方法。

（1）经纬仪引桩投测法

经纬仪引桩投测法：如图 11-9 所示，安置经纬仪于定位主轴线的控制桩或引桩上。严格整平仪器，分别用盘左、盘右位置照准基础侧面上的主轴线标志"▼"；仰起望远镜，向楼板或柱边缘投设轴线，并取两个盘位投测的中点为结果，即为所投测主轴线上的一点。同时，在建筑物另一侧投测该主轴线点，两点的连线即为楼层的定位主轴线。根据投测的两条相互垂直的主轴线，经检查合格后，即可进行各层的轴线测设及细部施工放样。

对于某些建筑物，由于主轴线上构造柱中有钢筋，为方便放样，可投测一条与该轴线

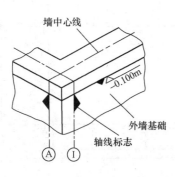
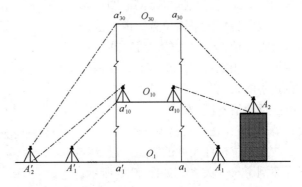

图 11-9　经纬仪引桩投测法

平行且与该轴距离为一整数（如 1m）的平行线。

按规范要求，在多层建筑施工测量中，一般应每施工 2～3 层后用经纬仪投测轴线。

为保证投测质量，应对所使用的经纬仪进行严格地检验与校正，尤其是照准部水准管轴应严格垂直于仪器竖轴，安置仪器时必须使照准部水准管严格居中，并使用盘左、盘右投测并取中点为结果。应选在无风时投测，就给仪器打伞遮阳。

当楼房逐渐增高，而轴线控制桩距建筑物又较近时，望远镜的仰角较大，操作不便，投测精度将随仰角的增大而降低。为此，要将原中心轴线控制桩引测到更远的安全地方，或者附近大楼的屋顶上。

（2）激光铅垂仪投测法

为了使激光束能从底层投测到各层楼板上，在每层楼板的投测点处，需要预留孔洞，洞口大小一般在 300mm×300mm 左右；有时亦可利用电梯井、通风道、垃圾道向上投测。

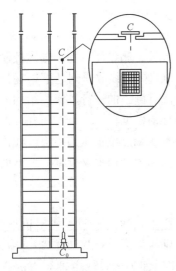

图 11-10　激光铅垂仪投测法

注意预留孔洞不能位于各层轴线之上。每条轴线至少需要两个投测点，投测出该轴线的平行线。根据梁、柱的结构尺寸，以距轴线 0.5～0.8m 为宜。

如图 11-10 所示，激光铅垂仪安置在底层测站点 C_0，严格对中、整平，接通激光电源，启回激光器，即可发射出铅直的激光直线，在高层楼板孔洞上水平放置绘有坐标格网的接收靶 C，水平移动接收靶，使靶心与红色光斑重合，此靶心位置即为测站点 C_0 铅垂投位置，C 点作为该层楼面的一个控制点。

2. 标高传递

建筑施工层的高程放样，一般采用悬挂钢尺代替水准尺的水准测量方法进行高程传递。钢尺应进行温度、尺长和拉力改正。多个传递点传递的标高较差若符合要求，则取其平均值作为施工层的标高基准。

砌体结构在施工过程中，墙体各部位构件的标高，亦可用皮数杆作为控制，如图 11-11 所示。皮数杆是用长 2m 的方木制成，按照设计尺寸，在杆上从±0.000线起向上划有每层砖和灰缝厚度，以及门、窗、过梁、楼板等位置。立皮数杆时，先在立杆处打一木桩，并把±0.000标高测设在桩的侧面上，再把皮数杆上的±0.000线与桩上的±0.000线对准，并钉牢。一层楼砌好后，若有二、三层等，则从一层皮数杆起，一层一层往上接着立皮数杆，从而完成各层各部位的标高控制。一般墙身砌起500mm以后，根据龙门板的±0.000标高，在室内砖墙上测设出＋300mm的标高线，供室内地坪找平和室内装修之用。二层标高线是由一层标高线用尺向上量一楼层高而定出的，同法依次定出各层的标高线。

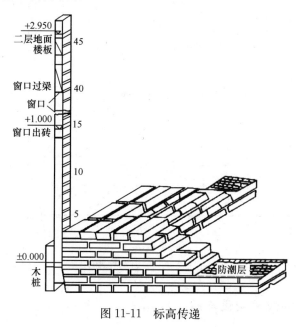

图 11-11 标高传递

11.3 工业厂房施工测量

由于工业厂房的结构、层数、跨度不同，施工方法也不同，其施工测量方法亦有所差异。本节以单层钢筋混凝土厂房为例，着重介绍厂房控制网的建立、厂房柱列轴线的测设、杯型基础的放样，以及柱子吊装测量、吊车梁和吊车轨道的安装测量工作等。

11.3.1 厂房控制网的建立

厂房控制网一般采用矩形图形，故又称为矩形控制网，它是测设厂房柱列轴线的依据。其建立步骤如下：

1. 厂房控制点坐标的计算

厂房控制网的四个角点（称为厂房控制网主点），常设置在厂房外墙轴线外 4m 处，故其坐标可由厂房角点的设计坐标推算。例如，图 11-12 中厂房控制点 Q 的坐标（$A=255m$，$B=104m$）是由相应厂房角点的设计坐标（$A=251m$，$B=108m$）加或减 4m 而得出的。

2. 厂房控制网的测设

如图 11-12 所示，先根据厂房控制点的设计坐标和建筑方格网点 E、F 的坐标，计算放样数据。然后利用方格网边 EF，按直角坐标法在地上测设出厂房控制网的四个角点 P、Q、R、S，最后检查 $\angle Q$、$\angle R$ 是否等于 $90°$，PS 及 QR 两边是否等于设计长度，其误差一般不超过 $24''$ 和 $1/10000$。为了便于柱列轴线的测设，需在测设和检查距离的过程中，由控制点起（要除去上述 4m 以后），沿矩形控制网的边上，按每隔 18m 或 24m 设置一桩，称为距离指标桩。

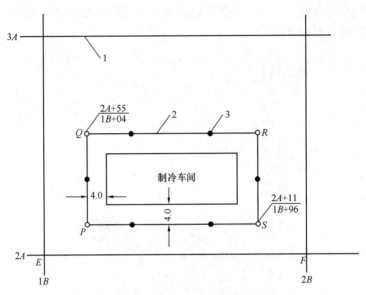

图 11-12　厂房矩形控制网

11.3.2　柱列轴线的测设与基础施工测量

1. 柱列轴线的测设

按照厂房柱列平面图（图 11-13）所示的柱间距和柱跨距的尺寸，根据距离指示桩，用钢尺沿厂房控制网的边逐段测设距离，以定出各轴线控制桩，并在桩顶钉小钉以示点位。相应控制桩的连线即为柱列轴线（又称定位轴线），并应注意变形缝等处特殊轴线的

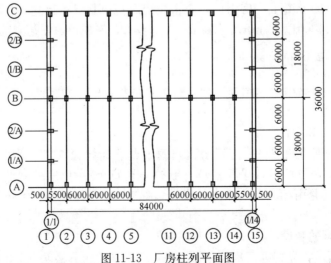

图 11-13　厂房柱列平面图

测设。

2. 柱基的测设

柱基测设就是根据基础平面图和基础详图的有关尺寸，用白灰把基坑开挖的边线标示出来，以便挖掘。

用两架经纬仪分别安置在纵、横轴线控制桩上，交会出柱基定位点（即定位轴线的交点）。再根据定位点和定位轴线，按基础详图 11-14 中的尺寸和基坑放坡宽度，放出开挖边线，并撒上白灰。同时在基坑外的轴线上，离开挖边线约 2m 处，各打入一个基坑定位小木桩（图 11-15），桩顶钉小钉作为修坑和立模的依据。

在进行柱基测设时，应注意定位轴线不一定都是基础中心线，有时一个厂房的柱基类型不一，尺寸各异，放样时应特别注意。

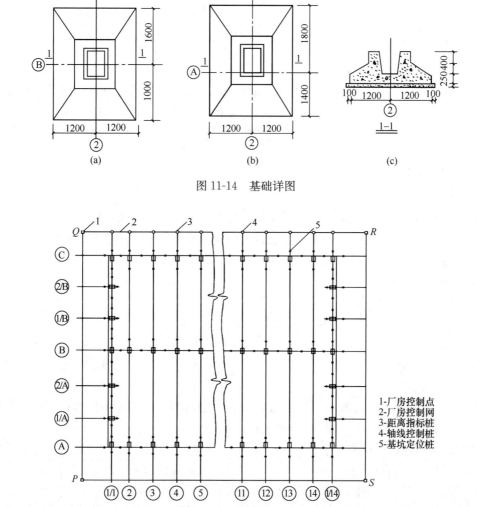

图 11-14　基础详图

图 11-15　桩基的测设

3. 基坑的高程测设

当基坑挖到一定深度时，应在坑壁四周离坑底设计高程 0.3～0.5m 处设置水平桩

（图 11-16），作为基坑修坡和清底的高程依据。

此外还应在基坑内测设出垫层的高程，即在坑底设置垫层桩，使桩顶面恰好等于垫层的设计高程。

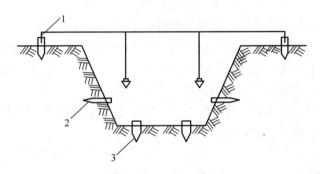

图 11-16　基坑施工测量
1-基坑定位桩；2-水平桩；3-垫层标高桩

4. 基础模板的定位

打好垫层之后，根据坑边定位木桩，用拉线的方法，吊垂球把柱基定位线投到垫层。用墨斗弹出墨线，用红漆画出标记，作为柱基立模板和布置基础钢筋网的依据。立模时，将模板底线对准垫层上的定位线，并用垂球检查模板是否竖直。最后将柱基顶面设计高程测设在模板内壁。

11.3.3　工业厂房构件的安装测量

装配式单层工业厂房主要由柱、吊车梁、屋架、天窗架和屋面板等主要构件组成。在吊装每个构件时，有绑扎、起吊、就位、临时固定、校正和最后固定等几道操作工序。下面着重介绍柱子、吊车梁及吊车轨道等构件在安装时的校正工作。

1. 柱子安装测量

（1）柱子安装的精度要求

1）柱脚中心线应对准柱列轴线，允许偏差为±5mm。

2）牛腿面的高程与设计高程一致，其误差不应超过：

柱高在 5m 以下为±5mm；

柱高在 5m 以上为±8mm。

3）柱子的垂直度，其偏差不得超过±3mm。当柱高大于 10m 时，垂直度可适当放宽。柱的全高竖向允许偏差值为 1/1000 柱高，但不应超过 20mm。

详细的技术规定请查阅《工程测量标准》GB 50026—2020。

（2）吊装前的准备工作

1）弹杯口定位线和柱子中心线

根据轴线控制桩，将柱列轴线投测在杯形基础的顶面上，并用红油漆划"▶"标志作为定位线，如图 11-17 所示。当柱列轴线与柱子中心线不一致时，应在杯形基础顶面上加划柱中心定位线。另外，在柱子的三面弹出柱中心线，并在每条线的上、下（近杯口处）端划"▶"标志，作为柱子校正之用。

2) 柱长的检查及杯底找平

如图 11-18 所示，杯底设计标高 H_1 加上柱长 l 应等于牛腿面设计标高 H_2，即：

$$H_2 = H_1 + l$$

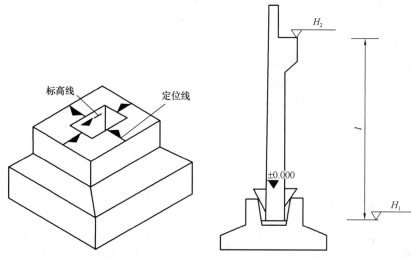

图 11-17　杯口的轴线与标高线　　　　图 11-18　柱长的检查与柱的固定

由于柱子预制有误差，使其长度不为 l。为便于调整，使牛腿面位于设计标高，就必须使浇筑的杯底标高比其设计高少 2~5cm，还需在杯口内壁测设一条距杯底设计高为整 dm 的标高线，如图 11-18 所示，再根据实量的柱长，用 1：2 水泥砂浆在杯底找平。

（3）柱长的检查与杯底找平

柱子在预制时，由于模板制作和模板变形等原因，不可能使柱子的实际尺寸与设计尺寸一样。为了解决这个问题，往往在浇筑基础时把杯形基础底面高程降低 2~5cm，然后用钢尺从牛腿顶面沿柱边量到柱底，根据这根柱子的实际长度，用 1：2 水泥砂浆在杯底进行找平，使牛腿面符合设计高程。

2. 安装柱子时的竖直校正

（1）柱子的水平位置校正

柱子吊入杯口后，使柱子中心线对准杯口定位线，并用木楔或钢楔作临时固定，如果发现错动，可用敲打楔块的方法进行校正，为了便于校正时使柱脚移动，事先在杯中放入少量粗砂。

（2）柱子的铅直校正

如图 11-19 所示，将两架经纬仪分别安置在纵、横轴线附近，离柱子的距离约为 1.5 倍柱高。先瞄准柱脚中线标志"▶"，固定照准部并逐渐抬高望远镜，若是柱子上部的标志"▶"在视线上，则说明柱子在这一方向上是竖直的。

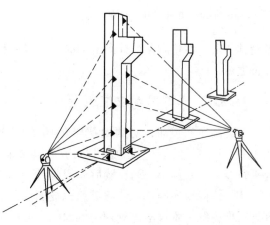

图 11-19　柱子的铅直校正

否则，应进行校正。校正的方法有：敲打楔块法、变换撑杆长度法以及千斤顶斜顶法等。根据具体情况采用适当的校正方法，使柱子在两个方向上都满足铅直度要求为止。

在实际工作中，常把成排柱子都竖起来，这时可把经纬仪安置在柱列轴线的一侧，使得安置一次仪器能校正数根柱子。为了提高校正的精度，视线与轴线的夹角不得大于15°。

（3）柱子铅直校正的注意事项

1）校正用的经纬仪必须经过严格的检查和校正，照准部水准管气泡要严格居中。

2）柱子的垂直度校正好后，要复查柱中心线是否仍对准基础定位线。

3）当校正变截面的柱子时，经纬仪必须安置在轴线上，以防差错。

4）避免在日照下校正，应选择在阴天和早晨，以防由于温度差使柱子向阴面弯曲，而影响柱子校正工作。

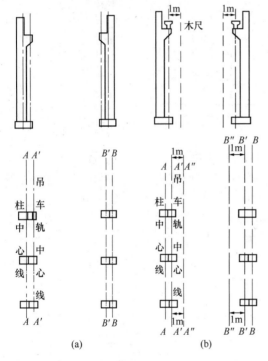

图 11-20　吊车轨中心线的测设与检查

11.3.4　吊车梁的安装测量

安装前先弹出吊车梁顶面中心线和两端中心线，再将吊车轨道中心线投到牛腿面上。牛腿面上吊车梁中心线的测设方法是：如图 11-20(a) 所示，根据厂房中心线和设计轨距在地面上测设出吊车轨道中心线 $A'A'$ 和 $B'B'$。然后安置经纬仪于吊车轨中心线的一个端点 $A'(B')$，瞄准另一端点 $A'(B')$，仰起望远镜，即可将吊车轨道中心线投测到每根柱子的牛腿面上，并弹以墨线。

吊装时，使吊车梁端中心线与牛腿面上的中心线对齐。吊装完成后，应检查吊车梁面的标高，可先在地面上安置水准仪，将+500mm 标高线测设在柱子侧面上，再用钢尺从该线起沿柱子侧面向上量出至梁顶面的高度，检查梁面标高是否正确，然后在梁下垫铁板调整梁面的标高，使其满足设计要求。在检测梁面标高的同时，还要在柱子上测设比梁面高整 dm 的标高线，以作检查之用。

11.3.5　吊车轨的安装测量

安装吊车轨道前，必须对梁上的中心线进行检测，此项检测多采用平行线法。如图 11-20(b)所示，首先在地面上从吊车轨道中心线向厂房中心线方向量出长度 a（1m），得平行线 $A''A''$ 和 $B''B''$。然后安置经纬仪于平行线的一端 $A''(B'')$ 点，瞄准另一端点 $A''(B'')$，固定照准部，仰起望远镜投测。此时另一人在梁上移动横放的小木尺，使 1m 刻划对准视线，木尺的零刻划与梁面的中心线应该重合。如不重合应予以改正，可用撬杠移动吊车梁，使梁中心线与 $A''A''$（$B''B''$）的距离为1m。

吊车轨道按中心线就位后，再将水准仪安置在吊车梁上，水准尺直接放在轨道面上，根据柱子上的标高线，每隔 3m 检测一点轨面标高，并与其设计标高比较，误差应在 ±3mm 以内。还要用钢尺检查两吊车轨道间的跨距，与设计跨距相比较，误差不得超过 ±5mm。

11.4　高层建筑施工测量

高层建筑施工测量中的主要问题是建筑轴线的垂直投影和高程传递。

11.4.1　平面控制网和高程控制网

高层建筑一般包括主楼和裙房。建筑物内部的平面控制网首先布设于地坪层（地面层），形式一般为一个或若干个矩形，如图 11-21 所示。平面控制点位置的选择，除了考虑与建筑轴线相适应、有利于保存、便于测设建筑物的细部等基本要求以外，还应考虑逐次向上层（直至最高层）投影的问题。因此，必须满足以下条件：

（1）矩形控制网的各边应与建筑轴线相平行；

（2）建筑物内部的细部结构（主要是柱和承重墙）不妨碍控制点之间的通视；

（3）从控制点向上作垂直投影时，需要在各层楼板上设置"垂准孔"（在各层楼板上留有一个在铅垂线上可以通视的孔洞），因此，控制点的铅垂线方向应避开横梁和楼板中的主钢筋。

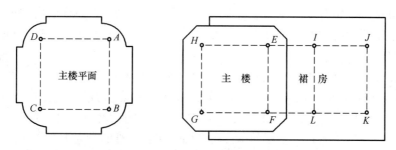

图 11-21　高层建筑内部的平面控制网

建筑物内部的平面控制一般为埋设于地坪层地面混凝土上的小铁板，上面划十字线标明建筑轴线方向，中间冲一小孔，代表点位中心。

高层建筑施工场地的高程控制网为一组不少于 3 个的临时水准点。待高层建筑物基础和地坪层施工完成后，在建筑物的墙和柱上测设"1m 标高线"或"0.5m 标高线"（标高为 +1.000m 或 +0.500m 的水平细线），作为测设建筑物细部点的标高之用。

11.4.2　平面控制点的垂直投影

在高层建筑施工中，建筑物内部的平面控制点的垂直投影，是将地坪层的控制点沿铅垂线方向逐层向上测设，使在建造中的每个层面都有与地坪层控制点的坐标完全相同的平面控制网。如图 11-22 所示，A，B，C，D 为地坪层平面控制点，沿铅垂线向上层投影，得到各层的平面控制点，据此可正确测设各层面上的建筑物细部，其中尤为重要的是柱子

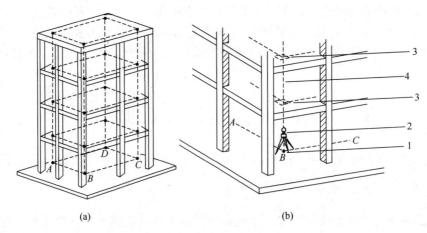

图 11-22 高层建筑中平面控制点的垂直投影
1-地坪层平面控制点；2-垂准仪；3-垂准孔；4-铅垂线

和承重墙的位置，以保证高楼的施工质量。另外，高层建筑的幕墙施工测量也需要根据各层的控制点来正确定位。

传统的经纬仪投测法方法可用于高层建筑内部平面控制点的垂直投影。此时，与工业厂房施工中的柱子竖直校正相似。将经纬仪尽可能安置于远离建筑物之处，盘左瞄准地坪层的控制点，水平制动，抬高物镜，将该方向线投影至上层楼板上；盘右进行同样操作，取盘左、盘右所得两方向线的中线（正倒镜分中）；然后移经纬仪于平面上大致垂直的方向上，用同样的正倒镜分中法在上层楼板上得到另一方向线；两方向线的交点即垂直投影于上层楼板上的平面控制点。这种方法一般用于较低的高层建筑，并且近旁有安置经纬仪进行观测的条件。

垂准仪适用于各种层次的高层建筑的平面控制点的垂直投影，如图 11-22（b）所示。使用这种仪器时的要求与用垂球作垂直投影时一样，控制点上方的各层楼板上应有面积为 30cm×30cm 的垂准孔。在下方的控制点上，对中和整平垂准仪后，仪器的视准轴即处于通过控制点的铅垂线位置；在上层的垂准孔的两个相互垂直的方向上用墨斗拉线，指挥其通过垂准仪十字丝中心，然后在孔边混凝土楼板上弹线，即完成垂直投影。在使用该点时，按孔边墨线拉交叉的细线，即可恢复其中心位置。

楼板上有垂准孔的建筑也可以用细钢丝挂大垂球的方法，作控制点的垂直投影。但这种方法较为费力，只有在缺少垂准仪时才用。

11.4.3 高层建筑的高程传递

高层建筑施工中，需要从地坪层的高程控制点开始，向以上各层传递高程（标高），测设各层的柱墙、楼板、楼梯、窗台等细部的设计标高。高程传递有以下两种方法：

1. 钢卷尺水准测量法

用钢卷尺代替水准尺，垂直悬挂于上下可直通的墙、柱、电梯井等处，根据地坪层的高程控制点，例如在 1m 标高线上竖立水准尺，如图 11-23（a）所示，后视水准尺，前视钢卷尺；然后到上层后视钢卷尺，前视水准尺，使读数符合两层间的高差，即可测设上层的 1m 标高线。

2. 全站仪天顶测距法

高层建筑施工中的垂准孔或电梯井等，为光电测距提供了一条垂直通道，如图 11-23 (b) 所示。在底层垂准孔下安置配有直角目镜的全站仪，先将望远镜放置水平（显示天顶距为 90°），向立于底层高程控制点上的水准尺读数，得到仪器高程，然后将望远镜指向天顶（显示天顶距为 0°），分别在各层垂准孔上方安置有孔铁板及反射棱镜，仪器瞄准棱镜后，按测距键测定垂直距离；仪器高程加垂直距离后，得到铁板面的高程；再在上层用水准仪按铁板面高程测设该层的"1m 标高线"（离开该层设计地坪标高为 1m）。

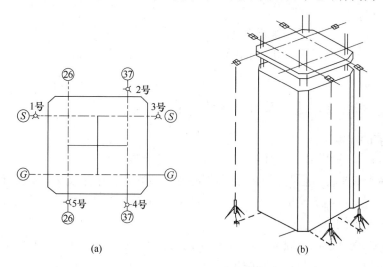

(a) (b)

图 11-23 钢卷尺水准测量法与全站仪天顶测距法

11.4.4 建筑结构细部测设

高层建筑各层面上的建筑结构细部有外墙、立柱横梁、电梯井、楼梯等，以及各种安装构件的预埋件（例如玻璃幕墙的预埋件等）。施工时，均须按设计数据测设其平面位置和高程（标高）。根据各层面的平面控制点，用极坐标法或距离交会法等测设细部点的平面位置，由于距离较近和层面平整，一般用经纬仪和钢卷尺测设较为便捷。根据各层的 1m 标高线，用水准仪测设细部点的高程（标高）。

11.4.5 建筑框架结构安装测量

高层建筑中的柱梁框架有全部采用钢结构的，有采用中心筒体为钢筋混凝土结构，而周围柱梁框架采用钢结构的预制构件。这些预制构件在施工场地进行安装时均须配合进行安装测量。其中主要工作是立柱的定位和垂直校正，以及横梁的水平校正。所用测量仪器为经纬仪、全站仪、垂准仪和水准仪，采用以上介绍的各种测设方法。

11.5 竣工总平面图的编绘

11.5.1 编绘竣工总平面图的意义

竣工总平面图是设计总平面图在施工结束后实际情况的全面反映。由于在施工过程中经常出现设计时没有考虑到的因素而使设计有所变更，设计总平面图与竣工总平面图一般不会完全一致，这种临时变更设计的情况必须通过测量反映到竣工总平面图上，因此，施工结束后应及时编绘竣工总平面图。其目的在于：

（1）它是对建筑物竣工成果和质量的验收测量；

（2）它将便于日后进行各种设施的维修工作，特别是地下管道等隐蔽工程的检查和维修工作；

（3）为企业的改、扩建提供了原有各建筑物、地上和地下各种管线及测量控制点的坐标、高程等资料；

（4）编绘竣工总平面图，需要在施工过程中收集一切有关的资料和必要的实地测量，并对资料加以整理，然后及时进行编绘。为此，从建筑物开始施工起，就应有所考虑和安排。

11.5.2 编绘竣工总平面图的方法和步骤

1. 绘制前的准备工作

（1）确定竣工总平面图的比例尺：一般为 1∶500 或 1∶1000。

（2）绘制图底坐标方格网：为能长期保存竣工资料，应采用质量较好的聚酯薄膜等优质图纸，在图纸上精确地绘出坐标方格网，按第 8 章"测图前的准备工作"中的要求进行检查，合格后方可使用。

（3）展绘控制点：以图底上绘出的坐标方格网为依据，将施工控制网点按坐标展绘在图上。相邻控制点间距离与其实际距离之差，应不超过图上 0.3mm。

（4）展绘设计总平面图：在编绘竣工总平面图之前，应根据坐标格网，先将设计总平面图的图面内容按其设计坐标，用铅笔展绘于图纸上，作为底图。

2. 竣工总平面图的编绘

在建筑物施工过程中，在每一个单位工程完成后，应进行竣工测量，并提出该工程的竣工测量成果。对具有竣工测量资料的工程，若竣工测量成果与设计值之差不超过所规定的定位容许误差时，按设计值编绘；否则应按竣工测量资料编绘。

对于各种地上、地下管线，应用各种不同颜色的墨线绘出其中心位置，注明转折点及井位的坐标、高程及有关注记。在一般没有设计变更的情况下，墨线绘的竣工位置与按设计原图用铅笔绘的设计位置应重合。随着施工的进展，逐渐在底图上将铅笔线绘成为墨线。在图上按坐标展绘工程竣工位置时，和在图底上展绘控制点的要求一样，均以坐标格网为依据进行展绘，展点对邻近的方格而言，其容许误差为 ±0.0003mm。

另外，建筑物的竣工位置应到实地去测量，如根据控制点采用极坐标法或直角坐标法实测其坐标。外业实测时，必须在现场绘出草图，最后根据实测成果和草图，在室内进行展绘，便成为完整的竣工总平面图。

11.5.3 竣工总平面图的附件

为了全面反映竣工成果，便于管理、维修和日后的扩建或改建，下列与竣工总平面图有关的一切资料，应分类装订成册，作为竣工总平面图的附件保存：

（1）建筑场地及其附近的测量控制点布置图及坐标与高程一览表；

（2）建筑物或构筑物沉降及变形观测资料；

（3）地下管线竣工纵断面图；

（4）工程定位、检查及竣工测量的资料；

（5）设计变更文件；

（6）建设场地原始地形图等。

<h2 style="text-align:center">复 习 思 考 题</h2>

1. 为什么要建立施工控制网？

2. 施工平面控制网有哪些形式？各宜在什么条件下采用？

3. 如图 11-24 所示，测得 $AB=180°00'42''$。设计 $a=150.000$m，$b=100.000$m，试求 A'、O'、B' 三点的调整移动量。

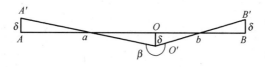

图 11-24　题 3 图

4. 民用建筑施工测量包括哪些主要工作？建立轴线引桩或龙门板有什么作用？

5. 建筑物轴线投测方法有哪些？在使用中应注意哪些问题？

6. 对柱子安装测量有何要求？如何进行柱子的竖直校正工作？校正时应注意哪些事项？

7. 如何控制吊车梁安装时的中心线位置和高程？

8. 为什么要进行变形观测？变形观测主要包括哪几种？

9. 简述沉降观测的目的和方法。

10. 对某烟囱进行了变形观测，如图 11-25 所示，设沿 y 方向观测到的标尺读数为：$y_1=0.57$m、$y_1'=1.97$m、$y_2=0.07$m、$y_2'=2.87$m，沿 x 方向标尺读数为：$x_1=2.05$m、$x_1'=0.65$m、$x_2=2.95$m、$x_2'=0.15$m。烟囱高为 30m，试求烟囱倾斜度及倾斜方向。

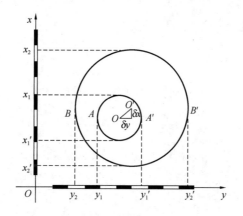

图 11-25　题 10 图

11. 为什么要编绘竣工总平面图？竣工总平面图包括哪些内容？

参 考 文 献

[1]   大辞海编辑委员会. 大辞海(天文学·地球科学卷)[M]. 上海：上海辞书出版社，2005.

[2]   中华人民共和国国家质量监督检验检疫总局，中国国家标准化管理委员会. 国家三、四等水准测
       量规范 GB/T 12898—2009[S]. 北京：中国标准出版社，2009.

[3]   中华人民共和国住房和城乡建设部. 卫星定位城市测量技术标准 CJJ/T 73—2019[S]. 北京：中国
       建筑工业出版社，2019.

[4]   中华人民共和国住房和城乡建设部. 工程测量标准 GB 50026—2020[S]. 北京：中国计划出版
       社，2020.

[5]   中华人民共和国国家质量监督检验检疫总局，中国国家标准化管理委员会. 国家基本比例尺地图
       图式 第1部分：1∶500 1∶1 000 1∶2 000 地形图图式 GB/T 20257.1—2017[S]. 北京：中国标准
       出版社，2017.

[6]   程效军，鲍峰，顾烈. 测量学[M]. 5版. 上海：同济大学出版社，2016.

[7]   高井祥. 数字测图原理与方法[M]. 3版. 北京：中国矿业大学出版社，2015.

[8]   王淑慧等. 土木工程测量[M]. 武汉：武汉大学出版社，2016.

[9]   岳建平，陈伟清. 土木工程测量[M]. 2版. 武汉：武汉理工大学出版社，2010.

[10]   胡伍生. 土木工程测量[M]. 5版. 南京：东南大学出版社，2016.

[11]   臧丽娟，王凤艳，冷亮等. 测量学习题集[M]. 武汉：武汉大学出版社，2022.

[12]   张正禄. 工程测量学[M]. 武汉：武汉大学出版社，2017.

[13]   翟翊，赵夫来等. 现代测量学[M]. 北京：测绘出版社，2008.

[14]   许国辉，郑志敏. 土木工程测量[M]. 北京：中国建筑工业出版社，2012.

[15]   覃辉，马超，朱茂栋. 土木工程测量[M]. 5版. 上海：同济大学出版社，2019.